Agricultures tropicales en poche
Directeur de la collection
Philippe Lhoste

L'amélioration génétique animale

Gerald Wiener et Roger Rouvier

Traduit par Anya Cockle

Quæ, CTA, PAG

Le Centre technique de coopération agricole et rurale (CTA) a été créé en 1983 dans le cadre de la Convention de Lomé entre les États du Groupe ACP (Afrique, Caraïbes, Pacifique) et les pays membres de l'Union européenne. Depuis 2000, le CTA exerce ses activités dans le cadre de l'Accord de Cotonou ACP-CE.

Le CTA a pour mission de développer et de fournir des services qui améliorent l'accès des pays ACP à l'information pour le développement agricole et rural, et de renforcer les capacités de ces pays à produire, acquérir, échanger et exploiter l'information dans ce domaine. Les programmes du CTA sont conçus pour : fournir un large éventail de produits et services d'information et mieux faire connaître les sources d'information pertinentes ; encourager l'utilisation combinée de canaux de communication adéquats et intensifier les contacts et les échanges d'information, entre les acteurs ACP en particulier ; renforcer la capacité ACP à produire et à gérer l'information agricole et à mettre en œuvre des stratégies de GIC, notamment en rapport avec la science et la technologie. Le travail du CTA tient compte de l'évolution des méthodologies et des questions transversales telles que le genre et le capital social.

Le CTA est financé par l'Union européenne.

CTA – Postbus 380 – 6700 AJ Wageningen – Pays-Bas – www.cta.int

Éditions Quæ – c/o Inra – RD 10 – 78026 Versailles Cedex – France – www.quae.com
Presses agronomiques de Gembloux – 2, Passage des Déportés – 5030 Gembloux – Belgique – www.pressesagro.be

Version originale publiée en anglais sous le titre *Animal Breeding* par Macmillan Education, division de Macmillan Publishers Limited, en coopération avec le CTA en 1994.

Cette édition a été traduite et publiée sous licence de Macmillan Education. L'auteur a revendiqué le droit d'être identifié comme auteur de cet ouvrage.

© Quæ, CTA, Presses agronomiques de Gembloux 2009 pour la version française
© Texte anglais Gerald Wiener
© Illustrations de Macmillan Publishers Limited 1994

ISBN (Quæ) : 978-2-7592-0300-0
ISBN (CTA) : 978-92-9081-412-2
ISBN (PAG) : 978-2-87016-097-8

© Le code de la propriété intellectuelle du 1er juillet 1992 interdit la photocopie à usage collectif sans autorisation des ayants droit. Le non-respect de cette disposition met en danger l'édition, notamment scientifique. Toute reproduction, partielle ou totale, du présent ouvrage est interdite sans autorisation des éditeurs ou du Centre français d'exploitation du droit de copie (CFC), 20, rue des Grands-Augustins, 75006 Paris.

Sommaire

Préface de l'édition française

La collection « Agricultures tropicales en poche », de création récente, réunit une série de manuels organisés en trois séries : productions animales, productions végétales et questions transversales.

Ces guides pratiques sont destinés avant tout aux producteurs, aux techniciens et aux conseillers agricoles. Ils se révèlent également d'utiles ouvrages de référence pour les cadres des services techniques, pour les étudiants de l'enseignement supérieur et pour les agents des programmes de développement rural.

La série « animale », qui est déjà bien fournie en anglais *(The Tropical Agriculturist,* chez Macmillan)*,* s'enrichit en français de cet ouvrage, qui traite de l'amélioration génétique animale dans les régions chaudes.

L'ouvrage original, de Gerald Wiener, est d'abord paru en anglais ; il présente l'amélioration génétique dans un cadre général qui est celui de l'amélioration des systèmes d'élevage, tant en termes de productivité zootechnique qu'en termes de rentabilité économique.

L'auteur rappelle d'abord les éléments fondamentaux de la génétique. Les principales méthodes d'amélioration génétique sont ensuite décrites en se fondant sur de nombreux exemples. Les avantages et les inconvénients de ces méthodes dans le contexte tropical et subtropical sont discutés.

À l'occasion de la traduction de cet ouvrage en français, de nombreux compléments ont pu lui être apportés par un généticien, Roger Rouvier, ancien chercheur de l'Inra, co-auteur de la version française de l'ouvrage. Des éléments importants ont ainsi pu être ajoutés sur les applications à l'amélioration génétique des progrès récents de la génomique avec notamment le développement des marqueurs génétiques moléculaires au niveau de l'ADN.

Cet ouvrage se révèle donc très précieux pour contribuer au développement des productions animales en régions tropicales ; dans un contexte de pays en voie de développement, l'amélioration des productions alimentaires, animales et végétales, se révèle en effet encore plus prioritaire que dans les pays industrialisés : au Sud, les niveaux de consommation en protéines animales restent souvent très bas, la croissance démographique et l'urbanisation occasionnent aussi un accroissement important de la demande en produits animaux, etc. Un tel ouvrage permet donc de raisonner, dans un contexte tropical, les démarches de l'amélioration génétique des animaux, si utile pour améliorer la production globale. Même si les principes de la génétique sont universels, il se révèle fort utile de les adapter au monde tropical et de faire bénéficier les utilisateurs potentiels de ce manuel des nouvelles connaissances et des progrès qui sont dus aux développements récents de la biologie et de la génétique moléculaires.

Philippe Lhoste

Directeur de la collection « Agricultures tropicales en poche »

# Préface de l'édition originale anglaise

Cet ouvrage a été rédigé par Gerald Wiener, un homme qui a une expérience considérable dans le domaine de la sélection animale dans les pays tempérés et tropicaux. Les animaux d'élevage des pays tropicaux sont habituellement beaucoup moins productifs que les animaux des mêmes espèces élevés dans les pays tempérés. Leur amélioration par l'importation d'animaux reproducteurs en provenance des régions tempérées a longtemps été considérée comme un moyen relativement simple d'augmenter le niveau de productivité. Cependant, nombre de ces tentatives n'ont pas remporté les succès espérés.

Dans cet ouvrage, G. Wiener explique les possibilités et les limites des techniques de sélection animale. Il commence par rappeler les notions fondamentales de la génétique, puis aborde les diverses méthodes utilisées pour l'amélioration des cheptels – la sélection, les croisements et l'élevage en consanguinité – en détaillant leurs effets sur les populations auxquelles elles sont appliquées. Pour chacune, il donne des exemples et précise leurs limites dans le cadre tropical. Dans le même temps, il signale les techniques potentiellement intéressantes, telles que l'ovulation multiple et le transfert d'embryons, qui peuvent permettre d'accroître l'efficacité du processus de sélection. Il traite également de certaines questions plus spécifiques, dont l'effet du climat sur les animaux, les problèmes propres aux espèces tropicales telles que le buffle et les facteurs à prendre en considération lorsque l'on recherche certaines caractéristiques particulières comme la puissance de traction.

Ce livre constitue un guide irremplaçable pour tous ceux qui sont concernés par l'amélioration des animaux de production dans les pays tropicaux. Le lecteur constatera que des sujets aussi divers que la nécessité de préserver le matériel génétique des races tropicales et les applications des nouvelles techniques de biotechnologie y sont abordés. Cet ouvrage, dont la lecture devrait être complétée par celle des autres titres de la collection consacrés plus spécifiquement aux différentes espèces animales, est une source inestimable de connaissances théoriques et pratiques pour tous ceux que l'amélioration des cheptels tropicaux intéresse.

Anthony A. Smith, 1994

 # Remerciements

Je tiens tout d'abord à exprimer ma gratitude envers Chris S. Haley (AFRC Roslin Research Institute d'Édimbourg) pour avoir accepté de relire la plus grande partie de cet ouvrage, ainsi que John A. Woolliams (du même institut) et Brian J. McGuirk (Genus) pour avoir l'un et l'autre relu plusieurs chapitres. Je souhaite ici souligner l'aide que m'ont apportée leurs observations. De même, je veux remercier D. Planchenault (du département d'élevage et de médecine vétérinaire des pays tropicaux de Maisons-Alfort) pour ses remarques et ses compléments d'information. Je suis également reconnaissant à John D. Turton pour son assistance bibliographique concernant l'historique de la sélection des animaux dans les pays tropicaux. Je remercie Brian J. McGuirk pour les données des figures 4.2 et 4.3 et le Scottish Agricultural College pour les données de la figure 6.2.

L'auteur et les éditeurs tiennent à remercier les organismes et les personnes suivantes pour les documents photographiques ou les autorisations de reproduction : Nigel Cattlin (Holt Studios International) pour les figures 3.5, 4.4, 7.2, 8.3 et 10.2, le Roslin Research Institute (pour l'AFRC) pour les figures 4.1, 6.5, 9.5 et 12.1, Anneke A. Bosma pour la figure 3.1, A. J. Smith pour la figure 10.1 et David H. Holness pour la figure 10.3 (la figure 7.1 étant de l'auteur).

Gerald Wiener

Je tiens à remercier Alain Vignal et Andrés Legarra (Inra, Centre de Recherches de Toulouse) pour l'aide qu'ils m'ont apportée pour une contribution à l'édition française par leurs informations scientifiques très complètes sur les développements en cours, les perspectives d'applications de la technologie des SNP et de la sélection génomique, ainsi que Jean-Paul Poivey (Inra-Cirad, Montpellier) pour son apport de documentation bibliographique récente notamment sur l'utilisation des marqueurs pour les études de diversité génétique et de phylogénie des races bovines et de zébus africains.

Roger Rouvier

Ce livre a été rédigé avant tout pour les situations qui sont les plus fréquentes dans les régions tropicales, où les ressources matérielles pour l'amélioration du cheptel sont limitées et où le contexte environnemental est source de problèmes particuliers en ce qui concerne la production animale. Les pays tropicaux ne sont toutefois pas les seuls endroits où l'accroissement de la productivité des élevages se trouve confronté à des limites et à des obstacles. Il existe nombre de pays, dont certains bénéficient pourtant d'un climat relativement favorable, dans lesquels la production animale doit faire face à un déficit de ressources matérielles et alimentaires. Plutôt que de tenter de proposer des solutions spécifiques pour chaque situation, cet ouvrage axera par conséquent son propos sur les principes de l'amélioration génétique des animaux qui sont universellement applicables. Un chapitre est cependant consacré aux questions qui doivent être prises en considération pour pouvoir adapter les principes de la sélection animale aux différentes espèces domestiques et aux spécificités de leurs performances – le tout dans le contexte particulier de leur environnement.

Au cours des soixante dernières années, les règles de l'hérédité telles qu'elles s'appliquent aux groupes et aux populations d'animaux ont été développées, grâce aux mathématiques et à la statistique, pour donner naissance à la génétique quantitative. Cette science est à la base des programmes d'amélioration génétique animale modernes et de leur application. Les progrès réalisés dans d'autres domaines, tels que la physiologie animale, et les avancées techniques que représentent notamment l'insémination artificielle et la manipulation des embryons ont cependant multiplié les possibilités de développements en amélioration génétique – même s'il existe encore des contraintes quant à leur application. Certaines techniques sophistiquées et coûteuses d'assistance à la sélection animale se révèlent souvent mal adaptées aux régions du globe moins favorisées sur le plan matériel.

Bien que la génétique quantitative soit la matière fondamentale de cet ouvrage, il a été jugé nécessaire d'éviter le recours aux calculs mathématiques et aux solutions statistiques. Ceux dont les besoins sont plus spécialisés et plus avancés pourront s'orienter vers d'autres écrits, dont certains figurent dans la bibliographie. On trouvera toutefois ici quelques termes et symboles utilisés par les généticiens afin de faciliter les renvois vers ces ouvrages spécialisés et d'introduire le lecteur à la terminologie particulière utilisée dans ce domaine. Il est espéré que ce livre sera utile à ceux – étudiants, agriculteurs, vétérinaires, éleveurs et autres personnes intéressées par le sujet – qui, par goût ou par nécessité, souhaitent comprendre les fondements de la sélection animale sans s'encombrer des détails, et notamment à ceux d'entre eux qui interviennent dans les pays moins favorisés en termes de climat et de ressources

1. Amélioration des cheptels

Généralités

⏵ Objectifs

L'amélioration des cheptels devrait avoir pour objectif l'efficacité de la production animale. En termes économiques, ceci revient à dire que tout accroissement de la production – quelle que soit la nature du produit – devrait être évalué à l'aune du coût des intrants. L'amélioration ne sera réelle que si la valeur des produits est supérieure au coût des facteurs de production.

Cette approche peut aller de pair avec un accroissement de la production de lait, viande, laine ou autre, mais il existe d'autres critères à la lumière desquels les bénéfices de la production animale et les programmes d'amélioration peuvent être jugés. Une nation peut se donner pour objectif d'optimiser la production à partir des terres, des ressources alimentaires ou de la main-d'œuvre dont elle dispose. Il peut arriver que l'accent doive être mis sur le caractère durable de la production. Quel que soit le but visé, la production ne doit jamais être considérée sans tenir compte des intrants.

Le terme d'intrants recouvre la terre, l'alimentation des animaux, le travail, le capital, les services vétérinaires et les autres éléments nécessaires à l'obtention de produits d'origine animale. Il n'est pas toujours aisé d'en déterminer le coût avec précision, mais il est essentiel de reconnaître leur existence. Les coûts sont parfois évidents dans le cas des intrants qui demandent une contrepartie financière directe, mais ils existent tout autant lorsqu'il s'agit d'un simple pâturage naturel, par exemple. Même dans ce cas, on ne pourra parler d'amélioration économique qu'à partir du moment où une surface donnée de terre produit plus d'animaux ou plus de denrées d'origine animale qu'auparavant, et ce, de manière durable. Il est habituellement plus facile de quantifier la production de l'élevage – lait, viande, travail, laine, cuir, fumier, etc.

Trop souvent dans le passé, l'amélioration des cheptels – et notamment leur amélioration génétique – visait simplement à générer des animaux hautement productifs. Fréquemment, ces animaux s'avèrent également plus rentables, mais ce n'est pas toujours le cas. Notamment lorsque les disponibilités en nourriture et autres ressources sont faibles et que le climat est potentiellement une source de stress pour les animaux, parvenir à une meilleure productivité individuelle peut avoir un coût excessif au regard des bénéfices obtenus. Il est souvent plus intéressant de diriger ses efforts vers un niveau de production intermédiaire, supérieur à celui d'origine mais inférieur au meilleur résultat possible. Lorsque les troupeaux sont de grande taille ou lorsque le territoire concerné est vaste – un pays ou une région entière, par exemple – mieux vaut améliorer le rendement global du système par rapport aux intrants investis que d'augmenter le plus possible la productivité de quelques animaux d'élite.

L'objectif global d'accroissement du rendement du système de production devra souvent passer par une meilleure prise en compte de certaines composantes du système. Toutefois, il convient en premier lieu de clarifier ce que l'on désigne, dans chaque situation particulière, par le terme « amélioration ».

▌ Méthodes

On peut agir de diverses manières sur la productivité des animaux d'élevage qu'elle soit mesurée en termes de rendement ou de production. Les moyens d'action comprennent notamment l'alimentation, la conduite des élevages (y compris l'environnement), le suivi sanitaire, les interventions physiologiques ou pharmacologiques, la reproduction et l'amélioration génétique.

Cet ouvrage traite plus particulièrement des possibilités de modification génétique et des techniques associées. En général, l'amélioration génétique ne doit pas être considérée indépendamment des divers aspects environnementaux.

Dans un premier temps, il est presque toujours préférable de se baser sur les ressources disponibles pour la production, et les limites de ces ressources, pour fixer les objectifs d'amélioration du cheptel en conséquence. Ensuite, l'amélioration de tout ou partie des ressources (par exemple l'alimentation ou la conduite de l'élevage) pourra toujours converger avec une amélioration correspondante des aptitudes génétiques des animaux.

Prendre le problème en sens inverse, en tentant de faire correspondre les ressources au potentiel génétique supposé des animaux (par

exemple une race importée ou des croisements avec cette race), est un pari plus risqué. Le surcroît de ressources qu'il faudra fournir pour entretenir le bétail génétiquement amélioré, par exemple la nouvelle race ou le nouveau croisement, peut ne pas être toujours disponible ou peut se révéler trop onéreux à obtenir.

Une meilleure alimentation, une conduite plus attentionnée du troupeau ou une vigilance sanitaire plus poussée sont toutes des sources de dépenses supplémentaires auxquelles il faudra faire face en permanence pour permettre à l'élevage d'accroître sa productivité. Il est de ce fait important de commencer par vérifier si l'augmentation de la production sera à la hauteur de la progression des intrants.

L'amélioration génétique n'est pas gratuite, mais, une fois acquise, elle ne demande généralement pas d'efforts supplémentaires pour se maintenir et elle peut être progressive : les bénéfices de la sélection génétique, par exemple, s'ajoutent les uns aux autres dans le temps – on dit qu'ils sont cumulatifs. La plupart des autres voies d'amélioration exigent cet effort supplémentaire (par exemple une meilleure alimentation ou des soins vétérinaires accrus) à chaque fois qu'une amélioration est souhaitée.

Il arrive parfois que des animaux génétiquement améliorés soient immédiatement en mesure de tirer un meilleur profit des ressources existantes que le cheptel indigène. Il est cependant plus fréquent de constater que les animaux améliorés ont des besoins supplémentaires, en nourriture par exemple. Si ces besoins peuvent être satisfaits, il est fort possible qu'ils utilisent ce surcroît de ressources de manière avantageuse. L'ampleur de ces modifications de part et d'autre ne peut normalement être appréciée qu'en opérant par des ajustements contrôlés à la fois dans le génotype des animaux et dans leur environnement pour ensuite en évaluer les conséquences. Les deux pôles de l' « inné » et de l' « acquis » doivent ici être considérés ensemble.

▶ Options génétiques

L'amélioration génétique du cheptel peut être induite par :
– la substitution d'une race à une autre ;
– le croisement ;
– l'élevage en consanguinité ;
– la sélection au sein d'une race ou d'une population telle qu'un troupeau ;

– le transfert de gènes (technique qui n'est pas encore parvenue à un stade permettant son utilisation régulière dans les milieux difficiles) ;
– une combinaison quelconque de ces divers procédés.

Les principes de base et la marche à suivre pour chacune de ces approches seront détaillés dans cet ouvrage. Parmi les principales options listées ci-dessus la sélection intra-race est la voie la plus courante et la plus pratique pour créer du nouveau par rapport à ce qui existait auparavant.

La sélection génétique, progressant par petites étapes cumulatives, permet la mise en place lente et méthodique de tous les ajustements nécessaires quant à l'alimentation et à la conduite générale de l'élevage. À long terme, la sélection peut constituer l'option la plus fiable pour parvenir à une amélioration durable. Malheureusement, et notamment dans les pays tropicaux, elle ne bénéficie pas assez souvent de la considération qui lui revient. La raison en est qu'elle donne rarement des résultats immédiats très spectaculaires, contrairement à ce que permettent les croisements par exemple.

Les caractères

Les options génétiques et le degré de complexité d'un programme d'amélioration dépendent de la nature des caractères sur lesquels on se propose de travailler. Un caractère désigne, dans cet ouvrage, un produit ou un attribut d'un animal. Ce terme est parfois associé à un mot qui en précise le sens :
– caractère de production, lorsqu'il relève d'une production donnée, par exemple la quantité de viande obtenue à l'abattage ;
– caractère de la laine, lorsqu'il concerne la production de laine, par exemple la qualité de la fibre.

Certains caractères peuvent être considérés comme constitués de plusieurs composantes (caractères composites). Ainsi la productivité d'un ovin en viande est un caractère composite parce qu'y contribuent de nombreux caractères élémentaires différents. Plutôt que de sélectionner sur la base de la quantité de viande produite, un programme d'amélioration gagnera peut-être à se concentrer sur un ou plusieurs de ces caractères élémentaires, de manière isolée ou conjointe.

En revanche, la possession de cornes chez les bovins devrait être considérée comme un attribut relativement simple (un caractère simple) : une sélection génétique visant à éliminer la présence de cornes

se bornera à prendre en considération la présence ou l'absence de ces appendices chez les animaux, leurs parents et leur descendance. Ces différentes questions seront traitées plus en détail dans les chapitres qui suivent.

▣ Interactions

L'hérédité et l'environnement sont susceptibles d'interagir. Par exemple, deux races élevées dans les mêmes conditions peuvent avoir des productivités comparables ou au contraire très différentes en fonction de ces conditions environnementales.

Exemple 1A. Interaction entre hérédité et environnement (alimentation).
La figure 1.1 présente le poids, obtenu en conditions tropicales en Australie, de veaux sevrés issus de vaches croisées de trois types : croisement de Hereford avec des Frisonnes, des zébus Brahman *(Bos indicus)* et des Simmental. Toutes les vaches ont été fécondées par des taureaux Hereford,

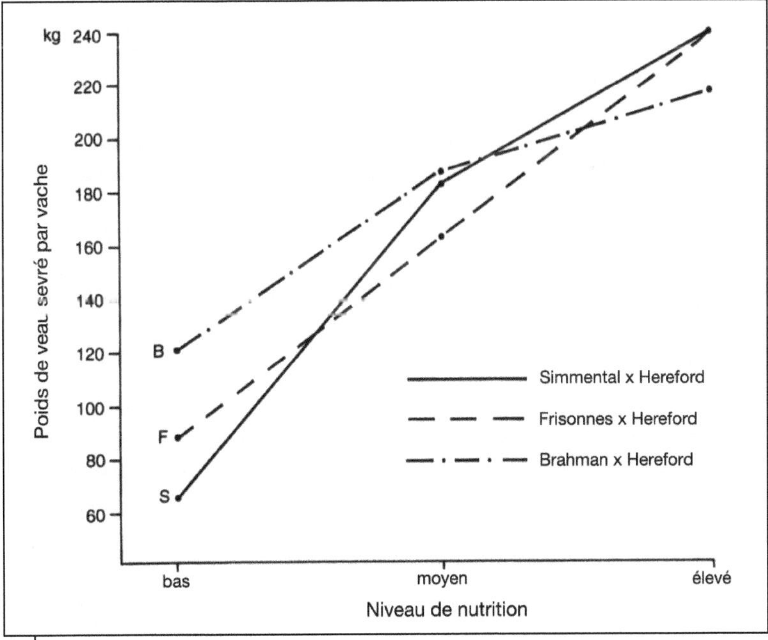

Figure 1.1.
Effet du niveau de nutrition sur le poids de veaux sevrés de vaches issues de trois types de croisements (d'après Barlow *et al.*, 1985).

et tous les veaux sont par conséquent 3/4 Hereford. L'expérience incluait trois niveaux de nutrition : bas, moyen et élevé.

On peut voir que les croisements Simmental donnent des résultats équivalents aux croisements Frisons au niveau de nutrition élevé, supérieurs au niveau intermédiaire et inférieurs au niveau bas. Les croisements Brahman donnent des résultats inférieurs aux autres croisements lorsque l'alimentation est riche, mais supérieurs dans les deux autres cas, et même largement supérieurs lorsque l'alimentation est pauvre.

L'exemple 1A met en évidence :
– l'importance relative des conditions génétiques et environnementales (l'alimentation par exemple) ainsi que les possibilités d'amélioration ;
– la nécessité de considérer conjointement le génotype et l'environnement ;
– l'importance de comparer différentes races (ou groupes génétiquement distincts) dans des conditions d'alimentation et d'élevage identiques si l'on veut que ces comparaisons aient un sens.

Le dernier de ces points, qui concerne la nécessité de mettre différentes races dans les mêmes conditions d'élevage pour pouvoir les comparer, est fondamental et malheureusement souvent négligé.

Ainsi la productivité laitière très élevée des vaches Holstein dans des conditions optimales en Amérique du Nord est-elle fréquemment soulignée et comparée à celle, très modeste, des vaches d'une race quelconque de zébu en Afrique. Une telle différence de production ne tient qu'en partie à la nature de la race et est fortement influencée par les très grandes disparités environnementales qui existent entre ces deux cas (climat, alimentation, conduite des élevages, incidence des maladies).

Les poids relatifs de la race et de l'environnement sur la productivité ne peuvent être évalués si chaque race est maintenue dans les conditions qui sont traditionnellement les siennes. On considère dans ce cas que le génotype (la race) et l'environnement sont des facteurs confondus.

La productivité obtenue en Amérique du Nord informe peu sur la différence qui serait observée entre des vaches Holstein (ou issues de croisements avec des Holstein) et des zébus dans leurs conditions habituelles d'élevage.

De même, si une race est élevée dans un troupeau et une autre race dans un autre troupeau, conduit de manière différente du premier, toute disparité observée entre ces deux races serait automatiquement confondue avec les disparités qui pourraient relever de la simple appartenance à l'un ou l'autre de ces troupeaux.

Les contraintes qui agissent sur l'amélioration

Dans les régions tropicales comme dans beaucoup de pays en voie de développement dans le monde, la mise en œuvre des techniques modernes d'amélioration génétique doit surmonter un certain nombre de problèmes particuliers qui rendent les progrès plus lents. Ces difficultés relèvent essentiellement de contraintes environnementales et économiques. Il est important d'en être conscient pour éviter de cultiver de faux espoirs quant aux résultats des programmes de sélection.

▶ Les contraintes environnementales

L'alimentation

Très souvent, en zone tropicale, les aliments de base sont de qualité médiocre ou très variable, surtout ceux disponibles pour la production des ruminants. Ces problèmes sont en partie dus aux variations saisonnières des disponibilités alimentaires, par exemple du fait de l'alternance de saisons sèches et humides. Les périodes de sécheresse prolongée et autres catastrophes sont en mesure de réduire considérablement l'approvisionnement alimentaire, qu'il s'agisse de pâturages naturels ou de cultures fourragères. Le coût des engrais et des pesticides est parfois dissuasif, ce qui limite encore la nourriture disponible, par exemple la quantité des sous-produits agricoles exploitables.

Le climat

Les extrêmes de températures, froides ou chaudes, imposent un stress aux animaux et en cela, influencent leur performance. Beaucoup de races indigènes sont relativement bien adaptées aux conditions qui prévalent dans une région donnée, ce qui n'est pas le cas de races originaires d'autres régions dont le climat est différent.

Les maladies

Une fréquence élevée de maladies et des taux de mortalité importants sont des contraintes courantes sur la production animale. Les maladies et les taux de mortalité élevés sont souvent amenés ou exacerbés par une insuffisance des services sanitaires. En outre, la fréquence des maladies comme les taux de mortalité sont aggravés par une alimentation inadéquate.

Outre un impact direct sur la productivité, un état sanitaire déficient a des répercussions négatives sur le rythme des progrès génétiques qui peuvent être réalisés par le biais des programmes de sélection, notamment :
– en retardant la reproduction ;
– en diminuant le taux de reproduction ;
– en augmentant la mortalité.

Les maladies animales limitent en outre les autres possibilités d'amélioration génétique, car la plupart des pays imposent des restrictions sur l'importation d'animaux de reproduction s'ils ne sont exempts de certaines maladies bien précises.

Ces réglementations ont été mises en place pour éviter la propagation de plusieurs maladies graves mais ont également pour effet de restreindre l'emploi d'animaux reproducteurs d'élite pour l'amélioration des races et les croisements. Elles s'appliquent quel que soit le pays de provenance, mais rendent particulièrement difficile l'importation d'animaux depuis des pays tropicaux, où beaucoup des maladies visées sont endémiques. Le recours au matériel congelé, en particulier aux embryons congelés, serait susceptible d'amener à l'avenir un assouplissement de ces restrictions.

Les contraintes structurelles

Les infrastructures

Le succès des programmes de sélection animale, du moins à l'échelle nationale et régionale, dépend des capacités de multiplication et de diffusion de l'amélioration génétique au plus grand nombre de troupeaux possibles. Les contraintes s'opposant à la mise en œuvre des schémas d'amélioration et à leur rentabilité comprennent :
– les problèmes de transport pour les animaux ou la semence ;
– les entraves à la mise en œuvre fructueuse des programmes d'insémination artificielle (production, récolte, stockage, distribution et utilisation de la semence) ;
– l'absence de dispositions adéquates de commercialisation.

Un investissement dans les infrastructures peut s'avérer nécessaire avant que l'amélioration génétique soit effective, mais comme le processus d'amélioration génétique demande du temps, il peut être judicieux de lancer les premières étapes d'un programme de sélection avant même que ces remises à niveau soient complètes.

La taille des troupeaux

En zone tropicale, beaucoup de troupeaux sont de très petite taille. De nombreux agriculteurs ne possèdent qu'une ou deux vaches et quelques moutons, chèvres ou porcs. En sélection animale, les progrès sont cependant plus faciles sur de gros effectifs et un effectif minimal est nécessaire pour que les programmes de sélection soient en mesure d'apporter les améliorations souhaitées avec une certaine fiabilité. Il est plus difficile d'étendre à de petits troupeaux l'ensemble des avantages d'une amélioration génétique. Il peut de ce fait s'avérer utile, dans le cadre d'un projet d'amélioration génétique, de regrouper les petits troupeaux en unités de plus grande taille.

Les ressources animales

Beaucoup de races domestiques indigènes, par exemple dans les régions tropicales, ont une productivité faible – bien que, dans ces conditions difficiles, une race exotique puisse ne pas faire mieux, et fasse même parfois moins bien. S'il faut éviter de mettre trop d'espoirs dans les races exotiques lorsqu'elles sont élevées dans des conditions défavorables, il faut de même se garder de juger trop rapidement comme « inférieur » le potentiel génétique des races indigènes en le considérant comme une contrainte absolue à toute amélioration. La notion de potentiel génétique devrait toujours être mise en relation avec les conditions dans lesquelles les animaux sont sensés produire. Les attentes irréalistes nuisent à la bonne planification des programmes d'amélioration et sont la cause de bien des déceptions face aux résultats.

Les ressources humaines

Un déficit de spécialistes suffisamment formés est un handicap à la conception et à la mise en œuvre des programmes d'amélioration génétique. Il est essentiel de dimensionner les programmes en fonction du nombre de personnes compétentes qui sont disponibles pour leur mise en œuvre.

Enregistrement des données

Noter les performances des animaux est l'une des tâches fondamentales de l'amélioration des cheptels (chapitre 2). Sans suivi des performances, il ne peut y avoir de mise en œuvre et d'évaluation d'un schéma de sélection.

2. Enregistrement et utilisation des performances

Pourquoi enregistrer les performances ?

Les performances sont essentielles pour planifier et appliquer les programmes d'amélioration génétique. Selon les cas, les informations recueillies peuvent être très simples et peu nombreuses ou au contraire beaucoup plus détaillées. Même un schéma de croisement sans aucune complexité exige de disposer de quelques indications sur les performances relatives des races indigènes et des différents types de croisements. Ces données sont nécessaires pour mettre au point le système de croisement le mieux adapté et en évaluer la rentabilité.

Pour les schémas d'amélioration donnant lieu à la sélection de certains sujets – les meilleurs animaux de leur groupe – les contrôles de performances sont encore plus importants. La finesse du regard de l'éleveur ne suffit pas pour reconnaître les sujets génétiquement supérieurs quant à la plupart des caractéristiques clés des animaux de production. Les impressions subjectives de performance et la seule mémoire ne sont ici presque d'aucun secours. Ces difficultés sont bien illustrées par l'exemple du taux de reproduction.

Exemple 2A. L'apparence extérieure d'un animal ne remplace pas les données de contrôles de performances.
En général, le taux de reproduction des animaux d'élevage influe fortement sur leur rentabilité et sur les possibilités de progrès génétique. L'aspect extérieur d'une vache ou d'une brebis ne donnera aucune information sur ses qualités ou ses défauts en ce domaine. De même, la conformation d'un bélier ou d'un bouc ne peut en rien laisser présager de leur potentiel à transmettre les « bons » gènes de la reproduction. Disposer de données de contrôles de performances est ici essentiel.

Il est souvent nécessaire de tenir à jour de simples tableaux généalogiques pour pouvoir mettre en relation la performance des parents avec celle de la descendance. Il s'agit là d'un exercice primordial pour les programmes de sélection. Pour beaucoup de schémas de croisement, le relevé généalogique peut se limiter à identifier les différentes races qui interviennent à chaque étape du processus et à noter l'identité du géniteur (afin d'éviter l'insémination par un parent proche, c'est-à-dire la consanguinité, chapitre 9).

Le coût de la collecte des données de contrôles des performances doit être accepté comme faisant partie intégrante des coûts associés au projet d'amélioration génétique.

De quels animaux enregistrer les performances ?

Le choix des animaux sur lesquels se concentrer pour le suivi des performances dépend du contexte du programme de sélection et de ses objectifs à court et à long terme.

Les troupeaux associés aux institutions de recherche et autres sont souvent une source de données suffisante pour la conception des schémas de sélection et pour les prises de décisions en matière d'orientation générale. Ces données constituent une bonne base de départ. En outre, elles sont souvent les seules directement exploitables sans s'exposer aux frais et aux délais que demanderaient des collectes réitérées de données à chaque nouveau programme. Il est toutefois important de s'assurer que les animaux de ces troupeaux de référence connaissent des conditions d'élevage raisonnablement proches de celles que connaissent ou connaîtront les animaux de production commerciale qui sont la cible des améliorations.

Une fois le programme de sélection lancé, d'autres informations devront être réunies pour mettre le plan à exécution et évaluer les progrès accomplis. Dans le cas des troupeaux au sein desquels les reproducteurs sont choisis ou testés, chaque animal devrait voir les caractères clés de sa performance dûment relevés. De plus, au moins un échantillon des troupeaux associés au schéma d'amélioration devrait être contrôlé de temps à autre, afin de repérer et suivre tout changement qui pourrait se manifester et d'évaluer l'intérêt du programme de sélection. Cet échantillon pourrait provenir des troupeaux de production commerciale dans lesquels sont employés certains des sujets améliorés issus du programme (peut-être des taureaux ou des béliers, ou leur semence).

Mason et Buvanendran (1982) ont étudié ces questions relativement en détail. Ils soulignent qu'il n'existe aucun système normalisé d'enregistrement des performances qui puisse convenir à l'ensemble des conditions d'élevage. Le niveau de suivi qu'il est possible de maintenir dépend du mode de conduite de l'élevage et du niveau de développement de l'exploitation ou de la filière animale dans le pays.

Les informations à enregistrer

Il est surtout conseillé de :
– restreindre les données à celles qui sont essentielles à l'exécution du programme d'amélioration et à sa rentabilité ;
– ne consigner que ce qui peut continuer à l'être ;
– ne collecter que des données qui peuvent être analysées.

Relever des informations sans les mettre au service de ce pour quoi elles sont nécessaires – les prises de décision en matière de reproduction, d'alimentation ou de gestion – constitue une perte de temps et d'argent.

Pour les détails concernant les différentes espèces, le lecteur pourra consulter Mason et Buvanendran (1982), et Faugère et Faugère (1986) pour un exemple de méthodologie du contrôle des performances individuelles chez les petits ruminants en Afrique. En règle générale, les données les plus indispensables sont celles qui sont directement liées au type de performance que l'on se propose d'améliorer – la production laitière, la taille corporelle ou la taille des portées, par exemple. D'autres caractères en rapport avec le caractère ciblé pourront également être suivis bien qu'ils ne fassent pas directement l'objet du travail d'amélioration. Certains sont susceptibles d'agir sur le rendement ou sur les coûts ou d'évoluer eux-mêmes en réponse à l'amélioration du caractère principal visé. Quelques exemples précis de suivis de composantes interdépendantes de la performance sont présentés ci-dessous, les mêmes principes restant valables quels que soient les caractères ou les espèces concernés.

Exemple 2B. Production laitière et composition du lait.
On suppose que l'objectif est d'accroître la production laitière chez les vaches. Une estimation quelconque de la production laitière, à partir de suivis mensuels par exemple, est de ce fait nécessaire. De telles données peuvent être assez faciles à obtenir auprès des troupeaux des stations de recherche et autres institutions, y compris dans les pays tropicaux. Par contre, cet exercice peut se révéler plus difficile dans les petits élevages privés, où certains problèmes se posent parfois du fait du faible niveau d'éducation des exploitants ou des difficultés d'accès pour les techniciens chargés de la récolte des données (il faut parfois se contenter d'une méthode de collecte moins précise, qui doit néanmoins rester concrète et objective). Il reste que les vaches qui produisent en plus grande quantité ont souvent un lait moins riche en matières grasses et en protéines.
Si l'objectif est la production de fromage ou de beurre, il peut donc être mal avisé d'axer l'amélioration uniquement sur la quantité de lait produite. Même lorsque la production laitière est l'unique objectif visé, il est conseillé

de contrôler la composition du lait en sus de la quantité totale produite afin de maximiser les bénéfices économiques et d'éviter une baisse de la qualité du produit.

Exemple 2C. Production laitière et taille corporelle.
De manière très générale, les vaches qui produisent plus de lait sont souvent de plus grande taille que celles qui en produisent moins. Les grands animaux, toutefois, consomment plus que les petits, et un grand format n'est parfois pas souhaitable, ou pas rentable. Il convient de ce fait de surveiller le rapport entre la production laitière et la taille corporelle et de relever toute évolution dans ce domaine – voire même de prendre ce rapport directement en considération dans le programme d'amélioration. Qui plus est, le rapport entre production laitière et taille corporelle est une variable particulièrement importante lorsque l'éleveur exploite ses animaux non seulement pour leur lait, mais également pour leur viande ou leur force de travail.

Exemple 2D. Production laitière et reproduction.
La production laitière est liée à la régularité du vêlage. Le niveau de production laitière est susceptible d'agir sur la chronologie de la reproduction et sur la fertilité. Il est ainsi important de disposer d'un minimum de données concernant les performances de reproduction pour les mettre en rapport avec l'évolution de la production laitière. De même, un suivi de l'état sanitaire, éventuellement limité aux affections manifestes, est indispensable pour pouvoir interpréter les données de production laitière, car une vache souffrant de mammite ou d'une autre maladie produit moins de lait.

Caractères mineurs

Il est important d'éviter de perdre du temps et des efforts à noter des informations qui ne contribuent que de très loin ou pas du tout au caractère ciblé ou au rendement. De telles données surchargent les capacités de collecte des informations réellement pertinentes. En outre, elles sont susceptibles de retarder les progrès génétiques si elles sont prises en considération pour la sélection des sujets reproducteurs.

Rendement

En ce qui concerne la notion cruciale de rendement – l'efficacité de la production – il est utile de consigner les éléments qui contribuent de manière significative aux coûts de production. Les bénéfices économiques associés au processus de production peuvent être évalués à l'aune des produits issus de ce processus – ce qui est plus facile à

quantifier pour ce qui est effectivement vendu que pour ce qui est utilisé par l'exploitant.

Les coûts de production, comme les intrants alimentaires par exemple, sont susceptibles d'évoluer avec les progrès génétiques et l'accroissement de la productivité.

L'alimentation, l'une des principales composantes du coût de la production animale, est une variable difficile et onéreuse à mesurer. Lorsque son suivi est jugé important, comme dans le cas d'un gros élevage, il faut quelquefois se contenter de noter les dépenses associées aux aliments achetés dans le commerce ou le prix auquel auraient pu être vendus les aliments produits sur place et distribués aux animaux. Dans le cas d'animaux à l'herbe, une estimation du chargement s'avère parfois la seule option possible – mais elle-même peut être inapplicable ou dépourvue de sens lorsque les pâturages sont utilisés par plusieurs troupeaux.

On se bornera ici à souligner l'intérêt d'un certain suivi des intrants, notamment pour les projets d'amélioration à grande échelle comme ceux qui sont mis en place au niveau national. L'information nécessaire pourra être obtenue périodiquement, sans nécessité d'un suivi en continu, auprès d'un échantillon éventuellement restreint de troupeaux – par exemple les grands troupeaux des institutions de recherche.

Mise à la réforme des sujets de qualité inférieure

Les suivis individuels de performance peuvent servir de base pour reconnaître et réformer les animaux les moins productifs. Cette opération rehausse d'entrée la performance et la rentabilité du troupeau, indépendamment de tout effet éventuel sur l'amélioration génétique.

Correction des performances

Il faut toujours pouvoir mettre en relation les niveaux de performance avec les conditions dans lesquelles ces performances ont été réalisées.

Un grand nombre de facteurs externes, tels que l'année, l'époque de l'année, la phase de lactation, le sexe ou l'âge, influent sur la performance des animaux. L'effet moyen de ces influences externes doit être pris en compte au moment de comparer les performances de différents sujets.

C'est là qu'intervient la correction des performances. Ce processus utilise des facteurs de correction calculés à partir des effets moyens de ces influences externes. Une fois les données corrigées, il devient possible de classer les animaux en fonction de leur mérite génétique.

Si les données brutes ne sont pas corrigées, les effets de l'hérédité peuvent être complètement ou en partie masqués par les effets dus à d'autres facteurs. L'importance de ce biais est plus forte pour certains caractères que pour d'autres, mais le principe vaut pour tous les caractères et plus particulièrement pour ceux qui sont les cibles les plus fréquentes de l'amélioration, comme la production ou le rendement en lait ou viande, par exemple.

Exemple 2E. Correction des performances : principes – dans le cas des ovins.
Un agneau issu d'une naissance gémellaire est habituellement plus petit qu'un agneau issu d'une naissance simple. De même, les mâles sont généralement plus lourds que les femelles. Un agneau né d'une brebis adulte, arrivée au terme de sa croissance, est normalement plus grand et se développe plus rapidement qu'un agneau né d'une jeune primipare. La saison de naissance n'est pas non plus sans effets sur la croissance et la survie, dans la mesure où la période de l'année est liée aux conditions météorologiques, qui agissent sur la nourriture disponible et sur la santé des animaux. Il arrive souvent que les années diffèrent les unes des autres pour des raisons similaires.
Pour comparer les poids et les vitesses de croissance d'agneaux ayant eu des parcours différents, il faut :
– commencer par corriger les données brutes concernant le poids et la vitesse de croissance de chaque agneau pour les effets fixes de ces influences externes ;
– après seulement, comparer les mérites relatifs des différents agneaux – mérites qui sont dus en partie aux gènes qu'ils portent.
De même, ce n'est qu'après avoir pris ces différents facteurs en compte que les brebis les plus performantes – en termes de production d'agneaux – pourront être distinguées des brebis moins productives.

Exemple 2F. Correction des performances : exemple chiffré dans le cas d'ovins.
Considérons deux agneaux mâles pesant respectivement 18 kg (agneau A) et 21 kg (agneau B) à l'âge de six mois.
Si la taille corporelle est le critère retenu pour l'amélioration, lequel de ces deux agneaux doit-on destiner à la reproduction ?
On dispose des informations suivantes au sujet de chacun de ces agneaux :
Agneau A : issu d'une naissance double en septembre (au cours de la grande saison sèche) d'une brebis de 5 ans.
Agneau B : issu d'une naissance simple en décembre (au cours de la petite saison sèche) d'une brebis de 2 ans.

Les données recueillies dans ce troupeau sur plusieurs années montrent que, à l'âge de 6 mois :
– les agneaux issus de naissances gémellaires pèsent 3 kg de moins en moyenne que les agneaux issus de naissances simples ;
– les agneaux nés en septembre pèsent 3 kg de moins en moyenne que ceux nés en décembre ;
– les agneaux nés de brebis de 2 ans pèsent 1 kg de moins en moyenne que ceux nés de brebis de 5 ans.

En utilisant ces valeurs moyennes comme facteurs de correction pour mettre au même niveau les données des deux agneaux (au niveau, par exemple, d'agneaux issus d'une naissance simple et nés en décembre d'une brebis de 5 ans), on obtient les résultats suivants :

	Agneau A	Agneau B
Poids à six mois (kg)	18	21
Correction de l'effet « taille de la portée »	+ 3	
Correction de l'effet « mois de naissance »	+ 3	
Correction de l'effet « âge de la mère »		+ 1
Poids corrigé (kg)	24	22

Comme l'agneau A était plus désavantagé que l'agneau B en ce qui concerne la croissance, on constate que, après correction, il est en fait le meilleur sujet des deux pour le poids à six mois corrigé.

Exploitation des performances

Les données qui ne sont pas utilisées peuvent aussi bien ne pas être collectées. Pour orienter les prises de décision en matière d'alimentation et de conduite des élevages, les données de performance brutes, non corrigées, suffisent souvent. Dans ce cas, et pour un troupeau donné, il est possible de se contenter des informations telles qu'elles ont été consignées sur fiches. En revanche, lorsqu'il s'agit de choisir des animaux reproducteurs, c'est-à-dire de distinguer les sujets à garder de ceux à mettre à la réforme, une information plus détaillée est nécessaire. Les facteurs qui influencent la performance sont nombreux : il est important de les classer et d'estimer les effets de chacun sur le niveau de performance mesuré.

Lorsque le schéma de sélection est très simple et que les décisions ne concernent qu'un seul caractère (par exemple le poids à un certain âge ou la production laitière), les relevés sur papier seront ici encore d'une aide précieuse pour corriger les données et identifier les animaux destinés à la reproduction ou pour ajuster leur alimentation en fonction de leur productivité.

La situation, cependant, s'avère souvent bien moins simple. Il est parfois difficile d'être précis dans les décisions concernant la reproduction et l'alimentation lorsque l'on ne dispose que des seules données sur papier et d'un laps de temps limité. Quelques exemples de situations complexes sont présentés ci-dessous :
– les troupeaux concernés peuvent être de grande taille et avoir donné lieu, avec le temps, à une base de données très volumineuse ;
– certains schémas de sélection portent sur plusieurs troupeaux ;
– un programme de sélection génétique peut être axé sur une combinaison de plusieurs caractères ;
– certaines décisions concernant les animaux reproducteurs présents et futurs doivent quelquefois être prises rapidement : par exemple, dans le cas du choix des agneaux destinés au renouvellement des reproducteurs, une première décision doit être arrêtée au moment du sevrage ou au début de la longue saison sèche, lorsque les animaux excédentaires doivent être vendus en prévision de la baisse des disponibilités fourragères.

Les seules données sur papier suffisent rarement lorsqu'elles concernent un grand nombre d'individus, s'accumulent sur de nombreuses années et comprennent des animaux provenant de plusieurs exploitations, lorsque les schémas de sélection portent sur plusieurs caractères, lorsqu'un grand nombre de facteurs externes influencent la performance des sujets et appellent une correction des données ou lorsque des décisions doivent être prises dans l'urgence. De telles situations rendent le recours à l'informatique non seulement utile mais pratiquement indispensable.

▌▶ L'outil informatique

Un ordinateur équipé des programmes adéquats permet de trier rapidement ces différents facteurs interdépendants qui viennent obscurcir la distinction entre les animaux à conserver pour la reproduction et ceux dont on peut se défaire. La plupart des ordinateurs, en version bureau ou portable, conviennent parfaitement pour les besoins les plus courants.

La première étape consiste à entrer les données individuelles dans une base de données informatisée. Il s'agit d'un programme qui permet de stocker toutes les informations concernant chaque individu de manière organisée, en lien avec les informations correspondantes de tous les autres individus – y compris les ascendants et autres apparentés. Le

programme permet de trier ces données en fonction de différentes variables : par troupeau, par géniteur, par saison, par âge ou par race, par exemple.

La deuxième étape consiste à introduire ces données dans un programme capable de les corriger individuellement en fonction des facteurs externes, environnementaux, qui ont pesé sur la production ainsi qu'il a été expliqué plus haut dans les exemples.

La dernière étape, du moins lorsque des choix d'ordre génétique doivent être étayés, consiste à ranger les sujets selon leur mérite considérant le caractère visé ou une certaine combinaison de caractères.

▐▶ Comparaison de plusieurs races

Dans des conditions expérimentales précises, pour comparer les différentes races ou croisements, il n'est pas toujours nécessaire de corriger les données de performance de tous les sujets, surtout si les groupes de chaque race sont suffisamment grands pour que les facteurs autres que la race elle-même ne constituent plus une source de différence en moyenne. Ce n'est toutefois pas toujours le cas. Les troupeaux peuvent être conduits ou nourris de manière différente ou ne pas se trouver dans la même région ou sous le même climat. Si les races ou les croisements à comparer sont inégalement distribués sur plusieurs troupeaux dont les conditions environnementales diffèrent de la sorte, toute comparaison pourrait être biaisée. Une manière de surmonter ce problème est de commencer par comparer les races entre elles à l'intérieur de chaque troupeau, puis de faire la moyenne sur l'ensemble des troupeaux des différences observées dans chacun d'entre eux. Dans d'autres cas, il peut s'avérer plus judicieux de calculer les effets moyens de chaque troupeau sur la performance des animaux qui le composent et de corriger les données en conséquence. Une analyse de variance permet alors de tester la signification des effets troupeaux, races et de leur interaction. Ici comme précédemment, un tel exercice est plus facile lorsque toutes les données sont informatisées de manière appropriée.

Intervalle de confiance statistique

Lorsque de nouvelles pratiques en matière d'alimentation, de conduite de l'élevage ou de sélection sont mises au point et expérimentées, il est important de savoir à quel point leur efficacité est fiable avant de les recommander à d'autres. Tout nouveau traitement, toute nouvelle race, peut sembler donner de bons résultats au début pour ensuite se révéler sans intérêt. Il est essentiel d'éviter de telles erreurs ou du moins d'en limiter la possibilité. Pour ce faire, on estime la probabilité que cet effet (par exemple la différence observée entre deux groupes nourris différemment) soit uniquement dû au hasard. Il arrive en effet que des différences entre groupes d'animaux surviennent par hasard, simplement parce que les animaux qui composent chaque groupe ne sont toujours qu'un échantillon de tous les animaux possibles – surtout lorsque l'effectif du groupe est faible.

Exemple 2G. Différences dues au hasard.
Si l'on tirait au hasard des groupes de dix ovins dans un troupeau mixte de 500 individus et que ces animaux étaient pesés, il est hautement probable que le poids moyen dans les différents groupes (ou échantillons) serait très variable, simplement parce que les groupes, de petite taille, ont été constitués de manière aléatoire. Il s'agit donc là d'un effet du hasard.

Il existe des tests statistiques pour traiter ces questions. En général, les calculs statistiques donnent la probabilité qu'une différence aussi importante que celle qui a été constatée ait pu être due uniquement au hasard une fois sur un grand nombre. On pourrait par exemple demander : quelle est la probabilité qu'une différence de poids au sevrage de 2 kg entre des agneaux d'une race locale et des agneaux issus de croisements ne soit due qu'au hasard ? Après les calculs appropriés, le résultat pourrait être : moins d'une chance sur vingt.

Par convention, moins d'une chance sur vingt (soit 5 %) est généralement considéré comme une indication relativement forte que l'effet constaté n'est pas uniquement dû au hasard. L'effet lui-même (dans l'exemple ci-dessus, la différence entre les agneaux de race indigène et les croisés) est alors dit significatif au seuil de probabilité de 5 %. Moins d'une chance sur cent (1 %) permet d'avoir une confiance encore supérieure dans la réalité de l'amélioration d'une race ou dans l'utilité réelle d'un traitement (significatif au seuil de probabilité de 1 %).

Le mode de calcul utilisé pour déterminer cette probabilité dépend toujours de l'association d'une valeur moyenne, basée sur un ensemble d'observations, et d'une estimation de la dispersion des observations de part et d'autre de cette moyenne (chapitre 5). Les indices les plus couramment utilisés pour mesurer cette dispersion sont les suivants :

– l'écart-type (σ_x ou s, parfois noté SD de l'anglais *standard deviation*) : mesure la dispersion d'un ensemble d'observations individuelles autour de la moyenne ;
– l'écart-type d'échantillonnage ou erreur-type ($\sigma_{moy(x)}$, parfois notée SE pour *standard error* en anglais) : mesure la dispersion d'un ensemble de moyennes de différentes sous-populations.

Les écarts-types d'échantillonnage, qui sont calculés à partir des écarts-types, permettent de montrer que les moyennes établies sur de grands nombres d'observations sont plus dignes de confiance que les moyennes établies sur de petits échantillons. Par exemple, si l'on se propose d'évaluer les mérites d'une nouvelle race, la production laitière moyenne calculée à partir de la production de 500 vaches de cette race est beaucoup plus fiable qu'une moyenne calculée sur seulement 5 animaux. À variabilité constante, l'écart-type d'échantillonnage associé à l'échantillon de 500 animaux sera beaucoup plus faible que celui associé à l'échantillon de seulement 5 animaux.

Bien souvent, l'analyse statistique de données animales est plus complexe, et ces différents écarts-types ne sont pas directement applicables. De telles situations surviennent lorsqu'un grand nombre de facteurs agissent simultanément sur la performance des animaux et que les effets relevant de chaque facteur doivent être démêlés les uns des autres puis estimés. Le principe de l'estimation du niveau de signification des effets demeure toutefois valable.

Ces divers calculs sont plus faciles par ordinateur, et les plus compliqués sont pratiquement impossibles à effectuer commodément sans l'aide de l'outil informatique.

Conclusion

Pour pouvoir prendre les bonnes décisions en matière de sélection animale, on ne peut trop insister sur l'importance de consigner et d'utiliser les données de performances individuelles. Même en l'absence d'un schéma de sélection en bonne et due forme, le suivi individuel des performances est un exercice riche d'enseignements et un outil précieux pour une meilleure conduite des troupeaux.

3. Généralités sur l'hérédité

Lorsque des moutons s'accouplent à d'autres moutons, nous savons à l'avance que de ces unions naîtront encore des moutons – et non des chèvres. De même, si des zébus s'accouplent à d'autres zébus, il est évident que nous allons obtenir des veaux zébus et non des taurins Hereford. Ces exemples illustrent le mécanisme héréditaire : les animaux d'une même espèce se ressemblent parce qu'ils ont un patrimoine biologique et héréditaire commun. Mais il existe également une certaine diversité, car tous les individus – de même espèce et de même race domestique – ne sont pas absolument identiques. La progéniture ressemble à ses parents sans pour autant en être une copie conforme.

Ces phénomènes découlent de la manière dont les gènes – les unités de base de l'hérédité – se maintiennent dans une population et se transmettent d'une génération à la suivante.

Cellules, chromosomes et formation des gamètes

Le matériel héréditaire d'un animal est contenu dans les noyaux des cellules de son organisme, et plus précisément dans les chromosomes – des structures apparaissant au microscope, à certaines étapes de la division des cellules, sous la forme de petits bâtonnets. Ces chromosomes sont chacun construits autour d'une longue chaîne double d'acide désoxyribonucléique (l'ADN) qui contient, sous une forme codée, l'information génétique transmise d'un parent à sa descendance. Chaque chromosome contient une seule molécule d'ADN. Les composants chimiques de l'ADN sont un groupement phosphate ; un sucre en C5, le désoxyribose, qui donne son nom à l'ADN ; et quatre bases azotées : adénine (A), cytosine (C), guanine (G) et thymine (T). L'association entre le groupement phosphate, le désoxyribose et une base azotée prise parmi les quatre bases A, C, G et T forme l'élément de base de l'ADN appelé nucléotide. Il existe quatre nucléotides différents suivant la base associée au groupement phosphate et au désoxyribose. Chaque nucléotide est relié au nucléotide adjacent par une liaison établie entre le groupement phosphate de l'un et le désoxyribose de l'autre. Cela aboutit à une chaîne polynucléotidique correspondant à la succession de plusieurs milliers de nucléotides. L'ADN est un polynucléotide. L'ordre d'enchaînement des quatre nucléotides (donc des quatre bases azotées) différents le long d'un brin (ou fragment) d'ADN détermine une séquence nucléotidique caractéristique de ce brin ou fragment. Du fait du très grand nombre de combinaisons des quatre nucléotides qui se succèdent le long d'un brin d'ADN, les possibilités de séquences nucléotidiques différentes sont pratiquement infinies. Chaque individu est unique sur le plan génétique, sauf les clones et les vrais jumeaux qui sont nés du même œuf (jumeaux monozygotes). En 1953, Watson, Crick et Wilkins ont proposé la structure en double hélice de l'ADN. La molécule d'ADN est donc organisée en deux chaînes de nucléotides enroulées en double hélice. Ces deux chaînes sont associées par des liaisons transversales des bases complémentaires deux à deux : adénine-thymine (A-T) et cytosine-guanine (C-G). Chaque chaîne ou simple brin d'ADN est complémentaire de l'autre. L'arrangement successif des quatre bases azotées d'une séquence nucléotidique constitue l'information génétique.

Dans chacune des cellules d'un organisme vivant, à l'exception notable des gamètes, chaque chromosome existe en deux exemplaires, appelés chromosomes homologues. Le nombre de chromosomes présents est alors dit diploïde. Ce nombre est de 30 paires (60 chromosomes) chez le bœuf, de 27 paires (54 chromosomes) chez le mouton, de 30 paires (60) chez la chèvre, de 19 paires (38) chez le porc (figure 3.1) et de 39 paires (78) chez la poule. Pour plus d'informations sur le matériel héréditaire (ou génétique), sur sa composition, ses structures et son expression le lecteur pourra consulter Jussiau *et al.* (2006).

◗ La division cellulaire

La vie commence par une cellule unique, l'œuf fécondé, appelé zygote, qui comporte un nombre diploïde de chromosomes. Lorsque le zygote se divise, chaque cellule fille reçoit une copie exacte et complète de son équipement chromosomique. Ce type de division est appelé mitose (figure 3.2). Le même processus se répète à chaque fois que des cellules se divisent pour former les différents tissus et organes d'un organisme animal. Juste avant chaque division, les chromosomes se dédoublent ; les paires dédoublées se séparent ensuite, chacune des deux cellules filles héritant d'une paire de chaque type de chromosome.

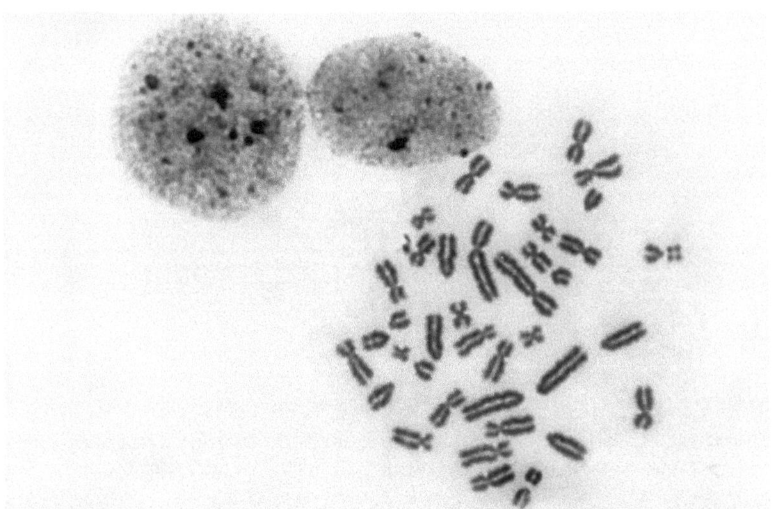

Figure 3.1.
Les chromosomes du porc (cliché de Dr Annecke A. Bosma, Faculté de médecine vétérinaire, université d'Utrecht).
Chromosomes d'un lymphocyte sanguin en métaphase chez un porc domestique mâle.
Les chromosomes sont colorés à l'acéto-orcéine. Les structures arrondies visibles en haut à gauche sont les noyaux des cellules voisines qui n'étaient pas en mitose lorsque le cliché a été réalisé.

Toutes les cellules de l'organisme contiennent ainsi exactement le même équipement – diploïde – de chromosomes, quel que soit son emplacement dans l'organisme (le processus de différenciation qui donne naissance aux différents organes et tissus commence très tôt au cours de la vie embryonnaire).

▌▶ La formation des gamètes

Le zygote – point de départ d'un nouvel individu – naît de la fusion de deux cellules singulières appelées gamètes. Ces deux gamètes proviennent chacun d'un des deux parents : un spermatozoïde du père et un ovule de la mère. La formation de ces gamètes, qu'il s'agisse des spermatozoïdes ou des ovules, obéit à un processus particulier. En effet :
– chaque gamète ne contient que la moitié seulement des chromosomes qui sont présents dans les autres cellules de l'organisme (c'est-à-dire, n chromosomes, au lieu de 2n) ;
– plus précisément, chaque gamète ne comporte qu'un seul exemplaire de chaque paire de chromosomes homologues (voir cependant le phénomène de *crossing-over*, ou enjambement, à la page 48).

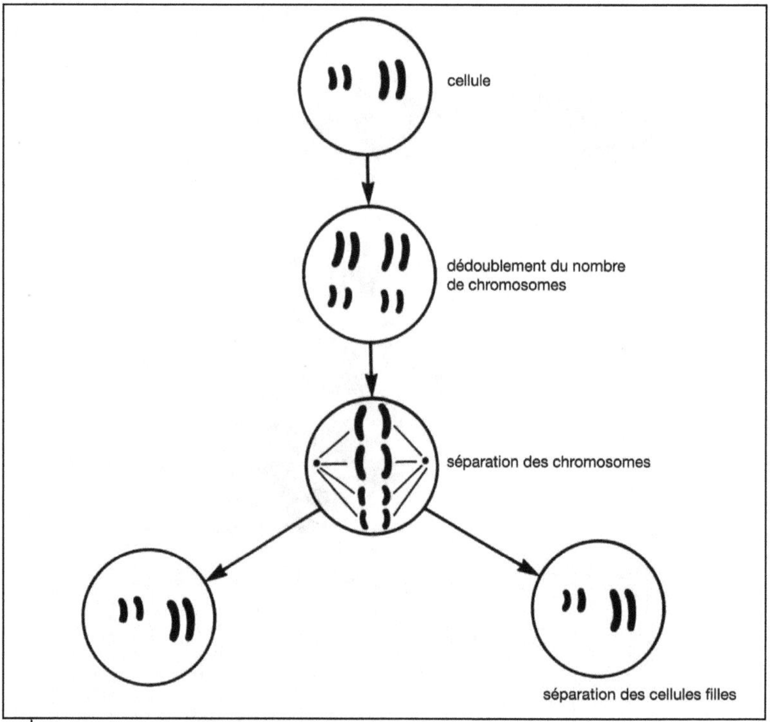

Figure 3.2.
La mitose.
Division d'une cellule imaginaire comportant, pour plus de simplicité, seulement
4 chromosomes, c'est-à-dire 2 paires de chromosomes homologues. Après s'être
dédoublés, les chromosomes se séparent pour aboutir dans les deux cellules filles qui
comportent donc chacune le même nombre diploïde de chromosomes que la cellule mère.

Si la formation des gamètes ne comportait pas une division par deux du nombre de chromosomes, la fusion de deux cellules possédant chacune un nombre diploïde de chromosomes aboutirait à un doublement du nombre de chromosomes à chaque génération – une situation qui deviendrait très vite impossible. La division cellulaire qui, au cours de la formation des gamètes, permet de diviser par deux le nombre de chromosomes est appelée méiose (figure 3.3).

Le nombre de chromosomes présents dans les gamètes est dit haploïde. Les deux chromosomes homologues de chaque paire sont répartis de manière purement aléatoire entre les gamètes (première loi de Mendel, voir page 44). Ainsi tous les spermatozoïdes ou tous les ovules d'un individu auront le même nombre haploïde de chromosomes mais n'auront pas la même combinaison de gènes.

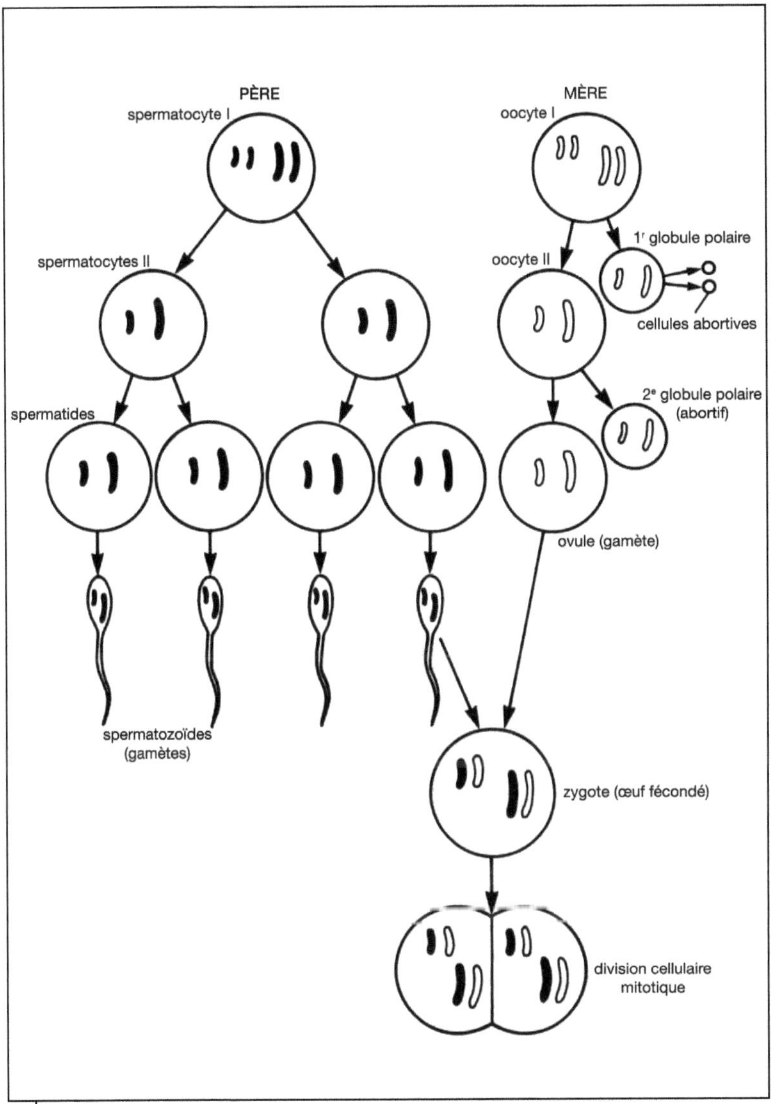

Figure 3.3.
La méiose.
Division cellulaire intervenant au cours de la formation des gamètes (ovules ou spermatozoïdes), pendant laquelle le nombre de chromosomes est divisé par deux pour produire des cellules haploïdes. Chaque gamète ne reçoit qu'un seul des deux exemplaires de chromosomes homologues. Le nombre diploïde de chromosomes est retrouvé à la suite de la fécondation. Le processus est ici schématisé avec seulement 4 chromosomes, soit 2 paires de chromosomes homologues. Les chromosomes paternels sont figurés en noir et les chromosomes maternels en blanc.

ⅠⅢ La fécondation : restauration de la diploïdie

Il y a fécondation lorsqu'un spermatozoïde et un ovule se rencontrent et fusionnent. Chacun apporte un nombre haploïde (n) de chromosomes au zygote (l'œuf fécondé), qui contient par conséquent une série de chromosomes provenant du spermatozoïde (les chromosomes paternels) et une série homologue de chromosomes issus de l'ovule (les chromosomes maternels). Le zygote présente donc le nombre normal, diploïde (2n), de chromosomes caractéristique de chaque espèce.

Le zygote commence ensuite à se diviser par mitose, chaque cellule conservant le même nombre diploïde de chromosomes (2n). Les divisions cellulaires se poursuivent ainsi par mitose (figure 3.2), pendant toute la durée du développement et de la vie de l'animal (à l'exception du processus de formation des gamètes).

ⅠⅢ La détermination du sexe

Chez les mammifères

Le sexe de chaque individu est déterminé par une paire de chromosomes. Chez les femelles, cette paire est formée de deux chromosomes homologues d'apparence identique appelés chromosomes X. Chez le mâle, les chromosomes qui constituent cette paire sont d'apparence très différente : l'un est semblable au chromosome X de la femelle tandis que l'autre, appelé chromosome Y, est considérablement plus petit. Lorsque les ovules sont produits dans les ovaires de la femelle, chacun reçoit un chromosome X (aléatoirement l'un des deux de la paire). À la formation des spermatozoïdes, les chromosomes X et Y se séparent et la moitié des spermatozoïdes reçoit un chromosome X tandis que l'autre moitié reçoit un chromosome Y (figure 3.4). L'ovule est aléatoirement fécondé soit par un spermatozoïde porteur d'un chromosome X, soit par un spermatozoïde porteur d'un chromosome Y. Après la fusion des gamètes, les zygotes qui possèdent deux chromosomes X (XX) deviendront des femelles tandis que ceux qui possèdent un chromosome X et un chromosome Y (XY) deviendront des mâles.

Chez les oiseaux

Le même principe opère chez les oiseaux, à ceci près que la situation est inversée, car c'est la femelle qui possède deux chromosomes sexuels différents (ici appelés ZW) – le mâle présentant deux chromosomes

d'aspect identiques (ZZ). Chez certaines espèces, toutefois, le chromosome W est absent et la femelle a un seul chromosome Z sans homologue : le mâle est alors ZZ et la femelle Z/–. Le mécanisme fondamental de la détermination du sexe qui fait que la moitié des poussins qui naissent soient des mâles et l'autre moitié des femelles reste inchangé.

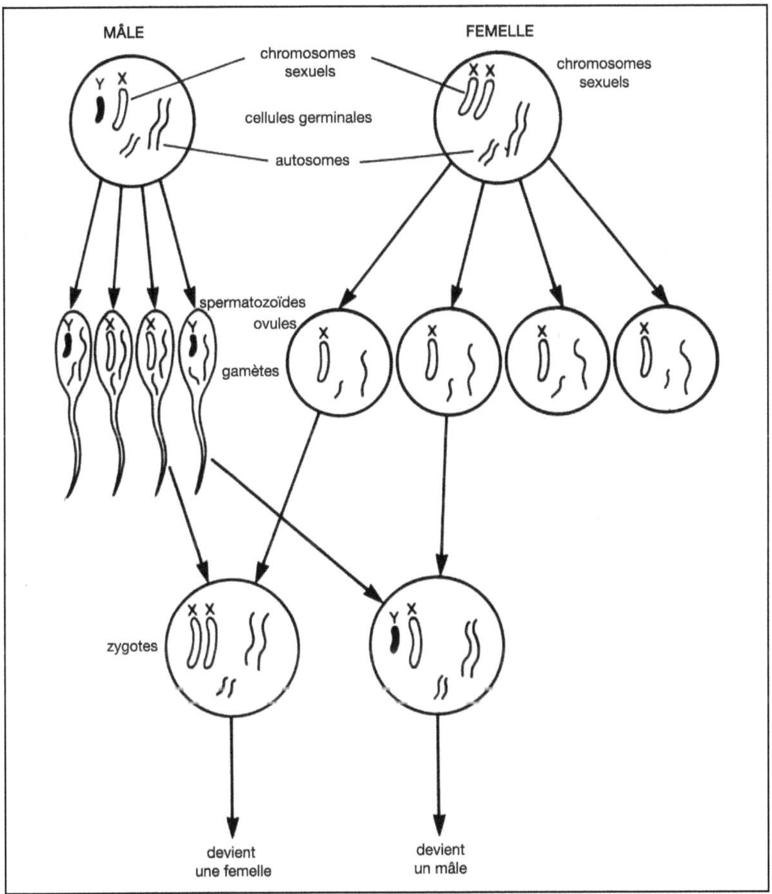

Figure 3.4.
Détermination chromosomique du sexe chez les mammifères (XY pour les mâles et XX pour les femelles).
Le chromosome X est ici représenté par un symbole allongé de couleur blanche et le chromosome Y par un symbole court de couleur noire. Les cellules germinales du mâle produisent deux catégories de spermatozoïdes : ceux qui portent un chromosome X et ceux porteurs d'un chromosome Y. Les ovules portent tous un chromosome X. L'ovule est aléatoirement fécondé par un spermatozoïde porteur d'un chromosome X ou Y, et le sexe du zygote est donc le fruit du hasard.

Gènes et caractères, génotype et phénotype

Les chromosomes portent des gènes – les unités de base de la transmission héréditaire – qui interagissent avec l'environnement pour déterminer les caractéristiques de l'individu.

Un gène est un segment d'ADN qui intervient dans la synthèse d'une protéine. Chaque chromosome contient une seule molécule d'ADN organisée en deux chaînes de nucléotides, enroulées en double hélice. Un gène est un segment de la molécule d'ADN, donc une séquence nucléotidique responsable de la synthèse d'une protéine. Les protéines sont constituées d'éléments biochimiques appelés polypeptides, dont il existe une très grande diversité. Toutes les protéines sont formées d'un ou plusieurs polypeptides. Chaque polypeptide est à son tour composé d'une suite très précise d'acides aminés, les petites unités structurelles biochimiques.

Les segments d'ADN appelés gènes initialisent, lorsqu'il s'agit de gènes codants, le processus de synthèse protéique en fournissant les codes :
– pour sélectionner les acides aminés nécessaires et
– pour contrôler l'ordre dans lequel ces acides aminés sont liés les uns aux autres pour former les polypeptides.

Chaque segment d'ADN régit ainsi la synthèse de polypeptides particuliers. Les protéines, constituées de polypeptides, sont étroitement associées à toutes les fonctions qui permettent à un animal de se développer à partir d'un zygote, de grandir, de se reproduire et d'exprimer ses potentialités.

Le phénotype d'un individu est le résultat de l'action conjointe, exprimée, de l'ensemble de ses gènes et de l'environnement. Les gènes qui contribuent au phénotype constituent ensemble le génotype de l'animal.

Comme les chromosomes existent en deux exemplaires, il en va de même des gènes. Certains ont un puissant impact sur le caractère qu'ils influencent, et il arrive qu'une caractéristique soit effectivement déterminée par une seule paire de gènes homologues que l'on appelle gènes allèles. Dans ce cas, il est possible de déduire le génotype de l'animal de la simple observation (par exemple, si une vache porte des cornes, son génotype quant à cette caractéristique est immédiatement connu, voir l'exemple 3E, page 46).

D'autres gènes ont des effets qui sont dits petits sur une caractéristique quelconque d'un individu. Un caractère est ainsi parfois influencé par un grand nombre de gènes agissant conjointement.

Qui plus est, l'environnement peut également avoir un impact important. Un animal bien nourri a en effet de bonnes chances de devenir plus grand qu'un animal semblable sous-alimenté – indépendamment des éventuelles différences qui existent entre eux quant à leurs assortiments de gènes régissant la taille.

▌ Mutations, allèles, homozygotie et hétérozygotie

Les gènes sont situés en des endroits particuliers de chaque chromosome, correspondant à des sites bien déterminés de la molécule d'ADN nommés loci (pluriel de locus). Les gènes d'un locus donné agissent sur un caractère précis. Au cours des milliers d'années d'évolution, des formes légèrement différentes de chaque gène sont apparues par un mécanisme de diversification appelé mutation.

Les mutations apparaissent à l'occasion d'erreurs dans le processus de réplication de l'ADN entraînant une modification de cette molécule. Lorsque ces modifications surviennent à l'intérieur des cellules sexuelles, où se forment les gamètes, la version modifiée du gène est susceptible d'être transmise à la descendance tout comme la version originale.

Ces différentes versions d'un même gène au même locus sont appelées allèles. Il peut exister plusieurs allèles d'un gène dans une population (on parle alors d'allèles multiples), mais chaque individu ne peut en détenir plus de deux : un sur chaque chromosome d'une paire de chromosomes homologues, au même locus. Les divers allèles d'un gène ont des effets biochimiques légèrement différents et n'ont donc pas la même action sur le caractère qu'ils influencent.

Lorsque les deux chromosomes homologues portent le même allèle, l'individu est dit homozygote pour cet allèle. Si, en revanche, ils portent deux allèles différents, l'individu est dit hétérozygote. Par exemple, si l'on considère deux allèles A1 et A2 d'un gène, les individus A1A1 et A2A2 sont homozygotes tandis que les individus A1A2 sont hétérozygotes.

À l'échelle de temps à laquelle les espèces évoluent, la mutation est le mécanisme le plus puissant de création et de maintien de la diversité génétique. Sur les périodes relativement brèves au cours desquelles la plupart des races domestiques ont été perfectionnées par la sélection, il faut considérer la mutation comme une dynamique permettant de faire contrepoids à une partie des forces qui tendent à réduire la variabilité.

Allèles dominants, récessifs, codominants et à effets additifs

Les allèles d'un même gène qui se trouvent au même locus sur une paire de chromosomes homologues peuvent interagir de trois manières différentes selon les puissances respectives de leurs effets sur le caractère : on trouve ainsi des allèles dominants, récessifs et codominants.

Allèles dominants et récessifs

L'effet de l'un des deux allèles domine parfois le développement de l'individu au point d'annuler l'effet de l'autre allèle.

Exemple 3A. Allèles dominants et récessifs de la couleur de la face chez la race bovine Hereford.
Un allèle, que l'on désignera par C1, détermine une face de couleur blanche, tandis qu'un autre, que l'on appellera C2, autorise le développement d'une face colorée (non blanche). L'allèle C1 domine le développement de ce caractère : un génotype C1C2 apparaîtra avec une face blanche, à l'instar des génotypes C1C1. Seuls les génotypes C2C2 auront une face colorée. C1 est ainsi dit dominant par rapport à C2, tandis que C2 est dit récessif par rapport à C1.

L'exemple 3A a un intérêt particulier en ce que les taureaux de race Hereford sont les plus fréquemment utilisés pour les croisements avec des races à face colorée. Si le taureau est de génotype C1C1, l'ensemble de la progéniture croisée aura une face blanche, ce qui permet de s'assurer facilement, par simple observation, que le géniteur est bien de race Hereford (figure 3.5).

Par convention, l'allèle dominant est écrit avec une lettre majuscule (C) et l'allèle récessif avec une lettre minuscule (c). Le génotype hétérozygote est par conséquent noté Cc.

Bien que dans l'exemple 3A, concernant la couleur de la face chez la race Hereford, le blanc domine complètement la couleur, il existe d'autres situations dans lesquelles la dominance n'est que partielle.

Superdominance

Lorsque la performance de l'hétérozygote est supérieure à celle de chacun des deux homozygotes, on parle de superdominance. Ce phénomène est peu fréquent dans le cas de paires d'allèles occupant un même locus. Son importance se ressent surtout au niveau de la performance globale d'un individu.

Figure 3.5.
Les faces blanches de taurillons croisés Hereford × Frisons (photo de Nigel Cattlin).

Codominance

C'est l'expression conjointe de deux gènes allèles. Les deux allèles présents à un locus donné s'expriment pleinement tous les deux en même temps, il n'y a ni dominant ni récessif. La codominance ne peut s'observer que chez les animaux hétérozygotes au locus considéré. Un exemple peut être donné chez les bovins laitiers. Au locus de la caséine kappa, il existe deux allèles A et B. Une vache peut être homozygote AA (son lait contient la caséine kappa-A), homozygote BB (son lait contient la caséine kappa-B), hétérozygote AB (son lait contient la caséine kappa-A et la caséine kappa-B). L'allèle B a un effet favorable sur l'aptitude fromagère du lait. Un autre exemple est donné par les gènes allèles qui déterminent les groupes sanguins et sont codominants.

Action additive des gènes

Deux allèles peuvent avoir des effets uniquement additifs. L'hétérozygote présente alors un phénotype intermédiaire entre celui des deux homozygotes.

Exemple 3B. Effet additif.

Chez une certaine race de poule, il existe deux allèles régissant la couleur du plumage : l'un produit un plumage noir lorsqu'il est présent en deux exemplaires (chez les homozygotes B1B1), l'autre produit un plumage blanc chez les homozygotes B2B2. Les hétérozygotes B1B2 exhibent un plumage bleu – et sont les individus véritablement représentatifs de la race Andalouse Bleue. L'effet des allèles B1 et B2 est dit additif.

Ce cas est présenté aussi comme dominance intermédiaire (ou incomplète) dans des ouvrages de génétique avicole. Le blanc domine d'une façon incomplète le noir et l'hétérozygote est bleu. En fait les effets additifs des gènes sont mentionnés principalement en génétique quantitative (voir chapitre 4).

Les lois de Mendel

La découverte des règles de transmission des caractères est attribuée à Gregor Mendel (1822-1884), qui travailla sur l'hérédité chez les plantes et publia ses résultats en 1866. Ses recherches lui ont permis de dégager deux lois :
– la disjonction des allèles ;
– la ségrégation indépendante.

▶ Première loi de Mendel : la disjonction des allèles

Cette loi affirme qu'un gamète peut recevoir aléatoirement l'un ou l'autre des deux allèles d'une paire au même locus. De même, c'est le hasard qui préside à la rencontre d'un spermatozoïde et d'un ovule.

Il est important de souligner que si les cellules de l'organisme (possédant un nombre diploïde de chromosomes) peuvent avoir deux copies du même allèle ou une seule copie de chaque allèle, les gamètes sont « purs » en ce qu'ils contiennent toujours un seul allèle – l'un ou l'autre des deux exemplaires possibles du gène. Ainsi, dans le cas de l'exemple 3A de la couleur de la face chez la race Hereford, un gamète ne peut porter que C1 ou C2 (C ou c).

Il s'ensuit que, chez tout individu quel qu'il soit, les deux exemplaires d'un gène ne proviennent jamais du même parent : l'un est donné par le père et l'autre par la mère.

Exemple 3C. La progéniture reçoit un allèle de chaque parent.

L'exemple 3A concernant la couleur de la face chez la race bovine Hereford est ici poussé plus loin. On notera par convention l'allèle dominant C et l'allèle récessif c. Les individus CC ne produisent que des gamètes porteurs de C tandis que les individus cc ne produisent que des gamètes porteurs de c. Les individus hétérozygotes Cc produisent par contre deux types de gamètes en même quantité : des gamètes porteurs de C et d'autres porteurs de c.

Les combinaisons suivantes sont donc possibles, selon les types de spermatozoïde et d'ovule qui fusionnent :

– C avec C donne CC

– c avec c donne cc

– C avec c donne Cc.

Lorsque des animaux hétérozygotes (Cc) se reproduisent entre eux, la descendance présente les génotypes suivants :

			Mâle Cc	
			Gamètes mâles	
			C	c
Femelle Cc	Gamètes femelles	C	CC	Cc
		c	cC	cc

Ainsi, sur les quatre combinaisons possibles, deux sont des homozygotes et deux sont des hétérozygotes. Dans ce cas précis, l'allèle déterminant la face blanche (C) domine celui qui détermine la face colorée (c) : il s'ensuit que les hétérozygotes Cc ont des faces blanches. Il y a donc trois fois plus de faces blanches que de faces colorées dans la descendance, bien qu'il existe trois génotypes différents dans les proportions 1:2:1.

Lorsque des hétérozygotes se reproduisent avec l'un ou l'autre des types homozygotes parentaux, on parle de rétrocroisement ou croisement en retour.

Exemple 3D. Un rétrocroisement chez la race bovine Hereford.

L'hétérozygote Cc – supposons qu'il s'agit d'un mâle – produit des gamètes de deux types (C ou c), tandis que les homozygotes ne peuvent produire que des gamètes d'un seul type (uniquement C d'une part et uniquement c d'autre part). Les résultats d'une reproduction entre un hétérozygote et des homozygotes sont les suivants :

		Mâle Cc	
		Gamètes mâles	
Gamètes femelles		C	c
Femelle CC	C	CC	Cc
Femelle cc	c	cC	cc

Les deux types de retrocroisement ne produisent chacun que deux génotypes dans la descendance, un homozygote et un hétérozygote, dans les proportions 1:1. Toutefois, comme l'allèle C est dominant par rapport à c, les hétérozygotes ont une face blanche bien qu'ils ne soient pas génétiquement purs pour ce caractère. Seuls les individus de génotype cc, avec l'allèle récessif en double exemplaire, présentent une face colorée.

⫸ Seconde loi de Mendel : la ségrégation indépendante

La seconde loi concerne la transmission de plusieurs gènes situés sur des chromosomes différents.

Selon cette loi, les allèles de gènes se trouvant sur des chromosomes différents se répartissent dans les gamètes de manière indépendante.

Exemple 3E. Ségrégation indépendante de deux paires d'allèles.
La couleur de la face chez la race Hereford (utilisé dans les exemples 3A, 3C et 3D) et la présence ou l'absence de cornes sont deux caractères simples chez les taurins. L'allèle déterminant l'absence de cornes P est dominant par rapport à celui déterminant la présence de cornes p. Le gène régissant la présence ou l'absence de cornes est porté sur un chromosome différent de celui portant le gène de la couleur de la face.
Comme précédemment, et pour les besoins de cet exemple, les allèles influençant chacun de ces caractères peuvent être présents à l'état homozygote ou hétérozygote.
Puisque les deux caractères sont indépendants, il existe quatre types de gamètes (en fonction du génotype des individus qui les produisent) : PC, Pc, pC et pc.
Ces quatre types seraient produits par des individus hétérozygotes pour ces deux loci (PpCc). Si ces doubles hétérozygotes se reproduisent entre eux, les combinaisons possibles dans la descendance sont les suivantes :

			Mâle PpCc			
			Gamètes mâles			
			PC	Pc	pC	pc
Femelle	Gamètes	PC	PPCC	PPCc	pPCC	pPcC
PpCc	femelles	Pc	PPCc	PPcc	pPCc	pPcc
		pC	PpCC	PpcC	ppCC	ppcC
		pc	PpCc	Ppcc	ppCc	ppcc

Parmi ces 16 combinaisons possibles :

– 9 (proportion de 9/16) comprennent au moins une copie de P et une copie de C. À cause de la dominance, tous ont une face blanche et sont sans cornes (mais seul le génotype PPCC, est génétiquement pur pour ces deux caractères simultanément) ;

– 3 (proportion de 3/16) combinent au moins un P avec cc, et ont une face colorée sans avoir de cornes ;

– 3 (proportion de 3/16) combinent pp avec au moins un C et présentent donc des cornes et une face blanche ;

– 1 seule combinaison sur les 16 (proportion de 1/16) comprend les deux allèles récessifs en double (ppcc). Les individus de ce génotype ont des cornes et une face colorée, et sont génétiquement purs pour ces deux caractères. Ce génotype est le seul pour lequel il est possible, à la seule vue du phénotype, d'affirmer que les gamètes produits seront tous d'un seul type (pc).

Fréquences relatives

Il doit être noté que, dans tous les exemples ci-dessus, les proportions données pour les différents génotypes obtenus sont les proportions théoriques auxquelles l'on s'attendrait en moyenne dans la descendance d'un grand nombre d'accouplements. Du fait du caractère aléatoire des mécanismes d'attribution des allèles à chaque gamète d'une part et de la rencontre des gamètes mâle et femelle d'autre part, il est possible que les fréquences observées soient différentes lorsque le nombre d'animaux concerné est peu important. Cet effet du hasard est similaire à celui qui gouverne l'obtention d'une face ou d'une autre lorsque l'on lance une pièce. Sur plusieurs milliers de lancers, les deux faces apparaîtront sans doute avec la même fréquence, mais la proportion de piles et de faces est susceptible de varier considérablement lorsque le nombre de lancers est réduit.

Autres concepts en matière de transmission héréditaire

▌▶ Interactions entre gènes

Les gènes qui se trouvent sur des chromosomes distincts, en des loci différents, ne sont indépendants les uns des autres qu'en ce qui concerne la transmission proprement dite. Il est fréquent qu'ils agissent de concert sur le développement des caractères d'un individu. Leurs effets peuvent être additifs, un peu à la manière des paires d'allèles au même locus, mais parfois l'effet de l'un (à un locus) peut masquer ou inhiber celui de l'autre (à un autre locus). Ce dernier type d'interaction est appelé épistasie.

Exemple 3F. Épistasie – effet inhibiteur.

L'allèle de l'albinisme détermine l'absence de couleur. Bien qu'il soit lui-même récessif par rapport à l'allèle autorisant le développement de la pigmentation, il supprime toute pigmentation des poils et de la peau lorsqu'il est présent à l'état homozygote (aa), malgré l'existence d'autres gènes déterminant normalement les différentes colorations du pelage.

L'épistasie peut se manifester par l'inhibition complète des deux exemplaires d'un gène par une autre paire de gènes (comme dans le cas de l'albinisme) ou par la simple modification de ses effets. Les deux gènes en interactions font alors parfois apparaître un phénotype tout à fait nouveau.

Exemple 3G. Épistasie – effet modificateur.

Chez la poule, pour certaines combinaisons des gènes déterminant la « crête rosacée » et la « crête en pois » (deux caractères héréditaires indépendants), des interactions épistatiques suscitent l'apparition d'un troisième type de crête, la « crête en noix ». On parle aussi de complémentarité des effets des deux couples d'allèles.

⫸ Liaisons

Les gènes qui sont situés sur un même chromosome sont dits liés. Les gènes liés échappent à la règle de la ségrégation indépendante (seconde loi de Mendel) et les caractères qu'ils contrôlent ont tendance à se transmettre ensemble.

⫸ Crossing-over et recombinaisons

Les gènes – liés – qui sont localisés sur un même chromosome peuvent se trouver en des loci plus ou moins proches les uns des autres. Juste avant la division cellulaire (méiose) qui réduit de moitié le nombre de chromosomes, les chromosomes homologues de chaque paire se collent l'un contre l'autre et échangent des segments. Ce mécanisme de *crossing-over*, ou enjambement, met fin à des liaisons entre gènes pour en créer d'autres. On parle aussi de recombinaisons gamétiques. La probabilité d'un tel événement est d'autant plus élevée que les loci sont éloignés les uns des autres sur le chromosome.

Le processus du *crossing-over* se traduit par une recombinaison des allèles agissant sur différents caractères et constitue un mécanisme de maintien de la variabilité génétique au sein d'une population. Ce phénomène est utilisé aussi pour établir les groupes de linkage (liaisons génétiques) et les cartes génétiques.

▎▶ Gènes liés aux chromosomes sexuels

Il s'agit ici des gènes localisés sur des chromosomes sexuels (voir aussi page 38). Si un certain nombre de gènes actifs sur le développement de l'individu ont été découverts sur le chromosome X, très peu ont été trouvés sur le chromosome Y, du fait de sa très petite taille.

La particularité des gènes localisés sur le chromosome X des mammifères tient au fait que, chez le mâle, l'allèle apparaît sous une forme « génétiquement pure ». En effet, le gène homologue n'est habituellement pas présent sur le chromosome Y. Les mâles expriment donc toujours les caractères contrôlés par les gènes qui se trouvent sur le chromosome X, même s'ils sont délétères.

Exemple 3H. L'hémophilie, une maladie liée au chromosome X chez l'homme. Chez l'être humain, l'allèle de l'hémophilie (qui empêche la coagulation normale du sang et entraîne par conséquent un saignement ininterrompu à l'occasion d'une blessure) est porté par le chromosome X. Cet allèle est récessif par rapport à l'allèle qui permet la coagulation normale du sang. Lorsqu'une femme porte l'allèle normal en deux exemplaires, tous ses enfants, garçons et filles, sont normaux. Toutefois, lorsqu'une femme est hétérozygote pour ce caractère et porte un allèle normal et un allèle de l'hémophilie, chacun de ses fils a une chance sur deux d'être hémophile, même si le processus de coagulation est parfaitement normal chez la mère. Les filles ne sont hémophiles que dans les rares cas où les deux chromosomes X qu'elles possèdent portent l'allèle récessif. La femme homozygote a dû recevoir un exemplaire de l'allèle récessif d'un père hémophile et l'autre, soit d'une mère hémophile portant l'allèle en deux exemplaires, cas rare, soit, plus probablement, d'une mère hétérozygote.

Chez les oiseaux, la position des mâles et des femelles est inversée (voir la section sur la détermination du sexe chez les oiseaux, page 38). Pour plus d'informations, le lecteur peut se reporter à l'ouvrage consacré aux volailles dans la même collection.

◗ Caractères qui ne s'expriment que dans un seul sexe

Bien que mâles et femelles portent et transmettent des gènes qui influencent la production laitière, seules les femelles produisent du lait. La production laitière est un exemple de caractère qui ne s'exprime que dans un seul sexe.

◗ Interaction entre génotype et environnement (G × E)

Ce type d'interaction a déjà été abordé au chapitre 1. Ici, l'interaction G × E concerne plus spécifiquement le fait que l'expression d'un gène ou d'un allèle – son effet sur un caractère – varie parfois en fonction de l'environnement. Les gènes responsables de la photosensibilité à la lumière solaire, observée chez quelques races ovines, ne posent ainsi aucun problème dans les régions où la lumière solaire ne reste pas longtemps intense.

Fréquence allélique dans une population

Il a jusqu'à présent uniquement été question des gènes à l'échelle de l'individu. Dans le cas du gène déterminant la présence ou l'absence de cornes, un taurin de race Hereford peut être de génotype pp, Pp ou PP (possédant des cornes pour le premier, et sans cornes pour les deux autres).

Cependant, dans un grand troupeau de bovins Hereford, ces trois génotypes différents peuvent être chacun représentés par plusieurs individus. Considérons par exemple que les sélectionneurs ont produit un type de Hereford sans cornes sur un grand nombre de générations en introduisant l'allèle de l'absence de cornes dans ce qui était au commencement une race bovine dotée de cornes. Après plusieurs générations de sélection de ce caractère, si la majorité des animaux pourrait bien sembler dépourvue de cornes, en apparence, un certain nombre d'entre eux seront encore des hétérozygotes Pp. Il est même probable que quelques homozygotes récessifs pp, dotés de cornes, subsistent dans le troupeau.

Exemple 3I. Calcul d'une fréquence allélique dans un troupeau de bovins. Considérons un troupeau de 100 vaches de race Hereford dans lequel on sait que 45 sont des homozygotes PP, sans cornes, 50 sont des hétérozygotes Pp, également sans cornes, et 5 sont des homozygotes pp portant donc des cornes.

Comme chaque gamète ne porte qu'un seul des deux allèles, ces trois génotypes, dans les proportions auxquelles ils apparaissent dans ce troupeau, produisent :

- 45 + 45 = 90 gamètes portant l'allèle P issus des 45 individus homozygotes PP ;
- 50 gamètes portant l'allèle P issus des 50 individus hétérozygotes Pp ;
- 50 gamètes portant l'allèle p issus des 50 individus hétérozygotes Pp ;
- 5 + 5 = 10 gamètes portant l'allèle p issus des 5 individus homozygotes pp.

Au total, nous obtenons 140 gamètes P pour 60 gamètes p, ce qui équivaut à un rapport de 7/3. Exprimée par rapport à 1, la fréquence allélique de P est de 0,7 et celle de l'allèle récessif p est de 0,3.

▌ Prévoir la fréquence d'un génotype

Le concept de fréquence allélique est utile en ce qu'il permet de prévoir les futurs génotypes.

Remarque : Dans la littérature, l'expression fréquence allélique est parfois remplacée par celle, un peu plus ambiguë, de fréquence génique, directement dérivée de l'expression courante en anglais *gene frequency*.

Exemple 3J. Prévoir la fréquence des génotypes.
Si les vaches du troupeau de l'exemple 3I sont accouplées de manière aléatoire (selon toutes les différentes combinaisons possibles) à des taureaux dont les fréquences alléliques de P et p sont les mêmes (à savoir, 0,7 pour P et 0,3 pour p), les génotypes de la génération suivante peuvent être prévus.
Pour ce faire, la procédure consiste à multiplier les fréquences des allèles deux par deux selon toutes les combinaisons possibles, tout comme il a été fait précédemment pour les gamètes d'individus de génotypes donnés. On obtient ainsi le tableau suivant :

		Proportion des gamètes mâles	
		0,7 P	0,3 p
Proportion des gamètes	0,7 P	0,49 PP	0,21 pP
femelles	0,3 p	0,21 Pp	0,09 pp

En fonction de ces informations, il est possible de prévoir que, sur une progéniture de 100 individus, il y aura en moyenne:

- 49 individus homozygotes PP, dépourvus de cornes ;
- 42 individus hétérozygotes Pp, dépourvus de cornes ;
- 9 individus homozygotes pp, dotés de cornes.

Constance des fréquences alléliques

Dans les populations sur lesquelles n'agit aucune pression de sélection génétique favorisant un génotype plutôt qu'un autre, on considère généralement que les gamètes produits sont susceptibles de s'apparier selon toutes les combinaisons possibles (accouplements au hasard), à l'instar de l'exemple 3J. Dans ces conditions, les fréquences alléliques (P et p dans l'exemple 3J) demeurent inchangées d'une génération à la suivante (à la condition supplémentaire, toutefois, qu'il n'y ait ni mutation, ni immigration, ni émigration).

Cependant, dans l'exemple 3J, la répartition des allèles entre individus homozygotes et hétérozygotes est quelque peu différente de celle qui prévalait à l'origine. Les nouvelles fréquences des génotypes et des phénotypes associés qui sont produites par les accouplements au hasard sont dites à l'équilibre.

La règle de la constance des fréquences alléliques est connue sous le nom de loi de Hardy-Weinberg, du nom des chercheurs qui l'ont formulée. Dans son expression formelle, elle affirme que, dans une population d'effectif important dans laquelle les accouplements se font au hasard, en l'absence de sélection, de mutations et de migration dans un sens ou un autre, les fréquences alléliques demeurent stables.

Modification des fréquences alléliques

Pour poursuivre avec l'exemple du caractère « présence ou absence de cornes », il n'existe que deux moyens de faire évoluer la situation :

1. Si l'on se propose d'augmenter la proportion d'animaux dépourvus de cornes et notamment des individus « purs » en ce qui concerne l'allèle P (les individus de génotype PP), la marche à suivre consiste manifestement à réformer les animaux dotés de cornes parce qu'ils sont obligatoirement homozygotes pour l'allèle récessif.

2. Une procédure plus complexe consiste à trouver un moyen d'identifier les individus hétérozygotes, porteurs d'un exemplaire de l'allèle récessif, impossibles à repérer par leur seul phénotype. Dans le cas des taureaux destinés à s'accoupler avec ces vaches, les individus cornus seraient réformés et, si possible, seuls les taureaux PP seraient autorisés à se reproduire.

Il est possible de vérifier le génotype d'animaux hétérozygotes en procédant à des croisements-tests (ou *test-cross* en anglais). Pour ce faire, l'animal à tester (par exemple un taureau sans cornes qui pourrait être un hétérozygote) est accouplé à des individus connus pour porter l'allèle récessif en double – dans l'exemple qui nous intéresse ici, des vaches dotées de cornes. Si, sur une progéniture d'effectif raisonnablement grand, par exemple de 8 individus, il n'en apparaît aucun qui porte des cornes, il est raisonnable de considérer que ce taureau est probablement un homozygote PP. Il reste toutefois que l'apparition de ne serait-ce qu'un seul individu doté de cornes dans la descendance d'un taureau dépourvu de cornes prouve que celui-ci est un hétérozygote Pp.

Exemple 3K. Réduction de la fréquence d'un allèle récessif dans un troupeau.

Supposons que les 5 vaches pourvues de cornes de l'exemple 3I soient mises à la réforme. Les proportions des deux allèles P et p dans les gamètes du reste du troupeau deviendraient :
- 45 + 45 + 50 = 140 gamètes porteurs de P ;
- 50 gamètes porteurs de p seulement.

La fréquence de l'allèle P deviendrait 0,737 (140/190) et celle de l'allèle récessif p serait de 50/190, soit 0,263.

Si les vaches d'un grand troupeau présentant ces fréquences alléliques étaient alors accouplées à des taureaux PP, les fréquences des différents génotypes seraient les suivantes (en multipliant les fréquences alléliques deux à deux comme précédemment) :

		Fréquences des gamètes mâles	
		1,0 P	0,0 p
Fréquences des	0,737 P	0,737 PP	0
gamètes femelles	0,263 p	0,263 Pp	0

Au sein de la nouvelle population de veaux :
– la fréquence de l'allèle P (deux allèles P de chaque individu PP et un allèle P de chaque individu Pp) serait de :
(0,737 + 0,737 + 0,263) / 2 = 0,869 ;
– la fréquence de l'allèle p (un allèle de chaque individu Pp) serait de :
0,263 / 2 = 0,131.

Il est difficile d'éliminer un allèle récessif d'une population sans passer par un processus délibéré de sélection, surtout lorsque cet allèle est rare. Plus sa fréquence est faible, plus l'exercice devient ardu. La mise à la réforme des animaux homozygotes pour cet allèle (dans l'exemple étudié, les individus dotés de cornes) a un certain impact, mais les individus hétérozygotes constituent en réalité une réserve plus importante d'allèles récessifs, dont la présence est indétectable par simple observation du phénotype. Le croisement-test peut constituer une méthode intéressante pour les taureaux hétérozygotes, lorsque le caractère est vraiment important, mais ce procédé s'avère rarement commode ou rentable chez les femelles.

L'exemple étudié ici s'applique aux allèles complètement dominants. Lorsque la dominance n'est que partielle, les hétérozygotes peuvent être repérés par leur phénotype, qui se distingue de celui de chacun des deux homozygotes. Dans le cas d'un allèle complètement récessif – si par exemple l'on se donnait pour but d'obtenir uniquement des individus porteurs de cornes à partir d'une population mixte – l'exercice est considérablement plus facile dans la mesure où le phénotype recherché – la possession de cornes – coïncide exactement avec le génotype « pur » pp.

4. Génétique quantitative

Les différents types de caractères

▍ Les caractères qualitatifs

Les caractères dont la transmission héréditaire est généralement contrôlée par un ou deux couples de gènes allèles aux effets importants (dits aussi gènes majeurs) sur le caractère ont été abordés au chapitre 3. Ces caractères sont souvent dits qualitatifs du fait que leurs variations concernent des attributs particuliers ou des états bien distincts (présence ou absence de cornes, face blanche ou face colorée, albinisme ou pigmentation normale) plutôt que des différences d'intensité ou de dimensions.

S'il peut s'avérer relativement simple et instructif de suivre la disjonction d'une paire d'allèles dont les effets sont importants, comme par exemple le gène déterminant la coloration chez le porc (figure 4.1), l'exercice devient impossible – ou tout du moins très complexe lorsque de nombreux gènes entrent en jeu. En outre, dans le cas de caractères contribuant à la productivité de l'individu et qui sont gouvernés par un grand nombre de gènes, les conséquences de la

Figure 4.1.
Portée de porcelets croisés de deuxième génération (F2) Meishan / Large White mettant en évidence la disjonction des allèles contrôlant la pigmentation (cliché aimablement fourni par le AFRC Roslin Institute d'Édimbourg).

disjonction des allèles ne sont pas visibles, car les différentes catégories se fondent en un champ de nuances plus ou moins continu.

Le degré de complexité augmente avec le nombre de gènes impliqués. Si un seul locus hébergeant 2 allèles peut donner 2 types de gamètes et 3 génotypes, 2 loci indépendants comportant chacun 2 allèles déterminent 4 types de gamètes et 9 génotypes différents. Des exemples illustrant de tels systèmes à un et 2 loci ont été étudiés au chapitre 3. Lorsque 4 loci indépendants interviennent, on peut dénombrer 16 types de gamètes et 81 génotypes différents. Avec 10 loci, ces chiffres se montent respectivement à 1 024 et 59 049. De manière générale :

Soit n le nombre de gènes, chacun comportant deux allèles seulement :
– le nombre de types de gamètes possibles est de 2^n ;
– le nombre de génotypes possibles est de 3^n.

Le nombre des combinaisons s'accroît très rapidement avec le nombre de gènes impliqués. Lorsque beaucoup de gènes sont en jeu, comme c'est le cas si l'on considère l'ensemble des gènes d'une espèce, le nombre des combinaisons possibles devient astronomique. C'est pourquoi il n'existe pas, dans la nature, deux individus absolument identiques – à l'exception des vrais jumeaux, qui présentent la particularité de s'être développés à partir d'un seul et même zygote.

▐▶ Les caractères quantitatifs

Les caractères dits quantitatifs varient d'un individu à l'autre en intensité ou en dimension plutôt que par la présence ou l'absence d'un attribut particulier. La plupart des caractères de production sont de ce type. Lorsque le nombre d'individus est suffisamment grand et que la productivité des animaux est présentée sous une forme graphique de distribution des fréquences – un histogramme des fréquences par exemple – on peut constater que le caractère considéré varie de manière continue entre deux extrêmes. Ce type de distribution des fréquences prend souvent l'aspect d'une courbe en cloche, se rapprochant d'une distribution dite normale (chapitre 5) : les valeurs extrêmes sont représentées par un petit nombre d'individus – les individus particulièrement performants, d'une part, et particulièrement peu performants, d'autre part – tandis que la grande majorité des animaux présentent des valeurs proches de la moyenne, dans la partie centrale de la distribution. Deux illustrations en sont données dans les figures 4.2 et 4.3, la première représentant la distribution du poids de la toison d'un grand nombre de béliers Mérinos australiens et la seconde la

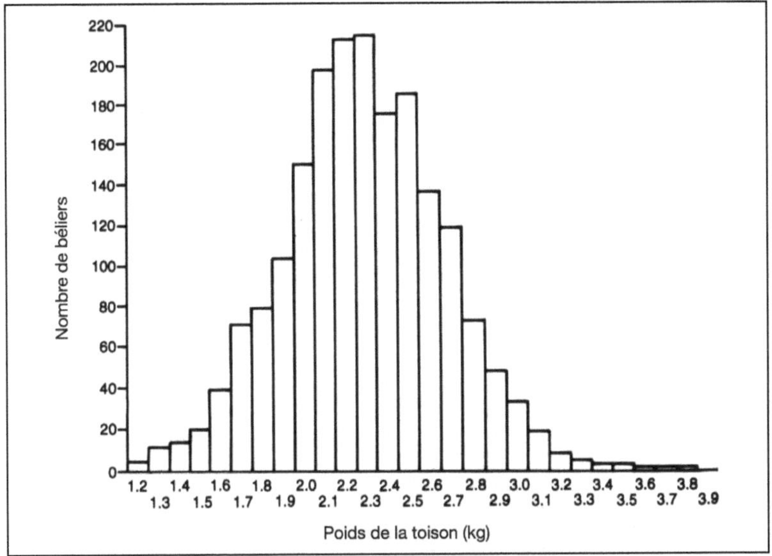

Figure 4.2.
Histogramme montrant la distribution de 1 907 béliers Mérinos australiens en fonction
du poids de leur toison (après lavage) (données aimablement communiquées par
B.J. McGuirk).

distribution de la production laitière quotidienne (en première phase
de lactation) de jeunes vaches dans un troupeau à haut rendement.
La figure 4.2 étant basée sur un effectif plus important, la forme de
la distribution se rapproche plus que celle de la figure 4.3 de la forme
théorique d'une distribution normale.

Certains caractères importants sont toutefois distribués de manière
différente.

On appelle distributions asymétriques celles qui présentent un
grand nombre d'individus dans les classes basses et un petit nombre
d'individus dans les classes élevées, le côté droit du graphique se
terminant par une « queue » absente à gauche.

Exemple 4A. Distributions asymétriques.

D'après la distribution du nombre de veaux produits annuellement par une
vache, quelques vaches n'ont aucun veau, beaucoup en ont un et de très
rares individus ont des jumeaux.
Les naissances gémellaires sont par contre fréquentes chez les ovins et
relativement communes chez certaines races caprines : la distribution de la
taille des portées y est plus étalée, car elle comprend quelques triplets et de
rares cas de portées plus grandes, sans pour autant être de type normale.

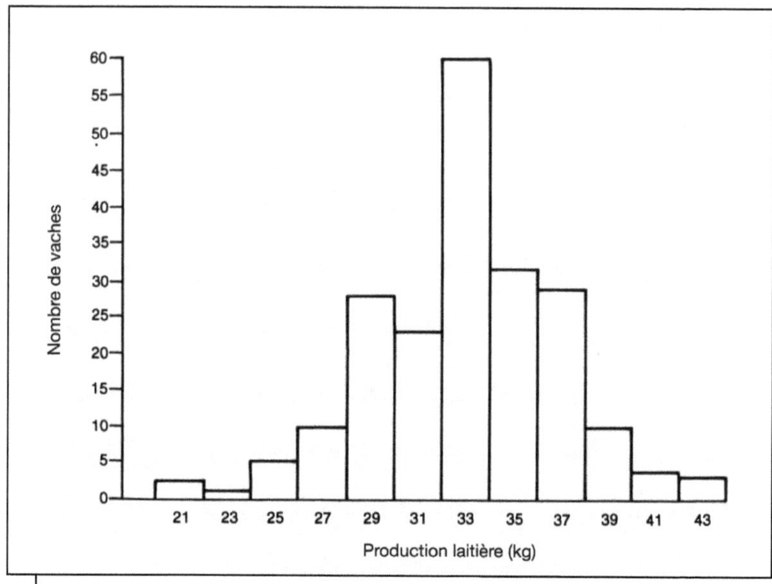

Figure 4.3.
Histogramme montrant la distribution des vaches primipares Holstein-Frisonnes du noyau de l'Institut Genus/MOET en fonction de leur production laitière quotidienne (corrigée selon la saison de mise bas, etc.) au cours des semaines 2 à 12 de leur première lactation (données aimablement communiquées par B.J. McGuirk et l'Institut Genus).

À cause du nombre de gènes impliqués, ces caractères peuvent être globalement considérés comme des caractères quantitatifs plutôt que qualitatifs. Ils sont souvent subordonnés à un autre caractère qui varie de manière plus continue. Ainsi le taux d'ovulation – qui fixe le nombre maximal de rejetons qui peuvent être produits lors d'une même mise bas – a-t-il une variabilité à la fois plus importante et plus continue que la taille effective de la portée. Ce taux d'ovulation dépend par ailleurs des niveaux et des pics de concentrations hormonales.

Les caractères quantitatifs sont habituellement régis par de nombreux gènes, chacun ayant un effet relativement petit sur le caractère. Font partie de cette catégorie la plupart des caractères liés à la production (tels que la quantité de viande ou de lait produite, ou la taille de la portée) qui sont mesurés par la performance des animaux. Si un petit nombre de gènes ayant une influence décisive sur quelques caractères d'importance économique ont pu être mis en évidence, ces cas demeurent exceptionnels et seront traités plus loin. L'action conjointe d'un grand nombre de gènes et des facteurs de l'environnement se

Figure 4.4.
Chèvre de race tropicale avec ses deux cabris à Madagascar (photo de P. Lhoste).

traduit par un gradient plus ou moins continu de performances sur une étendue appelée variabilité de la performance.

Tous les facteurs qui ne sont pas directement liés aux gènes sont considérés comme des facteurs de l'environnement de l'animal. Y sont incluses toutes les influences extérieures qui agissent sur l'animal, telles que l'environnement utérin du fœtus en développement, l'alimentation, le climat, les différents aspects de la conduite de l'élevage ou les maladies éprouvées. Il est possible de dégager les effets de certains de ces facteurs lorsqu'ils s'appliquent uniformément à de nombreux animaux. D'autres facteurs environnementaux n'ont en revanche qu'une influence discrète qui varie d'un individu à l'autre.

Il découle de ces observations qu'on ne peut déduire l'effet global de l'ensemble des gènes qui agissent sur un caractère ou un groupe de caractères – le génotype – à partir des seules performances de l'individu – le phénotype. Toutefois, il existe des caractères dont la performance est plus étroitement contrôlée que d'autres par les gènes.

Les principes fondamentaux de la génétique mendélienne (page 44) restent valables pour les caractères régis par un grand nombre de gènes ayant chacun un effet petit. Comment prendre en compte, à des fins d'amélioration génétique, la variabilité de la performance des caractères de production est la question qui sera abordée dans la suite de ce chapitre.

▌ Les caractères composites

Beaucoup de caractères touchant à la production des animaux domestiques (tels que la production de lait ou de viande) sont des combinaisons complexes de caractères élémentaires (chapitre 1).

Exemple 4B. Production de viande chez les ovins – un caractère composite.
L'amélioration de la production de viande chez le mouton devrait prendre en considération les paramètres suivants :
– les capacités reproductrices des brebis
    - fréquence et régularité des agnelages
    - taux de conception (fécondité)
    - taille de la portée à l'agnelage (prolificité) ;
– la survie et la santé des agneaux ;
– la survie et la santé des brebis ;
– les performances maternelles (comportement, production laitière, etc.) ;
– la vitesse de croissance des agneaux ;
– les caractéristiques des carcasses ;
– l'indice de conversion alimentaire (maternel et de l'agneau).

La production de viande chez le mouton est ainsi définie comme un caractère composite auquel participe un certain nombre de caractères élémentaires. L'importance à accorder à l'un ou à l'autre de ces caractères élémentaires varie considérablement selon les situations dans le système général de production de viande. Dans certains cas, la productivité globale du troupeau pourra être avant tout limitée par les faibles capacités reproductrices des brebis ou par une composante de cette capacité reproductrice. Pour améliorer le système en son ensemble, il faudra alors viser une plus grande régularité ou une plus grande fréquence des agnelages ou, si les conditions sont très bonnes, une augmentation de la proportion des naissances gémellaires. Dans d'autres circonstances, les agneaux seront produits en nombre suffisant, mais se développeront trop lentement – peut-être à cause d'un problème d'alimentation (la quantité de lait produite par les brebis serait ici susceptible d'être un facteur important). Une croissance déficiente peut également être due à une faiblesse héréditaire des agneaux dans ce domaine.

Cette approche est essentielle pour le succès des programmes d'amélioration, car elle permet d'appliquer la pression de sélection génétique là où elle sera la plus efficace.

La variabilité

La variabilité de la performance est la base des possibilités de progrès génétique. Si tous les animaux faisaient montre de la même performance dans l'expression d'un caractère, il n'y aurait aucun moyen de choisir certains d'entre eux de préférence à d'autres.

La variabilité génétique peut être estimée par :
– les différences qui existent entre les races ;
– les différences qui existent entre les croisements de races ;
– les différences qui existent entre les croisements et les races pures ;
– une partie des différences qui existent entre les individus d'un groupe.

Pour que les différences mesurées soient effectivement d'ordre génétique, les races ou les individus doivent être comparés dans un environnement qui leur soit commun : de préférence au sein d'un même élevage, nourris, conduits et traités d'une manière identique. Il est préférable que ces groupes génétiquement distincts soient conduits ensemble et considérés comme une seule unité. Tout au moins les comparaisons doivent-elles être organisées de manière à ce qu'il soit possible de distinguer les influences génétiques des autres influences, non génétiques, qui contribuent également à des variations de la performance (voir le chapitre 1).

▌▶ La décomposition de la variabilité — approche générale

Il s'impose en premier lieu de mesurer les caractéristiques de performance d'un grand nombre d'individus. Ce travail permet de connaître la variabilité de la performance et la distribution des valeurs de performance. L'étape suivante consiste à fractionner cette variabilité en deux parties : une première due à l'hérédité et une seconde due à l'environnement. Il est ensuite possible de décomposer la variabilité procédant de chacun de ces deux grands facteurs en plusieurs sous-composantes, ainsi qu'il est détaillé ci-dessous.

▌▶ La décomposition de la variabilité — poursuite du fractionnement

La variabilité phénotypique totale de la performance (la production laitière par exemple) peut être considérée comme composée des éléments suivants :

$$V_P = V_G + V_E + V_{GE} \qquad (1)$$

où :

V_P est la variabilité phénotypique (totale)

V_G est la variabilité due à l'action des gènes (génotypique)

V_E est la variabilité due aux effets aléatoires des facteurs de l'environnement

V_{GE} est la variabilité due à l'interaction (ou à l'association) des facteurs génétiques G et environnementaux E.

La décomposition de la variabilité génétique V_G

La variabilité d'origine génétique, V_G, peut être encore détaillée. Les composantes de la variabilité génétique correspondent aux trois types d'interaction entre gènes (chapitre 3).

La composante la plus importante est habituellement celle des effets additifs des gènes (A). Les effets additifs des gènes sur l'expression globale d'un caractère peuvent être positifs ou négatifs lorsqu'ils sont exprimés en écarts à leur moyenne générale. Dans le cas de gènes à effets additifs, la performance de la progéniture se situe (en moyenne, sur un grand nombre d'individus issus d'un grand nombre d'accouplements) à mi-distance entre celles des parents ou des races parentales, même si certains individus peuvent avoir une performance supérieure ou inférieure à cette valeur moyenne.

Des écarts à ce modèle additif existent. Une première source d'écart provient de l'effet de la dominance (voir page 47), par lequel l'expression d'un des allèles masque entièrement ou partiellement l'expression de l'autre. Dans le cas de caractères contrôlés par de nombreux gènes, chacun pouvant produire un effet relativement petit, il n'est pas envisageable de calculer l'écart au modèle additif pour chacun de ces gènes, mais il reste possible de déterminer l'écart global dû aux effets de la dominance (D) dans la variabilité de la performance (par exemple la production laitière).

Une deuxième source d'écarts peut provenir d'interactions entre gènes de loci différents dont les effets concernent un même caractère. On nomme épistasie ce type d'effet à l'échelle du gène (page 48). Par analogie, les écarts qui peuvent être attribués à de tels effets agissant entre un grand nombre de gènes sont dits épistatiques (I). Il existe des méthodes pour analyser les données de performance des animaux et en déduire une estimation de l'importance relative de l'épistasie dans la variabilité globale de la performance observée d'un caractère quelconque.

Nous avons donc :

$$V_G = V_A + V_D + V_I \qquad (2)$$

où :
V_A est la variabilité génétique additive
V_D est la variabilité due aux effets de dominance
V_I est la variabilité due aux effets épistatiques.

En remplaçant V_G dans l'équation (1) par ses trois composantes de l'équation (2), on obtient :

$$V_P = V_A + V_D + V_I + V_E + V_{GE}. \qquad (3)$$

De cette manière, la variabilité de la performance peut être considérée comme la somme des variabilités dues aux différents types d'effets des gènes, à l'environnement et aux associations ou interactions entre facteurs génétiques et environnementaux. La méthode qui permet de fractionner la variabilité en plusieurs composantes est décrite plus loin, à la page 69.

Ces variabilités s'expriment par des variances dues aux différentes sources de variation. Ainsi la variance phénotypique (V_P) est égale à la somme de la variance génétique additive (V_A), de la variance génétique de dominance (V_D), de la variance génétique d'épistasie (V_I), de la variance des effets d'environnement (V_E) et de la variance d'interaction entre génotype et milieu (V_{GE}). On dit aussi que la variance phénotypique qui peut se calculer à partir des données phénotypiques peut se décomposer en plusieurs sources de variation mesurées par des composantes de la variance phénotypique.

Les composantes environnementales

Il est utile, sur le plan conceptuel, de distinguer deux types de facteurs environnementaux. D'une part les effets qui sont nécessairement communs à l'ensemble des animaux, et d'autre part les effets que les individus peuvent ou ne peuvent pas avoir en commun selon qu'ils sont élevés ensemble ou en des lieux différents.

Exemple 4C. Effets de l'environnement commun.
1. Les porcelets d'une portée naissent et sont élevés ensemble sous l'influence de leur mère. Outre les gènes maternels dont ils ont hérité (dont ils ont en commun la moitié, en moyenne), les porcelets ont également en commun l'environnement que leur donne leur mère. Cet effet environnemental commun continue à agir tout au long de leur existence et

les rend plus semblables qu'ils devraient l'être par ailleurs, bien que cette influence diminue habituellement avec l'âge.

2. L'âge de la mère en est un exemple. Les jeunes mères qui ont leur première portée offrent un environnement utérin moins favorable et produisent par la suite moins de lait que les mères plus âgées.

3. Le sexe de l'individu (mâle, femelle ou mâle castré) est un autre aspect qui influence l'expression d'un grand nombre de caractères et qui est considéré comme un effet externe.

Sont également considérés comme des effets de l'environnement les facteurs généraux qui agissent sur la performance, tels que l'alimentation, les pratiques d'élevage, les incidents sanitaires, leur prévention et leur traitement, le climat ou la période de l'année. Par ailleurs, tout au long de leur existence, les individus sont confrontés à diverses combinaisons de facteurs, dont les effets sont en outre susceptibles de varier dans le temps (les précipitations, par exemple, peuvent être plus abondantes une année et plus faibles une autre année, avec un impact différent sur la production).

Chacune de ces influences environnementales peut concerner, au moins transitoirement, plusieurs animaux en même temps. Leur impact peut alors être estimé à partir de l'effet moyen qu'elles ont sur ces individus. Il arrive ainsi que des agneaux soient sevrés à une date précoce et d'autres à une date plus tardive. Si ces deux groupes connaissent par ailleurs un environnement semblable, toute différence observée entre les deux moyennes du poids des agneaux à six mois, par exemple, pourrait être attribuée à la différence d'âge au sevrage.

Certains effets environnementaux agissent de manière plus ou moins continue tout au long de la vie d'un animal tandis que d'autres ont une action plus éphémère. Tous peuvent voir leur importance varier dans le temps.

Les effets de l'environnement ne sont donc pas constants et doivent être estimés à chaque fois que les performances des animaux doivent être évaluées et comparées.

Les interactions entre génotype et environnement (G × E)

Se reporter au chapitre 1, page 15, et au chapitre 3, page 50. Ces interactions surviennent par exemple si les performances de deux races se distinguent plus l'une de l'autre dans un type d'environnement que dans un autre.

L'héritabilité

L'héritabilité décrit dans quelle proportion un caractère quantitatif est transmis à la descendance.

Pour reprendre les termes de la décomposition de la variabilité de la performance qui ont été introduits plus haut, l'héritabilité correspond au rapport de la variance génétique additive V_A sur la variance phénotypique totale V_P. L'héritabilité est notée h^2 (sa racine carrée est h). On obtient donc :

$$h^2 = V_A / V_P. \qquad (4)$$

Ce rapport est compris entre deux valeurs extrêmes qui sont 0 (si $V_A=0$) et 1 (si $V_A=V_P$).

Pour traduire en mots l'expression (4) : l'héritabilité est la proportion de la variabilité phénotypique totale observée chez les individus d'une population qui est due aux effets additifs des gènes. Elle est en outre une mesure de la ressemblance entre individus apparentés ou, plus précisément, de la ressemblance entre parents et progéniture.

L'héritabilité peut également être définie comme la proportion de la supériorité phénotypique des parents par rapport à la moyenne des phénotypes de tous les animaux de la population incluant ces parents et leurs contemporains qui est transmise, en moyenne, à leur progéniture.

Certains manuels considèrent que cette dernière définition est celle de l' « héritabilité au sens strict ». Ils utilisent alors l'expression « héritabilité au sens large » pour désigner la proportion de la variabilité totale V_P qui peut être attribuée à l'ensemble des influences d'ordre génétique dues au génotype (V_G), c'est-à-dire le degré de détermination génétique d'un caractère. Toutefois, dans le présent ouvrage, le terme héritabilité utilisé seul devra toujours être compris dans son sens strict, ainsi qu'il est le plus souvent employé par les sélectionneurs et dans le calcul et l'emploi des valeurs génétiques (ou valeurs génétiques additives, voir à la page 88).

Le tableau 4.1 récapitule les estimations d'héritabilité d'un certain nombre de caractères qui ont été obtenues au cours d'une série d'études réalisées sur plusieurs espèces en zone tropicale. Il y apparaît nettement que ces estimations sont variables. En particulier, le fait que l'estimation de l'héritabilité varie en fonction du caractère suggère que certains caractères se transmettent mieux que d'autres. Pour plus de commodité, les caractères sont classés, en fonction de leur héritabilité estimée, dans des catégories correspondant à la facilité avec laquelle ils sont susceptibles d'être modifiés par la sélection (celle-ci étant le processus de choix des individus supérieurs amenés à devenir les parents de la génération suivante, chapitres 5 et 6). Les caractères peuvent ainsi avoir une héritabilité basse, moyenne, assez élevée ou très élevée. Plus l'héritabilité est élevée, plus la sélection a de chances d'être efficace.

On peut considérer que l'héritabilité est basse lorsque son estimation est inférieure ou égale à 0,1, moyenne lorsqu'elle se situe entre 0,1 et 0,3, relativement élevée entre 0,3 et 0,4 et très élevée lorsqu'elle dépasse 0,4. Les valeurs qui figurent dans le tableau 4.1, déterminées en régions tropicales, concordent relativement bien avec les résultats obtenus ailleurs. De manière générale, on constate que :
– les caractères associés à la reproduction et à la survie ont des héritabilités basses ;
– les caractères ayant trait à la production laitière et à la taille corporelle précoce ont des héritabilités moyennes ;
– la taille corporelle à l'âge adulte et certains caractères affectant la qualité de la production ont des héritabilités élevées.

Tableau 4.1. Estimations de l'héritabilité (h^2) à partir de résultats obtenus en régions tropicales (d'après divers travaux publiés entre 1984 et 1990*).

Caractères	Nombre d'études différentes	h^2	
		Moyenne	Minimum-maximum
Bovins			
Production laitière (une seule lactation, surtout 1re lactation)			
• races indigènes (I)	13	0,25	0,11-0,48
• croisements (I × E)	14	0,33	0,12-0,54
• races exotiques (E)	6	0,25	0,15-0,34
Pourcentage de matière grasse	4	0,26	0,09-0,41
Durée de la lactation	14	0,29	0,06-0,51
Âge au premier vêlage	15	0,30	0,01-0,69
Intervalle entre les vêlages	21	0,12	0-0,40
Intervalle vêlage-conception	7	0,09	0,01-0,18
Nombre d'inséminations par conception	3	0,05	0,03-0,08
Mortalité des veaux	3	0,05	0-0,09
Poids à la naissance	31	0,27	0-0,48

Tableau 4.1. Suite.

Caractères	Nombre d'études différentes	h^2 Moyenne	h^2 Minimum-maximum
Poids au sevrage	34	0,18	0,02-0,51
Poids adulte	11	0,33	0,02-0,79
Accroissement pondéral de la naissance au sevrage	14	0,14	0,02-0,34
Accroissement pondéral après le sevrage	4	0,26	0,13-0,38
Diverses dimensions corporelles	13	0,31	0-0,62
Buffles			
Production laitière (lactation)	11	0,35	0,19-0,67
Pourcentage de matière grasse	2	0,30	0,22-0,37
Durée de la lactation	2	0	
Poids adulte	2	0,62	0,35-0,88
Ovins et caprins			
Production laitière			
• lactation	7	0,38	0,20-0,53
• journée test	4	0,21	0,14-0,31
Poids à la naissance	10	0,18	0,03-0,43
Poids au sevrage	12	0,34	0,08-0,62
Poids adulte	12	0,39	0,11-0,72
Poids de la toison	6	0,36	0,17-0,57
Caractères de qualité de la toison	8	0,49	0,13-0,72
Taille de la portée à la naissance (prolificité)	7	0,14	0-0,49
Poids de la portée à la naissance	3	0,06	0-0,12
Porcins			
Taille de la portée à la naissance	8	0,12	0-0,39
Taille de la portée au sevrage	6	0,16	0,02-0,34
Poids de la portée à la naissance	4	0,20	0-0,31
Poids de la portée au sevrage	5	0,15	0,03-0,20
Accroissement pondéral après le sevrage	4	0,32	0,13-0,76
Épaisseur du lard dorsal	3	0,57	0,40-0,88
Diverses dimensions corporelles	6	0,60	0,51-0,71

* Un certain nombre d'études à plus petite échelle ont été omises dans les résumés des résultats publiés.

Comme le montre la large fourchette de résultats obtenus pour la plupart des caractères, les estimations de l'héritabilité devraient être considérées comme de simples valeurs indicatives utiles et non pas comme des constantes absolues.

Les estimations de l'héritabilité d'un caractère diffèrent parfois parce que la variabilité génétique est susceptible de varier d'une race ou d'une population à l'autre ou parce que l'héritabilité a été estimée sur des animaux élevés dans des conditions environnementales différentes. Ainsi, lorsque tous les animaux d'un groupe sont conduits et nourris de manière très homogène, les estimations d'héritabilité obtenues sont susceptibles d'être supérieures à celles calculées auprès d'un groupe similaire mais dont les conditions d'élevage sont plus hétérogènes.

Pour illustrer ces sources de variation, les estimations concernant la production laitière des bovins qui figurent dans le tableau 4.1 ont été subdivisées en fonction des types de race qui ont servi pour les calculs. Il ne s'agit probablement pas d'une simple coïncidence si, en moyenne, les estimations de l'héritabilité sont plus élevées chez les bovins croisés – suggérant une plus grande variabilité génétique relativement à la variabilité phénotypique – que chez les bovins de race pure.

En effet l'héritabilité est le rapport de la variance génétique à la variance phénotypique.

Il est aussi possible que les performances des animaux croisés F1 soient plus homogènes que celles des animaux des deux races pures parentes, dans les mêmes conditions de milieu, ce qui réduit la variance phénotypique. Par ailleurs, les estimations calculées à partir des races exotiques ont une moindre amplitude de variation, ce qui suggère une plus grande uniformité des races concernées et des conditions d'élevage, si les précisions d'estimation des héritabilités sont comparables.

La méthode de calcul de l'héritabilité (à partir des relations de parenté entre individus, voir plus loin) est également susceptible d'influencer le résultat. Les estimations d'héritabilité doivent par conséquent être considérées avec prudence, en tenant compte des conditions dans lesquelles elles ont été obtenues.

L'estimation de l'héritabilité permet de mieux prévoir les chances de succès d'un projet d'amélioration génétique. Dans la pratique, toutefois, les résultats obtenus peuvent s'avérer meilleurs ou moins bons que ceux qui étaient escomptés.

L'estimation des différents facteurs de variation de la performance (génétiques et environnementaux)

Le principe de base consiste à toujours comparer des groupes d'animaux qui ont certaines caractéristiques en commun et d'autres différentes. La différence entre un groupe recevant une alimentation riche et un autre sous-alimenté permettrait ainsi d'estimer l'effet de l'alimentation (riche/pauvre) à condition que ces deux groupes soient identiques par ailleurs (composition en termes de race, de catégories d'âge, de sexes, etc.). De même, les différences de performance entre des vaches jeunes et âgées peuvent effectivement être attribuées à la différence d'âge si rien d'autre ne différencie ces deux groupes par ailleurs.

Le même principe est utilisé pour évaluer des différences génétiques. Si l'on élève deux races ensemble, au sein d'un même troupeau et en les traitant de la même manière, alors toute différence de performance relevée entre ces deux races reflète effectivement une différence génétique. Il reste que les groupes à comparer doivent être suffisamment grands pour être représentatifs de leur race et, en outre, ils doivent avoir une composition identique en termes d'âge, de sexe, de phase de lactation, etc. Il en va de même lorsqu'il s'agit de comparer des groupes d'animaux issus de différents types de croisements.

▷ Les variations entre animaux apparentés

Ces principes généraux restent valables lorsque l'on souhaite estimer l'importance de la variabilité génétique au sein d'un groupe d'animaux de même race. Les individus doivent être comparés au même niveau. Pour ce faire, on choisit des animaux semblables en termes de sexe, d'âge, de traitements, etc., ou bien l'on corrige les données pour les ramener à un niveau virtuel identique (exemples 2E et 2F). Pour obtenir l'information génétique, il faut alors comparer la variation de performance qui existe entre individus apparentés à celle qui est observée entre individus moins apparentés (ou non apparentés).

Jumeaux

Les jumeaux ont plus de gènes en commun que deux individus qui ne sont pas jumeaux. Les vrais jumeaux ont exactement les mêmes gènes tandis que les faux jumeaux ont en commun la moitié des gènes qu'ils ont hérités de leurs parents. Ainsi, en comparant la différence de performance observée au sein de paires de jumeaux et la différence de performance observée au sein de paires d'individus non jumeaux, est-il possible de se faire une idée de la contribution moyenne de l'hérédité grâce au fait que deux jumeaux se ressemblent plus que deux individus non jumeaux. Si l'on découvre ainsi que, pour un caractère donné, des jumeaux ne se ressemblent pas plus que deux individus non jumeaux quelconques, il pourrait en être déduit que l'hérédité n'a aucune influence sur ce caractère. Inversement, si, pour un autre caractère, des jumeaux sont beaucoup plus semblables entre eux que deux individus non jumeaux, alors l'hérédité a probablement un fort impact sur ce caractère.

Il n'est cependant pas toujours facile d'avoir accès à des jumeaux pour ce type d'étude. En outre, les jumeaux présentent l'inconvénient d'avoir partagé, avant leur naissance, le même environnement utérin et, bien souvent pendant au moins quelque temps par la suite, les mêmes soins maternels, distincts de ceux des autres individus. Il est donc possible que les jumeaux se ressemblent plus que d'autres individus entre eux à cause de ces expériences précoces communes plutôt qu'à cause d'un patrimoine génétique commun. Il est par conséquent plus courant – et préférable – d'estimer la variabilité génétique à partir d'autres types de lien de parenté.

Parents et progéniture

Une autre méthode consiste à comparer la performance de la progéniture à celle de l'un des parents ou des deux. Toutefois, les performances à comparer doivent avoir été enregistrées au même âge ou au même stade : poids à 1 an ou production de la première lactation, par exemple. Il s'ensuit nécessairement, du fait du décalage des générations, que ces données proviennent de dates différentes. Or, comme certaines années s'avèrent beaucoup plus favorables que d'autres pour la productivité, ce facteur « année » doit être pris en compte et les données corrigées en conséquence avant qu'il soit possible de comparer la performance de la progéniture à celle de ses parents.

Pleins frères et pleines sœurs

Les pleins frères et pleines sœurs sont des individus qui ont à la fois le même père et la même mère. Ils partagent en moyenne la moitié des gènes de leurs parents. Chez certaines espèces telles que le porc,

qui ont plusieurs petits par portée (tous pleins frères et sœurs), la variabilité de la performance chez les porcelets d'une même portée peut être comparée à celle mesurée chez des porcelets provenant de portées non apparentées. Toutefois, parce qu'ils ont partagé un même environnement maternel, les porcelets d'une même portée se ressemblent plus que si les seuls facteurs génétiques étaient à l'œuvre.

Demi-frères et demi-sœurs

Il est généralement possible d'éviter les effets environnementaux communs en comparant des individus demi-frères ou demi-sœurs paternels – qui ont le même père mais qui sont issus de mères différentes, comme par exemple la progéniture d'un taureau reproducteur utilisé pour inséminer un grand nombre de vaches. Les demi-frères ou sœurs ont en commun, en moyenne, le quart de leurs gènes. Par conséquent :
– La variabilité observée dans les groupes de demi-frères ou sœurs comprend les trois-quarts de toute la variabilité génétique additive de la population en son ensemble.
– La variabilité observée entre différents groupes de demi-frères ou sœurs comprend le quart restant de la variabilité génétique additive de la population.

Le rapport de la composante père (des demi-frères ou sœurs) de la variance multipliée par 4 à la variance phénotypique totale donne une estimation de l'héritabilité.

De bonnes estimations de l'héritabilité peuvent être obtenues en comparant de cette manière un grand nombre de géniteurs, chacun doté d'une descendance raisonnablement nombreuse. Entre 20 et 30 géniteurs possédant chacun une descendance de 10 à 20 individus pourraient constituer un objectif réaliste.

Dans le même esprit, la variation constatée entre demi-frères et sœurs peut être comparée à celle mesurée entre pleins frères et sœurs, car la proportion du génotype commun aux membres de la fratrie n'est pas la même dans un cas et dans l'autre.

Réponse à la pression de sélection

L'héritabilité d'un caractère peut également être estimée en observant comment ce caractère répond au processus de sélection. La sélection consiste à choisir les individus qui seront les parents de la génération suivante et qui se distinguent de la moyenne de leurs contemporains par une meilleure performance (chapitre 5). La proportion de cette différence de performance qui se retrouve dans la génération suivante – chez les descendants – constitue une mesure de l'héritabilité.

⬤ Procédures détaillées de l'estimation de l'héritabilité

Pour plus d'informations sur les procédures d'estimation de l'héritabilité, le lecteur pourra se reporter à des ouvrages plus spécialisés abordant des sujets tels que les courbes de régression parents/enfants, l'analyse de familles de pleins et demi frères, l'analyse de la variance (ANOVA) et « l'héritabilité réalisée » (par la sélection).

Caractères corrélés

De nombreux caractères ne sont pas indépendants les uns des autres et ont tendance à évoluer de concert. La force de cette relation lorsqu'elle est linéaire peut être mesurée de manière statistique par un coefficient de corrélation linéaire variant entre 0 et 1. Plusieurs caractères peuvent ainsi se trouver corrélés lorsqu'ils sont influencés par un même gène (on parle alors de corrélation génétique) ou par un même facteur de l'environnement (corrélation environnementale). L'existence de ces corrélations a un impact important sur les programmes de sélection (chapitres 5 et 6).

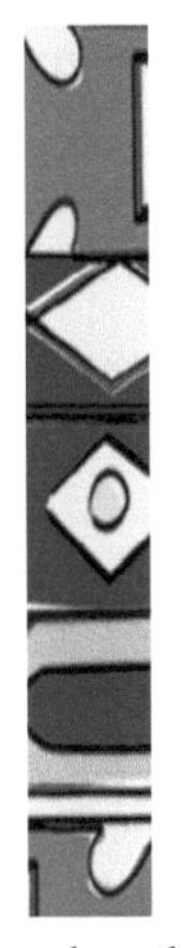

5. Sélection I : principes de base

La sélection, dans le cadre de l'amélioration des espèces domestiques, est le processus par lequel certains individus sont choisis de préférence à d'autres pour engendrer la génération suivante.

Il s'agit du mécanisme fondamental qui permet, à la nature comme aux humains, de modeler les attributs des animaux. Avant de se lancer dans un programme d'amélioration des cheptels, il est important de se fixer des objectifs clairs. Pour qu'un programme de sélection ait des chances de réussir :
– les objectifs doivent être réalistes ;
– la dynamique doit pouvoir être maintenue sur une durée suffisante (en général plusieurs années) pour permettre à la sélection de remplir ces objectifs.

Les objectifs

L'objectif général est très souvent l'amélioration de la productivité globale, par exemple la production de lait, de viande ou de laine, la force de travail ou une combinaison quelconque de ces qualités. Pour ne pas compliquer le propos, il sera ici assumé que l'amélioration concernera également le rendement tel qu'il a été défini au chapitre 1. Bon nombre de ces caractères de production peuvent être fractionnés en plusieurs composantes (chapitre 4), dont certaines sont susceptibles de poser une limite importante à la productivité globale. Il convient alors de déterminer s'il est plus efficace d'opérer la sélection sur la base de la productivité globale ou sur celle d'une de ses composantes majeures.

Les conséquences génétiques de la sélection

Choisir certains individus en préférence à d'autres pour qu'ils deviennent les parents de la génération suivante revient à préférer les gènes des individus sélectionnés à ceux des autres. Cela a pour effet de modifier les fréquences alléliques de la population (page 50) : les allèles ayant des effets jugés positifs sur le caractère visé sont choisis au détriment des allèles dont les effets sont moins intéressants.

En ce qui concerne la plupart des caractères de production qui varient de manière continue, la sélection opère sur les gènes dont les effets sont additifs. Ces gènes constituent le principal facteur de ressemblance entre individus apparentés.

Le terme de sélection peut en outre s'appliquer à des caractères relativement simples tels que la présence ou l'absence de cornes.

Exemple 5A. Sélection d'un caractère simple.
Sélectionner l'absence de cornes chez une race bovine généralement dotée de cornes revient à augmenter la fréquence de l'allèle responsable de l'absence de cornes au détriment de l'allèle qui détermine le développement des cornes (voir le calcul de l'exemple 3K).

Les facteurs intervenant dans le processus de sélection

De manière générale, trois grands facteurs influencent le rythme d'amélioration des caractères quantitatifs par la sélection sur valeurs phénotypiques individuelles :

1. La différentielle phénotypique de sélection (S) – la supériorité phénotypique moyenne des parents sélectionnés par rapport à la population ou au troupeau auxquels ils appartiennent. C'est la valeur phénotypique moyenne des animaux sélectionnés comme parents exprimée en déviation à la moyenne de la population, c'est-à-dire à la valeur phénotypique moyenne de tous les animaux de la population parentale avant que la sélection soit faite.

2. L'héritabilité (h^2) – la proportion de la supériorité des parents sélectionnés qui apparaît chez leurs descendants.

3. L'intervalle de génération (l) – l'intervalle de temps entre deux générations successives au cours duquel il peut être procédé à des sélections. Ce paramètre a un impact important sur le rythme (la vitesse) des améliorations génétiques.

La différentielle de sélection (S)

La notion de différentielle de sélection procède du modèle de la distribution normale continue.

Exemple 5B. Différentielle de sélection.
Les figures 5.1 et 5.2 montrent la distribution d'individus en fonction respectivement du poids de leur toison et de leur production laitière (ce

sont les mêmes exemples que ceux des figures 4.2 et 4.3). Les secteurs hachurés matérialisent les animaux ayant les meilleures performances – ces derniers sont sélectionnés graphiquement comme s'ils l'étaient en réalité pour devenir les parents de la génération suivante.

Poids moyen de la toison des béliers sélectionnés (figure 5.1) : 2,69 kg

Poids moyen de la toison de tous les béliers : 2,28 kg

Différentielle de sélection = différence entre ces deux moyennes :

2,69-2,28= 0,41 kg

Production laitière quotidienne moyenne des vaches sélectionnées (figure 5.2) : 38 kg

Production laitière quotidienne moyenne de l'ensemble des vaches : 33 kg

Différentielle de sélection = différence entre ces deux moyennes :

38-33 = 5 kg

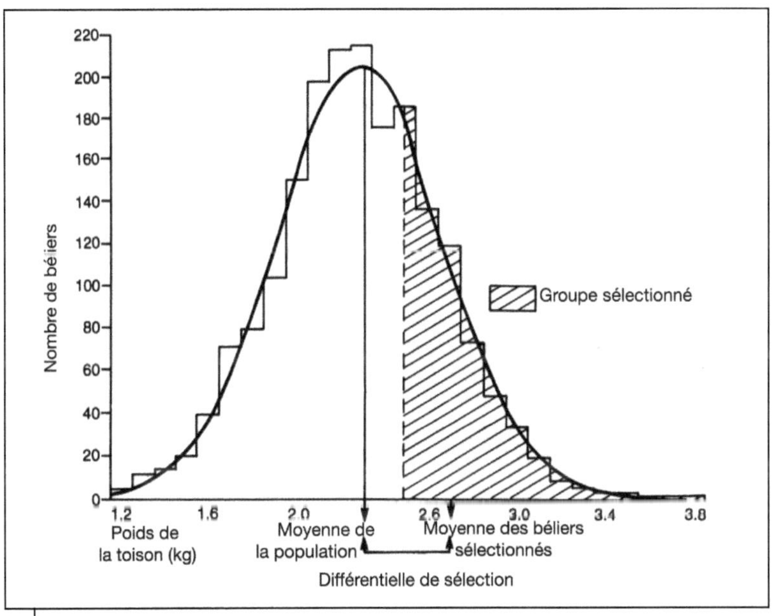

Figure 5.1.
Différentielle de sélection (S).
Le poids moyen de la toison des béliers chez lesquels ce poids dépasse 2,5 kg (approximativement le meilleur tiers des individus) est comparé au poids moyen de la toison de 1907 béliers Mérinos australiens. Moyenne des béliers sélectionnés (2,69 kg) – moyenne générale (2,28 kg) = différentielle de sélection (0,41 kg).
Histogramme des fréquences de la figure 4.2 et courbe normale correspondante surimposée (données aimablement communiquées par B.J. McGuirk).

Étant donné que moins de mâles que de femelles sont nécessaires pour la reproduction des animaux domestiques, on utilise généralement

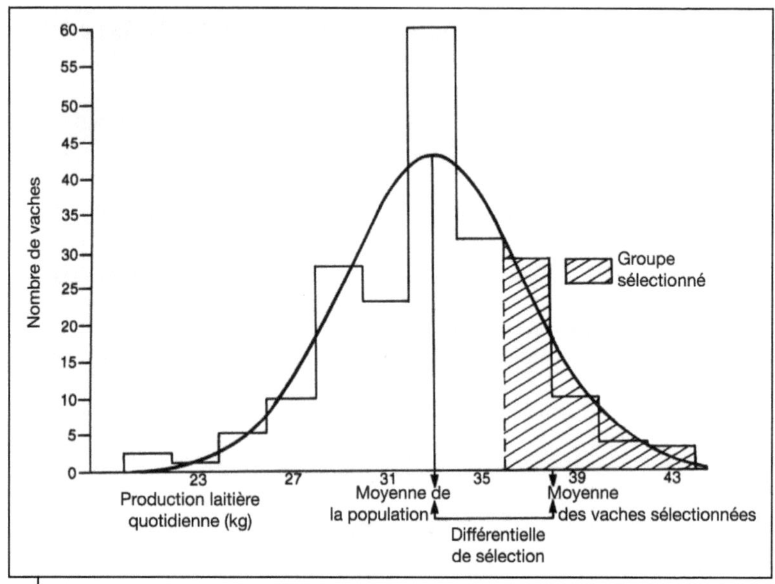

Figure 5.2.
Différentielle de sélection (S).
Production moyenne des premiers 30 % comparée à la production moyenne d'une
population de 205 vaches. Moyenne du groupe sélectionné (38 kg) – moyenne de
la population (33 kg) = différentielle de sélection (5 kg).
Histogrammes des fréquences de la figure 4.3 et courbe normale correspondante
surimposée (données aimablement communiquées par B.J. McGuirk et l'Institut Genus).

une différentielle de sélection plus élevée (donc meilleure) pour
l'obtention des mâles. La différence peut parfois être considérable :
un seul taureau reproducteur peut en effet inséminer artificiellement
plusieurs milliers de vaches.

Calcul de la différentielle de sélection moyenne

Que l'on travaille à l'échelle d'un troupeau ou du système en général,
il convient de calculer la moyenne des différentielles de sélection des
deux sexes, ainsi qu'il est montré dans l'exemple 5C.

Exemple 5C. Moyenne des différentielles de sélection.
1. Sélection des femelles de renouvellement à partir des reproductrices :
Moyenne des meilleures femelles (les premiers 50 %)   1 720 kg
Moyenne du troupeau   1 400 kg
Différentielle de sélection (des mères de femelles)   320 kg

2. Sélection des mâles de renouvellement à partir des reproductrices :
Moyenne des meilleures femelles (les premiers 5 %)   2 224 kg

Moyenne du troupeau	1 400 kg
Différentielle de sélection (des mères de mâles)	824 kg
3. Différentielle de sélection moyenne :	(320 + 824)/2 = 572 kg

Il est également souhaitable de prendre en considération la différentielle de sélection du côté paternel, s'il est connu. Pour ce faire, il faut établir la moyenne des reproducteurs choisis pour produire les femelles de renouvellement et celle des reproducteurs choisis pour produire les mâles de renouvellement. On obtient ainsi au total quatre différentielles de sélection différentes à partir desquelles calculer la moyenne au lieu des deux de l'exemple 5C.

▐ L'héritabilité (h^2)

Il est utile d'avoir une estimation de l'héritabilité pour le caractère à améliorer afin d'être en mesure de prévoir les progrès réalisables par la sélection.

Dans l'idéal, cette estimation serait calculée à partir de la population même sur laquelle on se propose d'opérer la sélection, avant que cette dernière ne débute. Toutefois, il est rare que l'on puisse disposer de ces informations, et le mieux est alors de s'appuyer sur des estimations publiées déterminées au sein d'une population élevée dans des conditions similaires. Quelques exemples d'héritabilités figurent au tableau 4.1 (page 66).

▐ L'intervalle de génération (l)

L'intervalle de génération correspond à l'âge moyen des parents au moment de la naissance de leur progéniture – plus précisément, de la progéniture qui sera amenée à remplacer les parents en tant que géniteurs. Les changements génétiques qui résultent de la sélection n'entrent en vigueur qu'à partir du moment où une génération est remplacée par la suivante. Le rythme auquel les générations se succèdent influence par là le progrès génétique annuel. Plus l'intervalle de génération est resserré, plus les changements interviennent rapidement – toutes choses égales par ailleurs.

L'intervalle de génération dépend de l'âge auquel les animaux commencent à se reproduire, du temps qui s'écoule entre chaque parturition successive et du nombre de rejetons qui naissent à chaque parturition et qui survivent jusqu'à ce qu'ils puissent se reproduire eux-mêmes. Le nombre d'individus nécessaires au renouvellement est atteint d'autant plus rapidement – et l'intervalle de génération est d'autant plus court – que les parents se reproduisent tôt, que les mises bas se succèdent à un rythme soutenu et que la taille des portées est importante.

Une alimentation déficiente et un environnement source de stress ont un impact négatif sur l'ensemble de ces paramètres. Il est de ce fait difficile de généraliser concernant la durée de l'intervalle de génération.

L'intervalle de génération agissant sur le rythme des progrès génétiques susceptibles d'être obtenus par la sélection, il est avantageux d'en réduire la durée autant qu'il est possible de le faire sans compromettre les autres besoins fondamentaux, tels que la production d'un nombre suffisant d'animaux de renouvellement ou le recueil de données fiables sur la performance et aussi la compatibilité avec les coûts de renouvellement.

Tableau 5.1. Intervalles de génération. Durée typique de l'intervalle de génération de différentes espèces en zone tropicale.

Espèces	Intervalle de génération (années)*
Taurins	4-7
Caprins	3-5
Ovins	3-5
Porcins	2-4

*Âge moyen des parents à la naissance de la progéniture qui les remplacera en tant que géniteurs (et non pas âge à la première reproduction).

L'intervalle de génération moyen incorpore quatre intervalles différents faisant écho aux quatre différentielles de sélection :
– l'intervalle entre pères et fils ;
– l'intervalle entre pères et filles ;
– l'intervalle entre mères et fils ;
– l'intervalle entre mères et filles.

L'intervalle de génération est habituellement plus long pour les mères, du fait qu'elles sont utilisées pour la reproduction pendant plusieurs années, que pour les pères. Toutefois, bien que ce ne soit pas nécessaire, les mâles sont souvent gardés comme reproducteurs jusqu'à un âge relativement avancé.

Exemple 5D. Calcul de l'intervalle de génération.

Les vaches d'un troupeau produisent leur premier veau à l'âge de 4 ans et leur dernier à 10 ans. Les vaches mettant bas tous les deux ans (à 4, 6, 8 et 10 ans), l'âge moyen des vaches à la naissance de leur progéniture est donc de 7 ans. Il est supposé que toutes les filles de ces vaches sont nécessaires au renouvellement. Les veaux mâles qui sont gardés sont tous nés de vaches de 4 ans.

Les génisses de renouvellement proviennent de géniteurs mâles âgés de 5 ans en moyenne, mais les taurillons de renouvellement proviennent de géniteurs ayant déjà produit de nombreuses filles (pour s'assurer de leur mérite) et âgés en moyenne de 8 ans.

Les quatre intervalles de génération sont les suivants :

Mère – fille :	7 ans
Mère – fils :	4 ans
Père – fille :	5 ans
Père – fils :	8 ans
Somme des intervalles :	24 ans
Moyenne :	(24/4) = 6 ans

L'intervalle moyen de génération pourrait être significativement raccourci en utilisant comme géniteurs des taureaux plus jeunes.

⬛ Autres concepts utiles

Avant d'aborder les autres notions utilisées pour estimer les progrès génétiques déjà réalisés et envisageables pour l'avenir, il est important de préciser les postulats qui sont à la base de certains calculs.

La distribution des observations

On considère généralement que la plupart des caractères variant de manière continue suivent le type de distribution déjà observée pour le poids de la toison et la production laitière (figures 4.2, 4.3, 5.1 et 5.2) : un petit nombre d'individus particulièrement bons et particulièrement médiocres, et une majorité des individus pour les valeurs du milieu de la fourchette. Cette distribution en forme de cloche est appelée distribution normale ou gaussienne (figure 5.3). Elle présente de nombreuses propriétés statistiques utiles très employées en sélection animale. En général, plus les animaux mesurés sont nombreux, plus la distribution des observations se rapproche d'une courbe normale (comparer les figures 5.1 et 5.2). Le plus souvent, même lorsque les distributions ne suivent pas rigoureusement le modèle normal, les calculs statistiques peuvent néanmoins être appliqués de manière approximative.

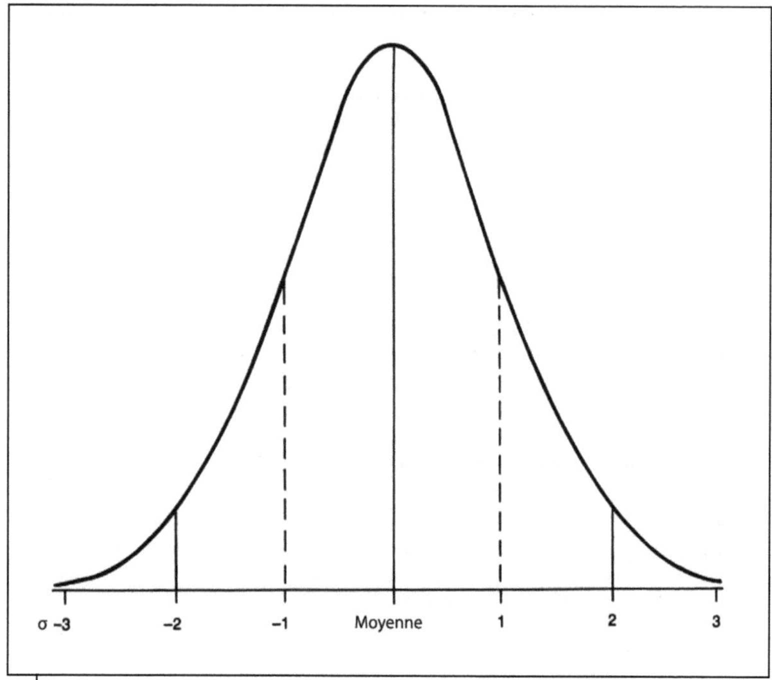

Figure 5.3.
Distribution normale.
La courbe de la distribution normale est figurée sur trois écarts-types (σ) de part et d'autre de la moyenne. 68 % de la totalité des animaux contribuant à la distribution sont situés à moins d'un écart-type de la moyenne, 95 % à moins de deux écarts-types et un peu plus de 99 % à moins de trois écarts-types.

Il existe d'autres types de distributions qui ne sont pas continues dans le sens entendu ci-dessus, et qui ne sont pas normales (page 57). La survie, en tant que caractère, par exemple, ne présente que deux classes, car les animaux ne peuvent qu'être vivants ou morts. Pour d'autres caractères, la grande majorité des individus appartiennent à une seule classe (distribution par catégories).

Exemple 5E. Distribution discrète.
En régions tropicales, la très grande majorité des brebis qui mettent bas ne produisent qu'un seul agneau, un petit nombre en produisent deux et les portées de trois ou plus sont très rares.
La taille de la portée est une variable discrète, de distribution souvent asymétrique.

Des règles statistiques différentes s'appliquent à ces distributions, mais elles ne seront pas décrites ici. Toutefois, en jouant sur les unités de mesure utilisées, il est souvent possible de transformer une distribution non normale en distribution normale à des fins d'analyse statistique. Une distribution asymétrique présentant une longue queue du côté des valeurs élevées peut être transformée en distribution normale en convertissant les unités utilisées en unités logarithmiques. Il existe de nombreuses possibilités de transformation pour répondre à différentes situations.

Les mesures de la variabilité

En général, la variabilité peut être exprimée de diverses manières, comme par exemple :
– la différence entre la performance des meilleurs individus et celle des individus les plus médiocres ;
– la différence de productivité entre la meilleure et la moins bonne moitié de la population ;
– la différence de productivité entre le meilleur et le moins bon quart de la population.

La distribution normale permet de décrire la variabilité d'un échantillon d'une manière particulièrement commode. Lorsque la distribution de la performance correspond, même approximativement, à une distribution normale, la meilleure mesure de la variabilité est donnée par l'écart-type (σ) parce qu'il tient compte de la dispersion des observations de part et d'autre de la moyenne (figure 5.3). L'écart-type d'une courbe normale présente en outre l'intérêt de correspondre à une proportion bien précise des animaux de l'échantillon. Comme on peut le voir sur la figure 5.3 :
– les performances de 68 % des animaux se trouvent à moins d'un écart-type de part et d'autre de la moyenne de la performance de l'ensemble de la population ;
– 95 % se trouvent à moins de deux écarts-types de part et d'autre de la moyenne ;
– plus de 99 % – c'est-à-dire la quasi totalité des animaux – se trouvent à moins de trois écarts-types de part et d'autre de la moyenne.

Ainsi, si l'on ne dispose pas des chiffres nécessaires au calcul précis de l'écart-type mais que l'on connaît la distribution des performances, il est possible d'estimer approximativement l'écart-type en divisant par six la différence de productivité entre les meilleurs et les plus mauvais sujets (en effet, six écarts-types couvrent pratiquement la distribution en son entier).

Les composantes de la différentielle de sélection

La différentielle de sélection est un paramètre de première importance pour le progrès génétique qui peut être obtenu par sélection. Cependant, il est rare que l'on en connaisse la valeur au moment de décider d'opter ou non pour la sélection comme mode d'amélioration du cheptel. La différentielle de sélection peut néanmoins être estimée à l'avance à partir de deux informations :
– la proportion des femelles et des mâles qu'il faut conserver pour produire la génération suivante ;
– la variabilité de la population en ce qui concerne le caractère visé.

La proportion des animaux sélectionnés

La proportion des animaux qui sont sélectionnés est habituellement limitée par des facteurs qui sont propres au cheptel que l'on se propose d'améliorer.

> **Exemple 5F. Proportion des animaux sélectionnés.**
> Si dans un troupeau il était possible d'obtenir toutes les agnelles de renouvellement nécessaires à partir de 50 % des brebis, alors on utiliserait les brebis de la meilleure moitié du troupeau pour produire les futures reproductrices tandis que les agnelles produites par l'autre moitié des brebis seraient vendues à d'autres fins.
> D'autre part, comme il n'est pas besoin d'autant de béliers pour couvrir les brebis, il suffit de choisir les futurs reproducteurs parmi les 5 % des meilleurs agneaux mâles nés.
> Dans cet exemple, l'intensité de la sélection est plus forte pour les mâles que pour les femelles.

Il est statistiquement plus commode, pour les caractères distribués de manière normale ou presque normale, de calculer l'intensité de sélection i directement à partir de la proportion des animaux qui sont sélectionnés. Les chiffres exacts peuvent être relevés dans des tables prévues à cet effet (par exemple dans Falconer, 1989, tableau Annexe A) ou des estimations peuvent être tirées, de manière plus approximative, du graphique de la figure 5.4.

Sous l'hypothèse de distribution normale du caractère sélectionné et de sélection par troncature unique des animaux ayant les valeurs supérieures du caractère sélectionné, l'intensité de sélection i ne dépend que du pourcentage sélectionné p. L'intensité de sélection i est la déviation entre la moyenne du groupe sélectionné et la moyenne de la population, déviation exprimée en unité d'écart-type. Ainsi, si l'on

ne sélectionne que le premier 1 % de la population, la performance de ces animaux sera en moyenne à 2,67 écarts-types au-dessus de la performance moyenne de la population. De même, les premiers 5 % seront en moyenne à 2,06 écarts-types au-dessus de la moyenne, les premiers 30 % à 1,16 écarts-types et les premiers 50 % (la meilleure moitié de la population) à 0,80 écart-type. Lorsque seuls les derniers

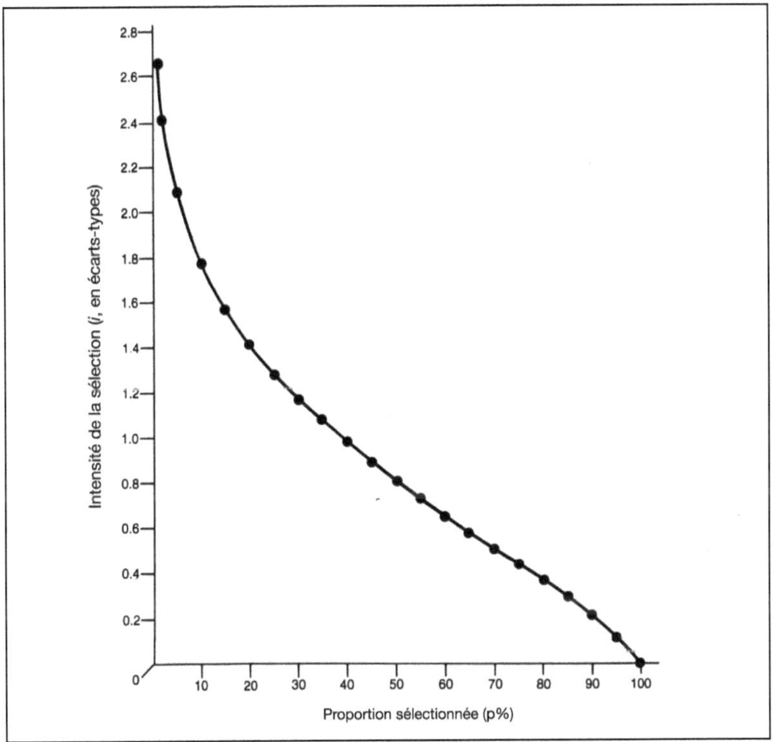

Figure 5.4.
Intensité de la sélection *i* (en écarts-types) en fonction de la proportion de la population qui est sélectionnée (p %).
Ce graphique correspond aux intensités de sélection observées dans une population de très grande taille. Lorsque l'effectif de la population est réduit (10 ou 20 individus par exemple), l'intensité de sélection est toujours inférieure, et ce d'autant plus que la proportion sélectionnée est faible. Ainsi, si l'on sélectionne les premiers 10 % d'une population d'effectif très important, *i* = 1,76, mais lorsque l'on sélectionne 2 animaux d'un troupeau de 20 (soit également 10 %), *i* =1,64, et lorsque l'on ne sélectionne qu'un seul animal sur un troupeau de 10 (ici encore 10 %), *i* n'est plus que de 1,54. Lorsque la proportion sélectionnée est plus forte, la taille de la population a un impact moindre sur le résultat : si l'on sélectionne 50 % des animaux, *i* = 0,80, 0,77 et 0,74 dans des populations respectivement de très grande taille, de 20 bêtes ou de 10 bêtes seulement.

10 % des femelles reproductrices peuvent être réformés, les 90 % restants ne sont que très légèrement supérieurs à la moyenne (environ 0,2 écart-type au-dessus).

La variabilité

La variabilité des performances est essentielle. Si elle est faible, la performance des animaux sélectionnés comme les meilleurs peut n'être que légèrement supérieure à la moyenne de la population. Par contre, si la variabilité est forte, la même proportion d'individus sélectionnés présentera une performance moyenne bien supérieure à la moyenne de la population.

Si l'écart-type de la population est connu et que l'on a déjà fixé la proportion des individus à sélectionner, la supériorité des animaux du groupe sélectionné par rapport à la moyenne de la population ou du troupeau auquel ils appartiennent (c'est-à-dire la différentielle de sélection) correspond à :

Différentielle de sélection (S) = Intensité de la sélection (i) × Écart-type phénotypique (σ) du caractère sélectionné, soit :

$$S = i \times \sigma.$$

Exemple 5G. Détermination de la différentielle de sélection à l'aide de l'écart-type.

Considérons une sélection réalisée sur le critère de la vitesse de croissance des agneaux. La vitesse de croissance moyenne est de 100 g/jour et on sélectionne les premiers 40 % des agneaux.

1. Écart-type de 30 g (figure 5.5a) :

Les agneaux sélectionnés devraient présenter une vitesse de croissance moyenne supérieure de 0,97 × 30 = 29 g/jour à la moyenne du troupeau (100 g/jour), 0,97 étant l'intensité de la sélection correspondant à la proportion des agneaux sélectionnés (ici, 40 % – voir la figure 5.4).

La vitesse de croissance moyenne du groupe sélectionné (les premiers 40 %) devrait donc être de 100 + 29 = 129 g/jour.

De la même manière, si l'on choisit de sélectionner les premiers 20 % des agneaux, ce groupe sélectionné présenterait une vitesse de croissance moyenne de 142 g/jour (pour une proportion de 20 %, i = 1,40).

2. Écart-type de 15 g (figure 5.5b)

Les premiers 40 % se développeraient à une vitesse moyenne dépassant de 0,97 × 15 = 14,5 g/jour la vitesse moyenne des animaux du troupeau. Ils verraient donc leur poids progresser en moyenne de 114,5 g/jour. Si l'on ne sélectionne que les premiers 20 % de la population d'agneaux, leur vitesse de croissance moyenne serait de 121 g/jour.

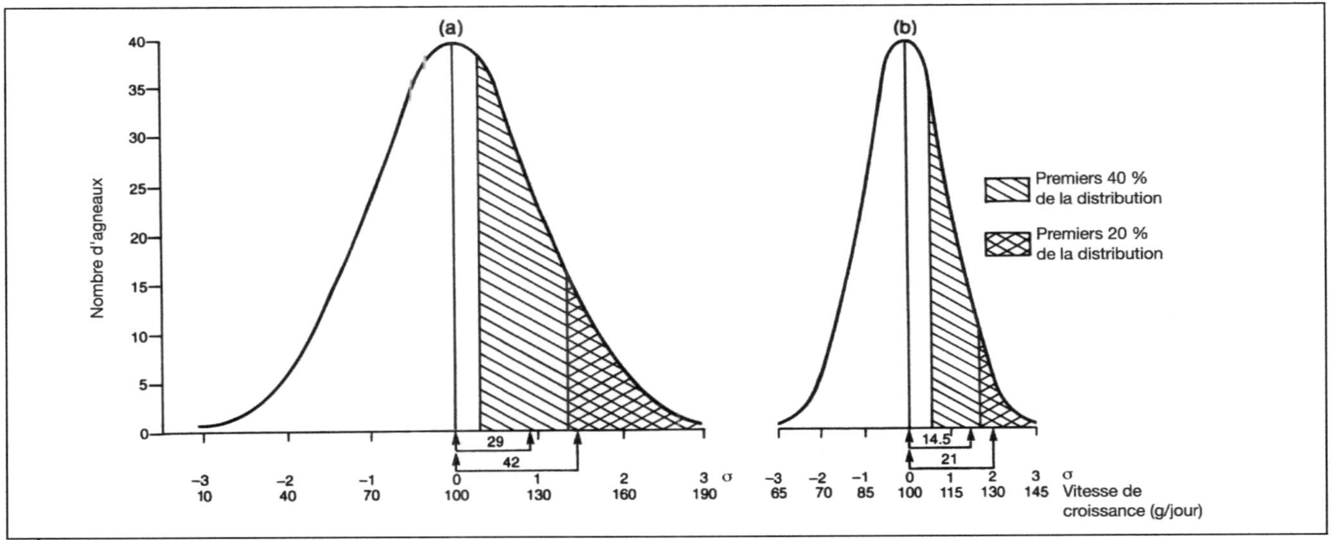

Figure 5.5. Deux distributions caractérisées par une plus ou moins grande variabilité concernant la vitesse de croissance d'agneaux.
(a) écart-type = 30 g/jour, (b) écart-type = 15 g/jour.
La variabilité d'un caractère dans une population influence la différentielle de sélection. Les deux courbes normales ci-dessus représentent la distribution des agneaux en fonction de leur vitesse de croissance, de part et d'autre d'une moyenne identique de 100 g/jour. La population de la courbe (a) a une variabilité élevée pour ce caractère, avec un écart-type de 30 g/jour, tandis que celle correspondant à la courbe (b) est moins variable, avec un écart-type de 15 g/jour.
(1) Si l'on sélectionne les premiers 20 % des agneaux, la vitesse de croissance journalière moyenne des groupes sélectionnés sera de 142 g pour la population (a) et de 121 g pour la population (b), avec des différentielles de sélection de 42 g et 21 g respectivement.
(2) Si l'on sélectionne les premiers 40 % des agneaux, les moyennes des groupes sélectionnés deviennent 129 g pour (a) et 114,5 g pour (b), avec des différentielles de sélection de 29 g et 14,5 g respectivement.

Les progrès génétiques réalisés par sélection

Seule la part d'origine génétique de la supériorité phénotypique des parents sélectionnés est transmise à la progéniture. Il s'ensuit que la réponse attendue à la sélection par génération (R) est le produit de ces deux facteurs :

Réponse attendue à la sélection = Différentielle de sélection × Héritabilité, soit :

$$R = S \times h^2.$$

Comme la différentielle de sélection est elle-même le produit de l'intensité de sélection (i) par la variabilité phénotypique (mesurée ici par l'écart-type phénotypique), la réponse à la sélection peut être notée : Réponse à la sélection = Intensité de sélection × Écart-type phénotypique × Héritabilité, soit :

$$R = i \times \sigma \times h^2.$$

▶ Le progrès génétique

Le progrès (ou gain) génétique annuel est généralement un paramètre beaucoup plus important du point de vue économique que le progrès génétique par génération. Les conséquences génétiques de la sélection ne peuvent se matérialiser qu'au moment où les animaux sélectionnés ont une progéniture, c'est-à-dire lorsque des gènes aux effets médiocres sont remplacés par des gènes dont les effets sont plus intéressants. L'utilisation des mêmes géniteurs pendant plusieurs années présente l'unique avantage supplémentaire de permettre l'accumulation d'une progéniture plus nombreuse issue de parents sélectionnés. En contrepartie, pendant tout ce temps, aucun progrès génétique ne peut être enregistré (les fréquences alléliques n'évoluent pas).

Exemple 5H. Intervalle de génération moyen et progrès génétique annuel.
Le troupeau de l'exemple 5D, dont l'intervalle de génération moyen est de 6 ans, est comparé à un second troupeau dans lequel les vaches font leur premier veau à un âge plus précoce et mettent bas plus régulièrement et dans lequel les taureaux sont utilisés plus jeunes (intervalle de génération de 4 ans).
Après 12 ans :
– il n'y a eu que deux générations dans le premier troupeau (12/6 = 2) ;
– il y a déjà eu trois générations dans le second troupeau (12/4 = 3).
Toutes choses égales par ailleurs, le second troupeau, dont l'intervalle de génération est plus court, sera celui dans lequel les progrès génétiques seront les plus rapides.

Une estimation de la réponse annuelle à la sélection peut être calculée en divisant la réponse à la sélection par génération (R) par l'intervalle de génération moyen l.

$$R_{annuelle} = R/l = (i \times \sigma \times h^2)/l.$$

▶ La séparation des mâles et des femelles dans les calculs

On utilise généralement beaucoup moins de mâles que de femelles pour produire la génération suivante. En outre, les animaux reproducteurs mâles et femelles sont le plus souvent employés à cette fin pour des durées différentes. Il est donc nécessaire de séparer les deux sexes pour estimer le progrès génétique annuel.

Réponse à la sélection = (Différentielle de sélection des mâles S_m + Différentielle de sélection des femelles S_f) / 2 × Héritabilité, soit :

$$R = [(S_m + S_f)/ 2] \times h^2.$$

On remplace les différentielles de sélection (S_m et S_f) par leur expression faisant apparaître l'intensité de sélection (i_m et i_f) et l'écart-type phénotypique du caractère sélectionné, supposé avoir la même valeur pour les mâles et les femelles et l'on obtient :

$$R = [(i_m + i_f)/ 2] \times \sigma \times h^2.$$

On en déduit la réponse annuelle à la sélection, en introduisant la moyenne d'intervalles de génération différents pour les mâles (l_m) et les femelles (l_f) :

$$R_{annuelle} = [(i_m + i_f)/(l_m + l_f)] \times \sigma \times h^2.$$

Exemple 51. Calcul de la réponse annuelle à la sélection.
Supposons que l'objectif est d'améliorer le poids des agneaux à six mois. Le poids moyen est de 20 kg ; $\sigma = 4$ kg et $h^2 = 0,3$ pour ce caractère. Les béliers sont sélectionnés chez les premiers 5 % et les agnelles de renouvellement chez les premiers 50 % du troupeau. L'intervalle de génération entre les béliers et leur progéniture (quel qu'en soit le sexe) est de 2 ans ; il est de 5 ans entre les brebis et leur progéniture.
En remplaçant les termes de l'équation par leur valeur (en extrayant i des tables de référence ou de la figure 5.4, soit i = 2,06 pour une sélection des premiers 5 % et i = 0,8 pour une sélection des premiers 50 %), on obtient :

$$R_{annuelle} = [(i_m + i_f)/(l_m + l_f)] \times \sigma \times h^2$$
$$= [(2,06 + 0,8)/(2 + 5)] \times 4 \times 0,3$$
$$= (2,86/7) \times 4 \times 0,3$$
$$= 0,49 \text{ kg.}$$

Il ressort de ce calcul que le progrès génétique se trouvera juste en deçà de 0,5 kg par an. Si ce rythme était maintenu pendant 10 ans, le poids moyen des agneaux à 6 mois passerait de 20 kg à presque 25 kg.

La valeur génétique (valeur génétique additive)

La valeur génétique estimée (VGE) d'un individu permet de prévoir son intérêt en tant que reproducteur. C'est la régression de la valeur génétique additive de l'animal sur sa performance phénotypique, dans le cas de sélection sur valeurs phénotypiques individuelles. Pour l'exprimer de la manière la plus simple, la valeur génétique correspond à la différence (l'écart) entre la performance de l'individu et la performance moyenne de la population ou du troupeau dans lequel il se trouve, le tout multiplié par l'héritabilité :
VGE = Écart entre la performance de l'individu et la performance moyenne de la population × h^2.

L'écart de la performance individuelle à la performance moyenne de la population est à l'individu ce que la différentielle de sélection, abordée plus haut, est à un groupe d'individus sélectionnés.

L'expression valeur génétique (également valeur génétique additive) s'emploie fréquemment pour les taureaux reproducteurs de races laitières dont le mérite en tant que reproducteurs est évalué sur la base de la productivité laitière de leurs filles. Le principe peut aussi bien s'appliquer à des individus d'un troupeau.

Du fait que le sujet ne transmet que la moitié de ses gènes à sa descendance, il ne transmet, de même, que la moitié de sa valeur génétique additive.

La précision

Il convient maintenant de se pencher sur le degré de confiance qu'il est possible d'accorder à la mesure de la supériorité de la performance d'un individu par rapport à ses contemporains et sur les moyens d'accroître cette confiance.

Le poids d'une vache peut par exemple être estimé en la pesant une seule fois. Si elle est pesée à nouveau, même peu de temps après, il est très possible que le résultat sera légèrement différent, peut-être parce qu'elle aura bu ou mangé dans l'intervalle.

Tout résultat d'une pesée ne constitue qu'une estimation du poids « réel » d'un individu. Le poids « réel » peut être considéré proche de la moyenne des résultats d'un grand nombre de pesées du même animal : les fluctuations aléatoires du poids d'une pesée à la suivante s'annulent alors les unes les autres et perdent leur importance.

Récolter de manière répétitive les données de performance d'un animal permet d'accroître la confiance que l'on peut accorder à la mesure de cette performance. L'effet des erreurs aléatoires, ainsi que des fluctuations saisonnières, par exemple, peut ainsi être réduit – les zootechniciens disent que cela accroît l'exactitude des observations. Le même principe s'applique à la réunion de données provenant de différentes années, par exemple les productions annuelles successives d'agneaux ou de veaux ou la production des lactations successives.

De combien l'exactitude est augmentée par la répétition des mesures dépend de la répétabilité du caractère considéré. La répétabilité décrit à quel point un animal, mesuré à un moment quelconque, donnera le même résultat à chaque fois qu'il sera mesuré tout au long de son existence. En termes statistiques, la répétabilité correspond à la corrélation entre les différentes mesures et varie entre 0 (répétabilité nulle) et 1 (répétabilité complète).

> **Exemple 5J. Répétabilité de divers caractères.**
> 1. La couleur du pelage d'un taurin adulte est peu susceptible de se modifier : un seul examen permet d'avoir la même quantité d'information que des examens multiples (répétabilité = 1).
> 2. Le poids à la naissance des veaux produits successivement par une même vache peut par contre varier considérablement (répétabilité relativement faible de l'ordre de 0,2).
> 3. Dans ce dernier cas, la moyenne du poids des veaux successifs au moment de leur naissance donnera une estimation plus précise, donc plus fiable, des capacités réelles de la mère (concernant ce caractère) par rapport aux autres vaches.

▷ La répétition des mesures

La formule suivante calcule l'augmentation de précision que permet d'obtenir la répétition d'une observation ou d'une mesure :

$$k / [1 + (k - 1) \times t]$$

où k est le nombre de répétitions de la mesure du caractère et t la répétabilité du caractère en question.

Le tableau 5.2 présente l'effet des répétitions d'une mesure sur sa précision pour des caractères dont la répétabilité est forte (0,8), moyenne (0,4) et faible (0,2), par exemple respectivement la qualité de la laine, la production laitière et le poids de la progéniture à la naissance.

Tableau 5.2. Effet de la répétition des mesures sur la précision des données pour trois niveaux de répétabilité, relativement à l'exactitude obtenue à la première mesure.

Nombre de mesures	Répétabilité (t)		
	0,8	0,4	0,2
1	1	1	1
2	1,111	1,429	1,667
3	1,154	1,667	2,143
4	1,176	1,818	2,500
7	1,207	2,059	3,182
10	1,220	2,174	3,571

Les exemples du tableau 5.2 montrent que les première et deuxième répétitions de la mesure permettent d'obtenir un surcroît appréciable d'exactitude, tandis que les gains d'exactitude autorisés par chaque répétition supplémentaire diminuent à chaque répétition successive. Il apparaît par ailleurs que l'intérêt de répéter les mesures est beaucoup plus manifeste pour les caractères à faible répétabilité que pour les caractères dont la répétabilité est élevée.

▶ Le calcul de la valeur génétique estimée

La notion de précision des mesures peut être appliquée au calcul de la valeur génétique. On obtient :

VGE = {h^2 × k/[1+ (k-1)t]} × (Écart de la performance moyenne de l'animal à la moyenne des performances des animaux du troupeau (ou de la population)).

Le produit du facteur de précision (tels que les exemples figurant dans le tableau 5.2) par l'héritabilité, comme dans la formule ci-dessus, permet d'obtenir une valeur parfois appelée coefficient de détermination mesurant la confiance que l'on peut accorder à l'écart de la performance de l'individu à la performance moyenne de la population à laquelle il appartient. La valeur génétique estimée VGE est une estimation de la valeur génétique additive de l'animal pour le caractère sélectionné. Le

coefficient de détermination est le carré de la corrélation entre la valeur génétique additive vraie et celle estimée par VGE.

Si k=1, l'on retrouve
VGE= h^2 × (Écart de la performance de l'animal à la moyenne des performances des animaux de la population à laquelle il appartient). Et le coefficient de détermination est h^2.

Le tableau 5.3 présente les coefficients de détermination calculés pour un caractère dont l'héritabilité est de 0,2.

Tableau 5.3. Coefficients de détermination pour un caractère dont l'héritabilité est de 0,2 et la répétabilité est de 0,4.

Nombre de mesures	Coefficient de détermination
1	0,200
2	0,286
3	0,333
4	0,367
7	0,412
10	0,435

– Si l'on s'était basé uniquement sur la première lactation, la vache A aurait été choisie du fait de son léger avantage sur la vache B et de sa productivité très supérieure à celle de la vache C.
– La lactation 2 permet de voir que la vache B est encore une fois bien au-dessus de la moyenne de ses contemporaines. La vache A n'ayant eu qu'une seule lactation, aucune donnée supplémentaire ne vient confirmer sa supériorité.
– D'après les informations dont l'on dispose après trois lactations, la vache B présente une légère supériorité génétique. La vache C a amélioré sa production laitière au cours des lactations suivantes, mais sans pour autant parvenir à dépasser les scores des deux autres.

▮ Les inconvénients des mesures répétées

L'avantage de disposer de mesures répétées pour augmenter la vraisemblance des résultats a déjà été souligné. Multiplier les mesures présente toutefois l'inconvénient de demander un surcroît de travail pour la collecte des données et surtout celui de différer la sélection effective des animaux de renouvellement – ce qui revient à augmenter l'intervalle de génération. Il est toujours important de préserver un certain équilibre entre la rapidité et la précision de la sélection.

Dans le tableau 5.4, le bon dosage doit être trouvé entre, d'une part, la précision de l'évaluation du mérite génétique concernant la production laitière – approximative lorsque l'on se base uniquement sur la première lactation – et, d'autre part, la durée de l'intervalle de génération – qui s'allonge lorsque l'on choisit de se baser sur plusieurs lactations.

Tableau 5.4. Exemples de valeurs génétiques estimées pour trois vaches (on suppose que $h^2 = 0,2$ et que la répétabilité $= 0,4$).

	Écart à la moyenne (kg)		
	Vache A	Vache B	Vache C
Données			
Lactation 1	+32	+30	-10
Lactation 2		+20	+20
Lactation 3			+32
Calcul des valeurs génétiques estimées			
Somme des écarts successifs	+32	+50	+42
Écart moyen	+32	+25	+14
Coefficient de détermination	0,200	0,286	0,333
VGE (écart moyen × coefficient de détermination)	+6,4	+7,2	+4,7

L'utilisation des animaux apparentés pour assister la sélection sur valeurs phénotypiques individuelles

L'utilisation d'animaux apparentés a déjà été évoquée pour estimer l'héritabilité (chapitre 4). Ces relations de parenté peuvent également servir pour appuyer le processus de sélection génétique.

Les individus apparentés ont des gènes en commun ; chacun peut donc apporter des informations sur la valeur génétique (ou valeur d'élevage) des autres. Si l'on complète l'information dont on dispose sur l'individu visé lui-même (tests de performance) par des informations concernant ses proches parents, l'exactitude de l'évaluation génétique de cet individu en sera accrue (page 106).

Les données récoltées sur les animaux apparentés sont même parfois les seules données disponibles pour estimer la valeur génétique d'un individu.

Exemple 5K. Situations dans lesquelles les individus apparentés sont les seules sources de données.

1. Un taureau ne produit pas de lait, aussi sa valeur génétique quant à la production laitière ne peut-elle être appréciée qu'en se fondant sur les performances de femelles qui lui sont apparentées – notamment, cas le plus fréquent, la production laitière de ses filles (par un contrôle de descendance).

2. L'amélioration de la qualité de la carcasse butait autrefois sur le fait que les données pertinentes ne pouvaient être relevées qu'après la mort de l'individu – après que l'animal ait été ou ait pu être utilisé en reproduction. Il est toutefois possible de recueillir les données de carcasse auprès d'animaux apparentés et de les utiliser pour évaluer de son vivant l'individu visé. Aujourd'hui, les techniques modernes d'imagerie permettent d'obtenir des informations étroitement liées à la qualité de la carcasse de l'individu lui-même et les données des animaux apparentés ne sont plus toujours aussi indispensables.

3. La valeur d'élevage d'un individu jeune peut être estimée à l'avance à partir des données concernant ses parents ou grands-parents (informations généalogiques).

Les trois principaux types de liens de parenté susceptibles d'apporter des informations complémentaires sur le génotype d'un individu sont ses parents, sa progéniture et sa fratrie. Peuvent également y être ajoutés les grands-parents, les cousins, les oncles et tantes, les neveux et nièces, et ainsi de suite.

Les parents

Par tradition, les éleveurs ont souvent fait très attention à la généalogie, c'est-à-dire aux informations disponibles sur les ascendants d'un sujet.

À l'origine, les informations généalogiques ne servaient qu'à certifier l'identification d'un individu pour permettre son inscription dans un herd-book, par exemple. L'intérêt pour les données de performance des ascendants ne s'est développé que par la suite.

Les données de performance des ascendants peuvent apporter des informations utiles au sujet de la valeur génétique potentielle d'un animal. C'est surtout le cas lorsque l'individu visé est trop jeune pour pouvoir être évalué par lui-même. Une estimation du potentiel d'un veau en ce qui concerne la production laitière, par exemple, pourrait s'appuyer sur la production laitière de sa mère jusqu'à ce que la génisse puisse produire à son tour.

Remarque à propos de l'utilisation des informations généalogiques. Un animal hérite :
– la moitié seulement de ses gènes de chacun de ses parents ;
– le quart seulement de ses gènes de chacun de ses grands-parents ;
– et ainsi de suite, en divisant la proportion des gènes par deux à chaque génération antérieure successive.

Les parents ne fournissent jamais autant d'informations sur la valeur d'élevage d'un individu que l'individu lui-même par ses performances. Ses ancêtres lointains en apportent encore moins – du moins en ce qui concerne les caractères de production.

▐ La progéniture

Les individus transmettent la moitié de leurs gènes à leur descendance. Si celle-ci est nombreuse, leur performance moyenne donnera une information précise, voire parfaite, sur le génotype du parent. Dans le cas de caractères à héritabilité faible ou moyenne, une progéniture de 4 ou 5 individus donnera autant d'informations sur la valeur d'élevage de leur parent que la performance de ce parent lui-même. Dans le cas de caractères à héritabilité plus élevée, l'effectif de la progéniture permettant de réunir une information équivalente est d'environ 10 individus.

Les données récoltées sur la progéniture sont particulièrement utiles lorsque les individus ne peuvent pas être évalués eux-mêmes ou lorsque leur valeur d'élevage doit l'être de manière très précise (si l'on se propose de les employer pour des inséminations artificielles à grande échelle, par exemple).

Le contrôle de descendance est en outre particulièrement intéressant pour les caractères dont l'héritabilité est très faible. Une progéniture nombreuse représente autant d'échantillons du génotype de son parent et peut donc donner une bonne image de ce génotype parental.

Le principal inconvénient du contrôle de descendance, outre son coût financier, tient au fait que le parent est souvent déjà relativement âgé lorsque les données concernant sa progéniture commencent à être disponibles. Cette méthode tend ainsi à allonger l'intervalle de génération, ce qui réduit le gain génétique annuel qui pourrait autrement être réalisé.

Une bonne part de l'effort alloué à la mise au point de programmes de sélection efficaces est consacré à la recherche de moyens de limiter ce problème.

◗ La fratrie

Les principes de base sont les mêmes que précédemment : plus un individu a de frères et sœurs, plus ces derniers peuvent collectivement fournir d'informations sur son mérite génétique. Toutefois, même pour les caractères à héritabilité relativement faible, le nombre de pleins-frères ou de pleines-sœurs nécessaire est assez élevé – et le nombre de demi-frères ou de demi-sœurs encore supérieur – pour que les informations réunies soient équivalentes à celles d'un test de performance sur l'individu cible lui-même. Dans le cas de caractères à héritabilité élevée, les informations fournies par la fratrie demeurent en deçà de celles obtenues par les tests de performance. Il reste que les données concernant des pleins-frères ou sœurs ou des demi-frères ou sœurs s'avèrent souvent utiles, en complément à l'information tirée d'un test de performance, pour accroître l'exactitude de la valeur d'élevage estimée.

Il est surtout fait usage des demi-frères et sœurs, et notamment de ceux qui, tout en ayant des mères différentes, ont le même père. Ils présentent l'intérêt de pouvoir être les contemporains de l'individu à évaluer (nés et actifs à peu près au même moment, et élevés dans des conditions semblables). De ce fait, les informations qu'ils fournissent demandent en général moins de corrections pour compenser d'éventuelles différences d'ordre environnemental et, qui plus est, sont disponibles sans qu'il soit nécessaire de trop prolonger l'intervalle de génération.

Exemple 5L. Intérêt des informations concernant les demi-frères et demi-sœurs pour la sélection d'un individu.

Une vache, largement au-dessus de la moyenne de son troupeau, est considérée pour cette raison même comme une mère possible pour un futur taureau de reproduction. Cette vache a un certain nombre de demi-sœurs dans le même troupeau.

1. Si ses demi-sœurs ont également une performance supérieure à la moyenne, l'hypothèse que la vache considérée possède de bons gènes en devient plus vraisemblable.

2. Si les performances de ses demi-sœurs sont, à l'inverse, moyennes ou inférieures à la moyenne, les mérites hypothétiques de la vache en tant que future génitrice d'un taureau seraient remis en question, car sa performance supérieure pourrait découler d'un concours de circonstances ou d'une bonne alimentation plutôt que de la qualité de ses gènes.

Dans le cadre d'un programme de sélection, le mieux est d'estimer le mérite génétique de l'animal visé en réunissant en un indice synthétique unique toutes les informations dont on peut disposer concernant le sujet lui-même et les individus qui lui sont apparentés (chapitre 6).

Le nombre de caractères sélectionnés

▌ Un ou plusieurs caractères

Tout au long du présent chapitre, tout a été jusqu'ici abordé dans le cadre d'une sélection portant sur un seul caractère (ou sur un seul critère). Cette approche n'est pas toujours la plus indiquée. Si les éleveurs sont souvent tentés de « tout » améliorer et finissent parfois de la sorte par ne rien faire progresser, il peut exister des raisons recevables de s'attacher à plusieurs caractères.

> **Exemple 5M. Sélectionner sur plusieurs caractères.**
> 1. Certains animaux de production, tels que les bovins en régions tropicales, sont élevés à des fins multiples (la production laitière, la viande et la force de traction par exemple). Le mérite global dépend alors de l'équilibre de la considération donnée à chacun de ces caractères, même si le programme de sélection donne éventuellement la priorité à un caractère sur les autres.
> 2. Bien des caractères sont de nature composite. Il peut être important de prendre en considération plusieurs des caractères élémentaires constitutifs.
> 3. Beaucoup de caractères sont corrélés, de sorte qu'un changement imprimé à l'un d'entre eux entraîne des modifications chez les autres.

▌ Les implications du nombre de caractères sélectionnés

Il existe une règle générale selon laquelle plus les caractères pris en compte dans la sélection sont nombreux, moins il est possible de réaliser de progrès dans chacun d'entre eux.

Les répercussions du nombre de caractères sélectionnés (tous étant non corrélés génétiquement et considérés d'égale importance) sur le processus de sélection de chacun d'entre eux sont présentées au tableau 5.5.

– Au fur et à mesure que le nombre de caractères sélectionnés augmente, l'intensité de la sélection pour chaque caractère diminue considérablement.
– Si le seul caractère sélectionné est le poids à six mois, d'écart-type = 4 kg (comme dans l'exemple 5I), les cinq animaux dont on a besoin peuvent être choisis parmi les animaux d'élite pesant en moyenne 8,3 kg de plus que la moyenne de leur contemporains (intensité de la sélection × écart-type = 2,063 × 4).

Tableau 5.5. Proportion minimale d'une population de 100 dans laquelle il faudrait sélectionner les 5 meilleurs éléments compte tenu de tous les caractères sélectionnés (les caractères sélectionnés sont tous accordés la même importance et ne sont pas génétiquement liés entre eux).

Nombre de de caractères sélectionnés	% de la population nécessaire pour chaque caractère*	Sélection d'un individu sur environ :	Intensité de la sélection par caractère (en écarts-types)
1	5	20	2,063
2	22	5	1,346
3	37	3	1,020
4	47	2	0,846
5	55	<2	0,720

*Pourcentage de la population qui est nécessaire pour la sélection de chacun de n caractères = $100 \, x^{1/n}$, avec x la proportion d'animaux de renouvellement recherchés (ici, x = 0,05).

– Si on décide de sélectionner également sur 4 autres caractères, la sélection des animaux sur le critère du poids à six mois serait nécessairement limitée aux individus dont la moyenne n'est que de 2,9 kg supérieure à celle de leurs contemporains. Cela revient à sélectionner un animal sur moins de deux au lieu d'un animal sur vingt.

Il est essentiel de n'inclure dans le processus de sélection que des caractères de toute première importance pour la performance de l'animal. Tenir compte des caractères d'intérêt secondaire, voire des « critères de fantaisie », à l'égal des autres ne réussit qu'à diluer l'efficacité de la sélection pour les critères vraiment fondamentaux.

Cependant, il s'avère souvent nécessaire, dans la pratique, de prendre en considération plusieurs caractères simultanément. En effet, l'objectif principal de l'amélioration des animaux domestiques consiste à augmenter l'efficacité, et donc la rentabilité, de leur production – rentabilité à laquelle contribuent généralement plusieurs caractères. La manière de combiner les caractères pour conduire la sélection peut avoir un impact puissant sur le rythme global des progrès génétiques (chapitre 6).

▷ Les caractères corrélés

De nombreux caractères de production sont liés les uns aux autres. Lorsque l'on intervient sur l'un d'entre eux, d'autres sont susceptibles d'évoluer en conséquence, en bien ou en mal, même s'ils ne sont en aucune façon pris en considération dans le processus de sélection. On parle alors de caractères corrélés.

Une corrélation de ce type peut provenir, éventuellement seulement en partie, de changements touchant à l'environnement. Ainsi des animaux qui sont mieux nourris que les autres donnent-ils plus de lait et se développent-ils mieux, car la productivité laitière et la taille corporelle s'accroissent ou diminuent de concert – on dit que ces deux caractères sont corrélés positivement. Toutefois, l'augmentation de la productivité laitière va souvent de pair avec un recul de la qualité du lait (une baisse de sa teneur en matière grasse et en protéines) si rien n'est fait pour pallier cet inconvénient. La productivité laitière et la qualité du lait sont corrélées négativement, car l'accroissement de l'un se traduit par une diminution de l'autre (comme dans l'exemple 2B).

De telles corrélations entre caractères peuvent également avoir leur origine (éventuellement seulement en partie) dans l'existence de certains gènes dont l'influence s'étend sur plusieurs caractères, parfois en contrôlant un processus sous-jacent qui leur est commun : une hormone, par exemple, elle-même déterminée par plusieurs gènes, qui agit sur une série de caractères. Dans un exemple plus concret, les animaux qui jouissent d'un meilleur taux de conversion alimentaire sont susceptibles de présenter de meilleures performances sur plusieurs plans : se développant mieux, donnant plus de lait ou bénéficiant d'une meilleure santé, par exemple.
– On appelle corrélations génétiques les corrélations qui ont une origine génétique.
– On appelle corrélations environnementales celles qui ont une origine environnementale.
– Les corrélations totales, quelles qu'en soit la cause, sont appelées corrélations phénotypiques.

Dans le cadre d'un programme de sélection, les corrélations entre différents caractères doivent être prises en compte, que l'on souhaite ou non agir sur les caractères corrélés au caractère principal. L'objectif est parfois d'améliorer ensemble le caractère principal ainsi que ceux qui y sont corrélés, mais l'on cherche souvent, au contraire, à intervenir sur le premier sans que les autres n'évoluent. Par exemple, il peut être souhaitable d'augmenter la productivité laitière sans pour autant que la taille des animaux ne s'accroisse, car cela induirait une hausse encore plus importante des besoins alimentaires. De telles considérations ne sont pas sans importance pour le choix des modalités de sélection (chapitre 6).

▶ La sélection indirecte

Il est parfois judicieux de faire porter la sélection sur un caractère corrélé (sélection indirecte) plutôt que sur le caractère visé lui-même. Cette approche est intéressante lorsque le caractère corrélé peut être observé à un stade plus précoce du développement de l'animal ou que le caractère de production indirectement visé est difficile à évaluer.

Exemple 5N. Sélection indirecte par l'intermédiaire de caractères corrélés.

1. Si l'on souhaite des animaux de plus grande taille – pour en tirer une plus grande force de travail par exemple – il serait commode de ne pas avoir à attendre que les animaux aient terminé leur croissance pour les sélectionner. Le poids à un an ou à deux ans peut alors être considéré comme un caractère corrélé à la taille adulte et présente l'avantage de permettre une sélection bien plus précoce des individus.

2. La qualité de la carcasse et la proportion de viande maigre de celle-ci ne peuvent être évaluées précisément sans abattre l'individu. Toutefois, les techniques d'imagerie ultrasonore (voir la figure 10.2) sont en mesure de donner des informations corrélées avec ces caractères, et qui plus est à un âge plus précoce.

3. La taille de la portée ne peut être constatée qu'à l'occasion de chaque mise bas, c'est-à-dire relativement tardivement dans l'existence de l'animal. Toutefois, le taux d'ovulation, qui fixe la limite supérieure de la taille de la portée et qui lui est corrélé, peut être mesuré plus tôt et de manière répétée – donc avec plus d'exactitude – du moment que l'on dispose du matériel et du savoir faire nécessaires.

4. La production de la première lactation est un critère employé presque universellement pour évaluer le mérite d'une vache sur le plan de sa productivité laitière, et ce, même si le véritable objectif de l'amélioration génétique est généralement la production obtenue sur toute la durée de la vie utile de la vache laitière.

Lorsque le critère de sélection est un caractère élémentaire d'un caractère de production composite, il s'agit encore d'une forme de sélection indirecte du caractère de production – une sélection par l'intermédiaire d'un caractère corrélé.

Pour que la sélection indirecte soit plus efficace que la sélection directe, la condition suivante doit être vérifiée :

$$r_A h_y > h_x$$

où
– r_A est la corrélation génétique entre les deux caractères ;

– h_y est la racine carrée de l'héritabilité du caractère y (le caractère secondaire) ;

– h_x est la racine carrée de l'héritabilité du caractère x (le caractère principal).

Ces conditions ne peuvent être vérifiées que lorsque l'héritabilité du caractère secondaire (h_y^2) et la corrélation génétique entre ce caractère secondaire et le caractère principal (r_A) sont toutes deux fortes. Le bénéfice qu'apporterait un éventuel raccourcissement de l'intervalle de génération n'est toutefois pas pris en compte dans ce calcul.

Le recours aux caractères corrélés en sélection animale présente un autre intérêt. Certains caractères, tels que la productivité en lait ou en œufs, ou encore la taille des portées, ne s'expriment que chez les femelles – et pourtant les gènes qui les déterminent sont également portés par les mâles, chez qui ils ne s'expriment pas. Plusieurs équipes de recherche dans le monde s'efforcent de trouver chez le mâle des critères (par exemple des concentrations ou des pics d'hormones particulières) qui pourraient être corrélés avec la performance des femelles. Ces caractères corrélés pourraient être utilisés pour sélectionner les mâles et stimuler ainsi les progrès génétiques de la sélection des caractères de production des femelles.

Les effets de la sélection sur la consanguinité et la variabilité

La sélection repose sur le choix de certains animaux d'une population, à l'exclusion des autres, pour en faire les parents de la génération suivante. Elle induit une évolution des performances en modifiant les fréquences alléliques, c'est-à-dire en choisissant certains allèles en préférence à d'autres.

Ce processus a au moins une conséquence pour les générations futures, celle d'accroître la probabilité pour que des animaux apparentés (même seulement de manière très distante) soient accouplés. Pour cette raison, et également du fait que les fréquences alléliques sont modifiées, une part de l'hétérozygotie présente à l'origine dans la population finit par être perdue : sur les loci où se trouvaient au début deux allèles différents, la probabilité devient de plus en plus forte de ne plus trouver qu'un seul allèle à l'état homozygote.

Ce phénomène est désigné sous le terme de consanguinité (chapitre 9). La consanguinité se traduit notamment par une baisse de la

performance, appelée dépression de consanguinité. Plus l'intensité de la sélection est forte, plus la consanguinité qui en découle est importante. La dépression de consanguinité peut être très légère ou au contraire beaucoup plus grave en fonction d'un certain nombre de facteurs. Il s'ensuit que ce phénomène est susceptible de réduire les bénéfices de l'amélioration des performances par la sélection. Les procédures de sélection peuvent néanmoins être modulées pour freiner la progression de la consanguinité.

La sélection a une autre conséquence qui n'est pas sans rapport avec la première : la perte d'une partie de la variabilité génétique qui était présente à l'origine. Cette réduction de la variabilité qui résulte de la sélection n'a pas été, dans le passé, un sujet majeur de préoccupation en ce qui concerne les caractères quantitatifs. Toutefois, avec la multiplication des possibilités de sélection de plus en plus puissante, assistée par les nouvelles technologies, ce problème doit être pris en considération pour éviter que les modifications génétiques réalisées à l'heure actuelle ne compromettent les possibilités d'améliorations génétiques futures. Ces dernières doivent être préservées dans la mesure où le contexte des activités d'élevage est toujours susceptible de changer.

Toutefois, dans la grande majorité des cas, l'éventualité de tels effets secondaires ne peut justifier que l'on s'abstienne de toute sélection améliatrice. Il ne s'agit là que de complications possibles auxquelles il convient de prêter attention au moment où sont déterminés les objectifs de sélection et les procédures précises à employer pour y parvenir.

Conclusion

La sélection fait évoluer les performances des animaux domestiques (quelques exemples illustrant le rythme de ces progrès génétiques seront traités au chapitre 6). Pour tout caractère génétiquement transmissible, ces changements sont d'autant plus importants que la sélection est intense, et d'autant plus rapides que les générations sont rapprochées dans le temps. Le processus présente cependant deux effets secondaires potentiels sérieux, qui sont la dépression de consanguinité et la perte de variabilité.

6. Sélection II : méthodes, schémas et rythme des progrès génétiques

Trois questions doivent encore être prises en considération pour pouvoir mettre à exécution un programme de sélection : le type d'information sur lequel s'appuyer, le nombre de caractères à sélectionner et la procédure précise de la sélection elle-même.

Les méthodes

▮ L'information sur le sujet et sa famille

Dans le cas de populations d'effectif important, un grand troupeau par exemple, les animaux appartiennent en général à plusieurs familles différentes. Par exemple :
– des familles de demi-frères ou demi-sœurs, chacune d'elles regroupant, le plus souvent, la descendance de différentes mères et d'un même père ;
– des familles de pleins frères et pleines sœurs, chacune composée de sujets ayant les mêmes deux parents (ainsi, les porcelets d'une portée ordinaire).

Il n'existe que trois manières fondamentales – qui peuvent éventuellement être combinées entre elles – de sélectionner des animaux :
– la sélection individuelle, en se basant sur la performance propre du sujet sans tenir compte de celles des animaux qui lui sont apparentés (également appelée sélection massale) ;
– la sélection familiale, en choisissant les familles qui s'avèrent les meilleures de manière générale et en rejetant les autres (également appelée sélection interfamiliale) ;
– la sélection intrafamiliale, en choisissant les meilleurs individus de chaque famille.

La figure 6.1 explique le fonctionnement de ces trois méthodes de base dans le cas d'une population fictive de 36 animaux regroupant 6 familles de 6 individus chacune.

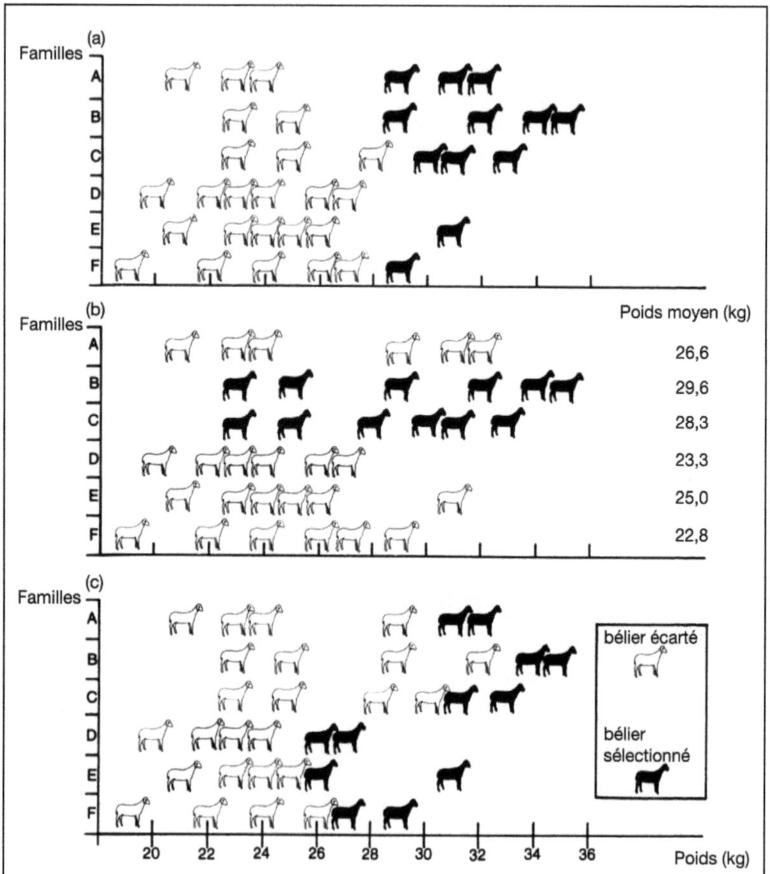

Figure 6.1.
Les différentes méthodes de sélection. Sélection de 12 béliers parmi 6 familles
(ou troupeaux) de 6 béliers sur la base du poids à un an : a) sélection individuelle,
b) sélection interfamiliale, c) sélection intrafamiliale.
a) Sélection individuelle : les 12 meilleurs sujets sont choisis sans tenir compte
de leur appartenance familiale (ou de leur troupeau d'origine).
b) Sélection interfamiliale (ou familiale) : sont choisis l'ensemble des 6 béliers
de chacune des 2 meilleures familles.
c) Sélection intrafamiliale : sont choisis les 2 meilleurs sujets de chaque famille.

La sélection individuelle

La méthode la plus simple consiste à choisir les animaux sur la base
de leur propre performance. La comparaison des individus sur la base
de leurs propres performances est aussi appelée test des performances
(ou *performance test*).

Dans la plupart des cas, la sélection individuelle – en dehors de toute considération familiale – est la meilleure procédure car elle prend en compte toute la variabilité génétique additive présente dans la population.

Il reste que l'information concernant la performance d'un individu peut souvent être avantageusement complétée par des données concernant des animaux qui lui sont apparentés – ascendance (ses parents), fratrie (frères, sœurs, demi-frères et demi-sœurs) ou descendance. Cela permet d'introduire une certaine proportion de sélection familiale.

La sélection interfamiliale

La sélection s'opère sur la base de la performance moyenne de la famille sans tenir compte individuellement des sujets qui la composent. Les familles sont soit sélectionnées, soit rejetées en bloc. Cette méthode est préférable à la précédente lorsque :

1. l'héritabilité du caractère sélectionné est faible ;

2. la ressemblance observée entre les membres d'une même famille du fait d'un environnement commun est peu marquée ;

3. l'effectif de la famille est important.

Lorsque ces conditions sont réunies, la valeur moyenne observée pour la famille peut se révéler proche de la moyenne génotypique – d'autant plus proche que la famille comporte un grand nombre d'individus.

Cependant, la sélection familiale est peu efficace lorsque des facteurs environnementaux communs rendent tous les membres d'une même famille très semblables les uns aux autres. D'éventuelles différences entre les familles pourraient alors relever de causes environnementales – sans intérêt pour la sélection, pour laquelle seules les différences d'origine génétique ont une importance.

Ainsi les porcelets d'une même portée, lorsqu'ils sont très jeunes, se ressemblent du fait qu'ils partagent le même environnement maternel : cette ressemblance est susceptible de masquer celles qui pourraient exister entre eux du fait des gènes qu'ils ont également en commun.

Sélectionner des familles entières tend à réduire le nombre des familles qui sont représentées parmi les parents de la génération suivante. Pour une intensité de sélection donnée, quelle qu'elle soit, cette méthode accroît donc plus le taux de consanguinité (chapitre 9) que la sélection individuelle.

Le contrôle de la descendance et le contrôle des collatéraux sont deux formes particulières de sélection familiale. Comme il a été souligné p. 93-94, ces méthodes s'avèrent très utiles lorsque le caractère sélectionné ne peut être évalué directement sur l'individu lui-même.

Le contrôle de la descendance ainsi que les informations concernant les collatéraux et les autres sujets apparentés tels que les parents complètent les données disponibles sur le sujet lui-même et accroissent par conséquent la précision avec laquelle sa valeur génétique additive peut être estimée, ce qui est particulièrement intéressant lorsque l'héritabilité du caractère visé est faible.

Chaque descendant étant porteur de la moitié des gènes de son parent, une progéniture nombreuse permet d'estimer avec exactitude la valeur génétique du géniteur – au prix toutefois d'un allongement de l'intervalle de génération (exemple 5H). Il en va de même pour les pleins frères et sœurs ou les demi-frères et sœurs, à ceci près que les performances de ces derniers peuvent être connues avant celles de la descendance.

En matière de sélection des individus, les observations concernant les animaux apparentés doivent être pondérées en fonction du lien de parenté. Plus un animal est étroitement apparenté au sujet à évaluer, plus les informations le concernant ont du poids. En effet, des animaux proches parents ont plus de gènes en commun que des animaux dont la parenté est plus éloignée. Ainsi, tout animal porte la moitié des gènes de chacun de ses parents tandis que deux demi-frères ne partagent qu'un quart de leurs gènes.

L'information concernant les individus apparentés est de préférence incorporée à un indice (ou index) de sélection (voir page 109) qui estime la valeur génétique du sujet et qui permet ensuite de classer l'ensemble des animaux ainsi évalués. L'indice ou index de sélection est un estimateur de la valeur génétique de l'animal pour un ou pour plusieurs caractères.

La sélection intrafamiliale

La sélection intrafamiliale consiste à sélectionner les meilleurs individus de chaque famille. Cette méthode conserve au moins un représentant de chaque famille pour la génération suivante. Elle est particulièrement utile lorsque les variations observées entre les familles sont essentiellement dues à des différences environnementales (généralement de conduite d'élevage). Dans ce cas, les probabilités pourraient être plus élevées de relever des différences génétiques au sein même de chaque ensemble familial – par exemple entre des frères et sœurs.

Exemple 6A. Sélection intrafamiliale.
On sélectionne la croissance précoce du porcelet avant sevrage.
– Chaque porcelet partage avec les autres de sa portée l'environnement maternel que dispense sa mère, ce qui constitue un facteur de ressemblance supplémentaire des porcelets entre eux.
– Les différences de taux de croissance observées d'une portée à l'autre pourraient, pour la même raison, refléter plus les qualités maternelles des truies que les prédispositions génétiques des porcelets.
– Sélectionner les porcelets individuellement sur la base de leur performance de croissance sans tenir compte de leur appartenance familiale tendrait à favoriser les porcelets des portées qui ont bénéficié d'un environnement maternel particulièrement favorable.
– Dans un tel contexte, sélectionner le meilleur porcelet de chaque portée permet au moins de tirer parti de toute différence génétique, quant à la croissance précoce, qui pourrait exister au sein des portées.

Le fait de conserver au moins un membre de chaque famille pour l'avenir est en outre un moyen d'atténuer les problèmes liés à la consanguinité (chapitre 9).

▶ La sélection de plusieurs caractères

L'objectif de la sélection, dans la pratique, devrait être d'améliorer le rendement et la rentabilité d'une exploitation agricole. Il peut de ce fait s'avérer nécessaire d'améliorer plus d'un caractère. Toutefois, plus le nombre de caractères sélectionnés est grand, moins il est possible de faire progresser chacun d'entre eux (tableau 5.4). Il reste que beaucoup de caractères sont corrélés, des changements apportés chez l'un d'entre eux étant susceptibles d'entraîner des modifications chez d'autres (page 97) – modifications corrélées qui peuvent ou non être souhaitables selon le sens et la force de la corrélation.

Tous les caractères n'ont cependant pas la même importance dans la perspective de l'objectif global d'amélioration. Non seulement ils diffèrent quant à leur valeur économique pour le rendement de l'animal ou la rentabilité de l'exploitation, mais encore ils ne se transmettent pas tous aussi facilement les uns que les autres (différences d'héritabilité). Il s'ensuit que, à intensité de sélection égale, certains caractères évoluent plus rapidement que d'autres. Enfin, la grandeur de la corrélation génétique entre ces caractères doit être prise en compte dans les décisions concernant la procédure de sélection à adopter.

Il existe trois moyens de combiner plusieurs caractères dans un programme de sélection :

1. Sélection en tandem : le premier caractère est amélioré jusqu'au niveau souhaité, puis le deuxième, et tous les autres de même successivement.

2. Sélection par niveaux indépendants : un certain niveau de performance est fixé séparément pour chaque caractère ; les animaux dont la performance s'avère inférieure au seuil, ne serait-ce que pour un seul de ces caractères, sont écartés.

3. Sélection par indice (ou index) : un indice de performance globale – souvent de mérite économique – est mis au point en combinant les divers caractères et sert de critère de sélection. Cette méthode correspond souvent mieux aux attentes réelles des éleveurs.

Avec la sélection par indice, les faiblesses éventuellement constatées dans un caractère peuvent être compensées par de très bonnes performances dans d'autres caractères – une option qui n'existe pas dans le cas de la sélection par niveaux indépendants.

La sélection en tandem

La sélection en tandem, bien qu'étant à long terme la méthode la moins performante, est très souvent utilisée dans la pratique. Les éleveurs peuvent par exemple souhaiter améliorer la conformation de leurs agneaux puis, une fois qu'ils ont obtenu satisfaction dans ce domaine, considérer que le taux de croissance nécessiterait également une amélioration.

Il est presque toujours préférable de commencer par prendre le soin de bien fixer les objectifs et, si plus d'un seul caractère doivent absolument être améliorés, de sélectionner ces différents caractères simultanément.

La sélection par niveaux indépendants

Combiner divers caractères en fixant pour chacun un seuil de réforme particulier devrait avoir pour objectif d'augmenter le bénéfice dégagé par la performance dans sa globalité. Pour la sélection par niveaux indépendants, l'importance relative de chaque caractère doit être calculée en tenant compte de leurs héritabilités, des liens qui existent éventuellement entre eux et de leurs valeurs économiques (voir sélection par indice page 109). Cet exercice se révèle souvent relativement complexe. Une fois déterminés, cependant, les seuils de réforme peuvent simplement être appliqués à chaque sujet en fonction de ses performances.

Les éleveurs ont la possibilité de fixer leurs propres seuils – c'est-à-dire, pour chaque caractère, le niveau au-dessous duquel ils ne souhaitent pas voir tomber leurs animaux – mais cette manière de procéder a tout compte fait peu de chances de produire les meilleurs résultats dans l'ensemble.

Bien qu'en théorie la sélection par niveaux indépendants ne soit pas aussi efficace que la combinaison des caractères au sein d'un indice, certaines situations se prêtent bien à cette approche. C'est notamment le cas lorsque le nombre de caractères est limité à deux ou trois et que ces caractères sont déjà normalement associés à des seuils de réforme appliqués successivement à différentes étapes de l'existence des animaux. Par ailleurs, lorsque la population sur laquelle opère la sélection est très importante, il arrive simplement qu'il soit financièrement trop lourd de conserver la totalité du cheptel jusqu'à ce que les performances correspondant aux autres critères de sélection puissent s'exprimer.

Exemple 6B. Sélection par niveaux indépendants de caractères s'exprimant à des âges différents.
Supposons que l'on veuille améliorer de concert le taux de croissance et la production laitière ou tout autre aspect de la performance maternelle.
Les informations concernant le taux de croissance d'un sujet sont disponibles avant celles concernant tout caractère lié à la maternité, y compris la production laitière.
Il s'ensuit que la sélection opérée sur la base du taux de croissance peut être appliquée – en réformant les sujets dont la performance est inférieure à un certain seuil – avant que l'on soit en mesure d'apprécier les qualités maternelles ou la production laitière des animaux.

La sélection par indice (ou par index) sur plusieurs caractères

Plus la sélection concerne un nombre important de caractères, plus la méthode de sélection par indice sur plusieurs caractères gagne en puissance par rapport à la sélection par niveaux indépendants.

Pour que l'efficacité de l'indice soit maximale, il est nécessaire de connaître l'héritabilité de chaque caractère impliqué ainsi que les corrélations génétiques qui existent entre eux. Toutefois, comme ces dernières sont rarement chiffrées avec précision et que leur calcul est complexe, il arrive que l'on doive se satisfaire de simples estimations.

La constitution d'un indice requiert en outre que la valeur économique de chaque caractère soit connue ou tout du moins estimée (il en est de même pour la sélection par niveaux indépendants). Il s'agit de la valeur économique unitaire relative de chaque caractère. Celle-ci est souvent difficile à chiffrer, surtout lorsque les produits ne sont pas tous commercialisés. L'exercice exige donc parfois de poser un certain nombre de postulats quant à la valeur économique du progrès génétique de chaque caractère.

L'objectif est d'attribuer à chaque caractère utilisé dans le calcul de l'indice le coefficient de pondération (reflétant son importance relative) pour lequel la rentabilité de l'amélioration génétique sera maximale. L'indice de sélection sur plusieurs caractères est une estimation d'une valeur génétique additive globale du candidat à la sélection qui est une combinaison linéaire des valeurs génétiques des caractères à améliorer. Par conséquent, en l'absence de solides ressources informatiques et statistiques, une sélection par indice associant un grand nombre de caractères ne donne pas toujours les résultats espérés. Il reste qu'un indice simple combinant deux ou trois caractères seulement, d'emploi relativement aisé, suffit parfois parfaitement aux besoins.

Comparaison de la sélection par niveaux indépendants et de la sélection par indice

Pour les besoins de cet exercice (figure 6.2 et exemple 6C), la même importance a été attribuée aux deux caractères choisis – le poids au vêlage et la production laitière à la première lactation. En l'absence de données issues de régions tropicales, l'exemple 6C s'appuie sur les données relatives à un troupeau écossais de vaches Holstein (pour lequel, dans la réalité, la procédure de sélection effectivement suivie est différente), ce qui n'affecte en rien le principe de l'exercice.

Exemple 6C. Sélection par indice et sélection par niveaux indépendants.
On se reportera ici à la figure 6.2. On suppose que 50 % des femelles – les meilleures – doivent être conservées à des fins de reproduction, le restant pouvant être mis à la réforme. Dans ce troupeau, on peut considérer que les deux caractères sélectionnés sont non corrélés.
Dans le cadre d'une sélection par niveaux indépendants, on conserve les premiers 70 % des vaches pour chacun des caractères pris indépendamment. Les derniers 30 % sont mis à la réforme : dans la figure 6.2, toutes les femelles à gauche du trait vertical, c'est-à-dire pesant moins de 500 kg, sont écartées pour cause de poids insuffisant, et toutes les femelles en dessous du trait horizontal, c'est-à-dire produisant moins de 5 400 litres, sont écartées pour productivité insuffisante.
Il s'ensuit que les sujets qui sont sélectionnés pour la reproduction (50 % du troupeau initial) sont ceux dont le poids égale ou dépasse 500 kg et dont la production laitière est supérieure ou égale à 5 400 litres (le quartier en haut à droite de la figure 6.2).

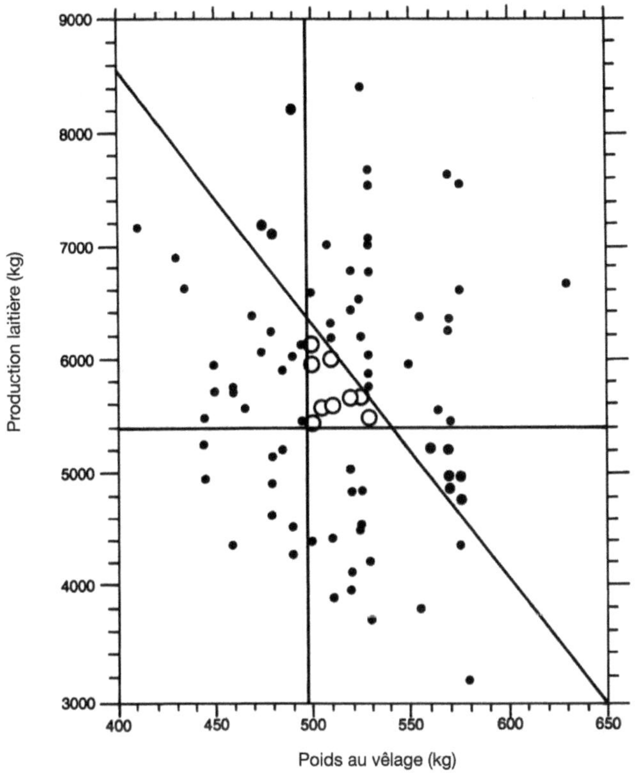

Figure 6.2.
Comparaison de la sélection par indice et de la sélection par niveaux indépendants.
Les caractères sélectionnés sont la production de la première lactation et le poids
au premier vêlage dans un troupeau de vaches Holstein (Frisonnes) d'élite. Les deux
caractères considérés ne sont pas corrélés. L'objectif est de conserver les meilleurs 50 %
des sujets en combinant les valeurs phénotypiques de ces deux caractères – pour
les besoins de l'exemple uniquement.
Dans le cadre d'une sélection par niveaux indépendants, la ligne verticale matérialise
le seuil de réforme pour ce qui est du poids et la ligne horizontale le seuil de réforme
concernant la production laitière. Aucun animal n'est retenu s'il se situe en deçà de
l'un ou l'autre de ces seuils.
La ligne oblique correspond au seuil de réforme défini par l'indice de sélection lorsque
les deux caractères ont la même importance. Noter que cette méthode permet de conserver
trois sujets dont la performance laitière est excellente bien qu'ils se situent en dessous
du seuil de réforme fixé par l'autre méthode pour le poids au vêlage (en haut à gauche).
De même, six sujets dont le poids au vêlage est élevé sont conservés qui auraient, par
sélection par niveaux indépendants, été réformés pour production laitière insuffisante
(en bas à droite).
Il reste que la sélection par indice met à la réforme neuf sujets qui ne sont exceptionnels
ni sur le plan de la production laitière ni sur celui du poids au vêlage, bien qu'ils se
situent au-dessus des seuils de réforme employés par l'autre méthode (triangle central).

Dans le cas d'une sélection par indice, les femelles sélectionnées sont celles situées au-dessus du trait oblique de la figure 6.2. Dans cet exemple, la procédure est simplifiée dans la mesure où le même poids est accordé aux deux caractères non corrélés. Dans bien des cas, toutefois, ces deux caractères ne seraient pas considérés d'égale importance. Certains aspects génétiques, ou les conditions d'élevage, sont susceptibles de faire donner une prééminence à la production laitière par rapport au poids ou inversement. Le principe de base demeure néanmoins valable.

Le rôle de l'informatique dans les programmes de sélection

Les objectifs des pratiques modernes de sélection animale sont les suivants :
– employer au mieux l'ensemble des ressources disponibles ;
– maximiser les bénéfices tirés de toute évolution.

Selon toute évidence, les procédures de sélection les plus efficaces ne pourront être appliquées sans support informatique. Investir dans des ordinateurs et dans les logiciels permettant d'utiliser les méthodes statistiques appropriées a toutes les chances de se révéler judicieux sur le plan économique, au moins dans les opérations à grande échelle.

Pour des informations détaillées sur les bases génétiques des méthodes de sélection sur un ou plusieurs caractères, le lecteur pourra consulter les ouvrages de F. Minvielle (1990) et L. Ollivier (2002).

Les conditions environnementales de la sélection

Chaque fois que possible, la sélection des animaux de reproduction devrait se dérouler dans un environnement similaire à celui dans lequel la descendance de ces animaux sera amenée à produire. Si les circonstances ne s'y prêtent pas, la meilleure alternative consiste à conduire la sélection dans un environnement plus difficile que celui que connaîtront plus tard les animaux ou leur descendance (exemple 6D).

Bien que cette ligne d'action soit celle à privilégier, elle n'est pas toujours aisée à mettre en pratique dans la mesure où les conditions habituelles rencontrées dans les pays tropicaux sont d'emblée difficiles pour les animaux. Si l'on recrée des conditions encore plus adverses pour les besoins de la sélection, les animaux pourraient ne pas avoir une progéniture suffisamment nombreuse assez tôt au cours de leur existence pour permettre un processus de sélection efficace. Dans certains cas, cependant, il est intéressant d'envisager de mener la sélection dans les conditions environnementales les plus difficiles tout en tenant compte de la baisse du taux de reproduction qui pourrait en résulter. Par exemple, bien que les éleveurs distribuent souvent un complément alimentaire lorsque l'approvisionnement fourrager est incertain, il peut en fait s'avérer avantageux de sélectionner les animaux dans les conditions d'une alimentation naturelle non complémentée.

Cette approche s'inscrit à l'exact opposé de la croyance largement répandue selon laquelle les animaux, pour être sélectionnés, doivent être amenés à exprimer au mieux leur potentiel génétique – par exemple en les poussant à produire le plus possible en leur fournissant une nourriture abondante. En réalité, les améliorations génétiques réalisées en sélectionnant dans des conditions privilégiées sont susceptibles de ne pas s'exprimer dans les conditions normales des élevages commerciaux, dans l'environnement le plus courant, moins favorable. Ainsi :

– Sélectionner une productivité laitière élevée dans des conditions optimales d'alimentation, de suivi sanitaire et de conduite se traduira très probablement par un accroissement de la productivité, mais les animaux ainsi sélectionnés peuvent ne pas exprimer cette supériorité génétique s'ils doivent produire dans un environnement moins favorable.

– Une situation analogue est observée dans le cas des animaux de races exotiques importés en zone tropicale, dont les performances s'avèrent souvent décevantes. Créées dans d'excellentes conditions, ces races se révèlent de peu d'intérêt dans l'environnement plus difficile des petites exploitations tropicales.

Des expériences ont par ailleurs montré qu'en sélectionnant ce qui semblait, à première vue, être le même caractère, des résultats différents avaient été obtenus en fonction du type d'environnement dans lequel la sélection avait été conduite.

Exemple 6D. Sélection et conditions environnementales.
En Australie, un programme de sélection visant à obtenir une croissance plus rapide, mené dans des conditions d'alimentation intensive, s'est traduit par une augmentation de l'appétit des animaux : ils mangeaient plus et se développaient plus rapidement.
Le même programme de sélection appliqué dans des conditions plus sobres a permis de réduire les besoins alimentaires d'entretien des animaux. La part de l'apport alimentaire qui n'était plus allouée au maintien des fonctions vitales pouvait ainsi, devenue disponible, être consacrée à une croissance plus rapide.
Cette seconde approche serait celle à privilégier pour obtenir une vitesse de croissance plus élevée lorsque les apports alimentaires sont susceptibles d'être limités.

D'autres expériences telles que celles de l'exemple 6D seront nécessaires avant que l'on puisse être absolument certain de la meilleure formule à appliquer dans chaque cas. Toutefois, cet exemple montre bien que les conditions environnementales dans lesquelles la sélection est conduite sont à même de peser lourdement sur les résultats.

Choisir l'environnement approprié pour le processus de sélection est un moyen d'éviter les problèmes posés par l'interaction génotype × environnement (G × E). En effet, dans le contexte qui nous intéresse, la différence de performance observée entre deux (ou plus) lignées sélectionnées varie en fonction des milieux dans lesquels ces lignées sont comparées. Le décalage constaté est parfois sans importance, mais peut devenir lourd de conséquences lorsqu'il est très marqué ou lorsqu'il se traduit par une permutation du classement des lignées sélectionnées (comme dans le cas des croisements de la figure 1.1).

Sélectionner les animaux dans l'environnement dans lequel leur descendance sera mise à contribution permet de s'affranchir totalement de ce problème dans la mesure où le facteur milieu reste constant. Si les circonstances ne le permettent pas, on considère la performance des animaux dans chacun des deux types d'environnement comme deux caractères distincts mais corrélés. Le choix du type de milieu le plus approprié pour conduire la sélection dépend alors de la « corrélation génétique » calculée entre ces deux « caractères » et de l'amplitude de la variation observée dans chacun des environnements envisagés.

⏵ Le suivi du progrès génétique

Il est très important de contrôler si un programme de sélection permet effectivement de concrétiser les changements désirés. Comme le processus de sélection se poursuit habituellement sur plusieurs années, des facteurs non génétiques sont susceptibles de varier indépendamment du mérite génétique des animaux.

Des fluctuations « aléatoires », telles que les conditions météorologiques, la quantité de fourrage disponible ou l'exposition aux maladies, peuvent marquer certaines années plus que d'autres au cours de la sélection. Par ailleurs, une amélioration des conditions d'alimentation et de conduite du cheptel est susceptible de faire évoluer certains autres paramètres de manière graduelle et continue. Il n'est pas toujours facile de distinguer ce qui découle de telles modifications « incidentes » de ce qui résulte effectivement des gains génétiques réalisés.

Il existe toutefois plusieurs méthodes pour suivre les progrès génétiques. La procédure de choix consiste à entretenir un groupe témoin d'animaux non sélectionnés (les animaux de la population d'origine à partir de laquelle le processus de sélection a été engagé) aux côtés du groupe issu de la sélection. Les deux catégories d'animaux, sélectionnés et témoins, étant ainsi exposés aux mêmes effets environnementaux d'une année sur l'autre, la différence observée entre eux sera une mesure directe du succès ou de l'échec de l'effort de sélection.

Les autres méthodes ne sont pas aussi puissantes mais sont souvent moins lourdes à mettre en œuvre, à la fois sur les plans pratique et financier.

L'une d'elles consiste à comparer la performance des animaux sélectionnés avec celle des animaux de production commerciale, qui sont susceptibles de ne pas avoir encore beaucoup (ou pas du tout) bénéficié de l'apport génétique du cheptel sélectionné. Toutefois, comme il a déjà été souligné au sujet des autres comparaisons de groupes génétiquement différents, il est important de comparer les animaux des deux types (commerciaux et sélectionnés) dans des conditions semblables.

Deux autres manières de procéder font, quant à elles, appel à du matériel congelé – semence ou embryon. L'un ou l'autre de ces derniers, ou les deux à la fois, peuvent être prélevés de temps en temps sur les animaux du programme de sélection, en commençant par la population d'origine non sélectionnée. À intervalles réguliers, ce matériel provenant de générations antérieures peut servir à recréer des animaux qui seront alors comparés aux animaux des stades les plus récents de l'amélioration. Le sperme congelé est ici la méthode la plus économique et la plus simple mais, dans la mesure où il doit être utilisé pour inséminer des femelles ayant déjà bénéficié de plusieurs années de sélection, il présente l'inconvénient de ne pouvoir mettre en évidence, en fin de compte, que la moitié du progrès génétique accompli.

Des embryons congelés peuvent être transférés dans des femelles receveuses plusieurs années après leur conception. Les animaux ainsi produits feront apparaître toute la différence génétique qui s'est établie entre eux-mêmes – représentants des générations antérieures – et les animaux de la génération en cours. L'inconvénient de cette procédure réside dans le niveau élevé de sophistication technique nécessaire et dans les coûts financiers qui en découlent.

Les schémas de sélection

Le schéma de sélection fournit le cadre dans lequel les méthodes de sélection, quelles qu'elles soient, sont mises en pratique. Il convient ici de respecter un juste équilibre entre :
– le coût du schéma de sélection et
– les bénéfices que l'on peut en attendre.

Il est généralement nécessaire de faire des compromis entre ce qui est souhaitable en théorie et ce qui est possible dans la pratique. La sélection est plus efficace lorsqu'elle opère sur de grands effectifs, mais suivre les performances individuelles d'un grand nombre d'animaux peut se révéler très coûteux. Dans bien des cas, on s'aligne sur un compromis de la forme suivante :
– concentrer l'essentiel de l'effort sur une partie de la population totale ;
– utiliser d'autres troupeaux pour exploiter les progrès génétiques accomplis au sein du groupe privilégié ;
– diffuser ces progrès génétiques dans la population générale.

Le plus souvent, il est utile de rechercher les conseils d'un spécialiste avant de se lancer dans un schéma de sélection à grande échelle. Le choix du type de schéma et des procédures à adopter devra tenir compte du contexte régional, national ou local ainsi que des desiderata des éleveurs exploitants et, bien souvent, de l'État. Il ne sera tenté ici que de décrire brièvement quelques formes d'organisation parmi les plus courantes et leurs évolutions récentes.

▶ La structure raciale

Au cours de l'histoire, les races domestiques se sont lentement organisées autour d'un système hiérarchisé d'éleveurs au fur et à mesure que certains de ces derniers voyaient leur renommée se développer au détriment des autres. Cette évolution a été particulièrement nette chez les races pour lesquelles existaient des associations d'éleveurs de races (les Livres Généalogiques et les Unions pour la Promotion de la Race ou UPRA en France, les *Breed Societies* en Grande-Bretagne). Ces associations ont encouragé la tendance qu'avaient certains troupeaux à devenir plus importants que d'autres pour la race concernée. Elles suivaient et publiaient la généalogie des animaux et les informations relatives aux troupeaux. Les plus progressistes d'entre elles publiaient également les performances individuelles.

Cette hiérarchisation était organisée autour d'un groupe d'élite comprenant un nombre relativement restreint d'éleveurs dépendant dans une large mesure les uns des autres pour les mâles et femelles de renouvellement. Ce groupe fournissait en outre l'essentiel des mâles reproducteurs utilisés par la catégorie immédiatement inférieure, qui diffusaient (« multipliaient ») toute amélioration génétique obtenue dans le groupe d'élite – tout en répandant malheureusement quelquefois, en même temps, les éventuels défauts héréditaires qui auraient pu y apparaître. Lorsque les mâles issus des troupeaux d'élite sont utilisés pour produire une descendance dans la catégorie inférieure – les troupeaux multiplicateurs – tout progrès génétique accompli au sommet de la hiérarchie est divisé par deux, car les reproducteurs ne transmettent que la moitié de leur patrimoine génétique à chacun de leur descendant. Il reste toutefois que cette manière de procéder permet d'obtenir un grand nombre d'animaux ainsi « partiellement améliorés ».

Le groupe des troupeaux multiplicateurs fournissait à son tour les animaux de reproduction – notamment les mâles – à la catégorie suivante, génétiquement inférieure, des élevages commerciaux. Ici encore, les progrès génétiques accomplis s'en retrouvaient divisés par deux. Les flux de gènes, qu'ils soient désirables ou, parfois, délétères, se faisaient donc essentiellement du haut vers le bas de ce qui est souvent décrit comme une pyramide (figure 6.3).

La mise au point de l'insémination artificielle (IA), notamment dans le cadre de la sélection des races bovines laitières dans une grande partie du monde occidental, a considérablement bousculé cette structure formelle, mais seulement en remplaçant un des groupes supérieurs d'animaux par un autre. Cette évolution s'est accompagnée d'un net rééquilibrage en faveur de la performance dans les critères d'incorporation aux catégories d'élite – une généalogie « dernier cri » et un bel aspect ne suffisant plus. L'insémination artificielle a par ailleurs beaucoup accéléré la propagation du flux de gènes du haut vers le bas, souvent simplement en passant outre la catégorie des multiplicateurs. De même, les entreprises de sélection, avec leur approche globalement scientifique et leurs ressources plus importantes, se sont largement substituées aux éleveurs sélectionneurs qui occupaient auparavant le sommet de la pyramide.

Le principe de la pyramide de la race, la hiérarchie génétique des troupeaux, ne revêt pas uniquement un intérêt historique. Non seulement une hiérarchie existe encore partout où certains troupeaux sont plus valorisés que d'autres, mais il est également reconnu que,

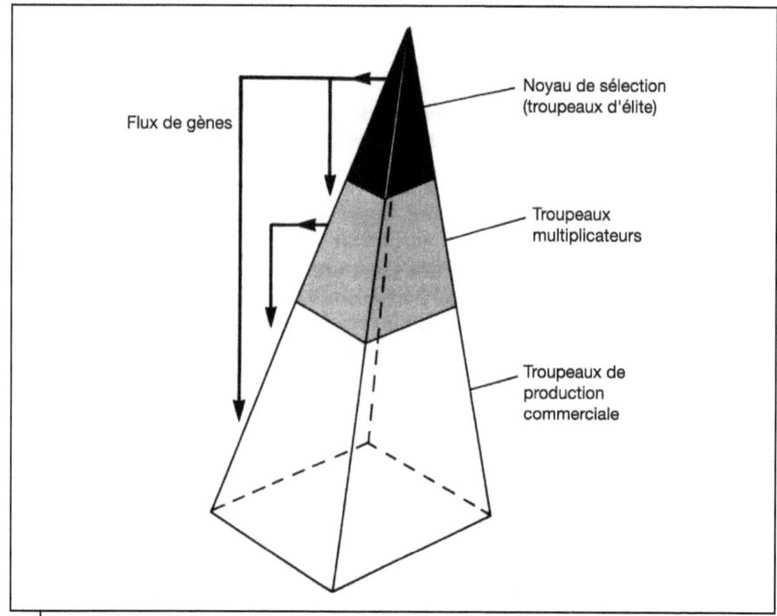

Figure 6.3.
Structure raciale hiérarchisée.
Le noyau de sélection se situe au sommet de la pyramide, suivi des troupeaux multiplicateurs puis des troupeaux de production commerciale. Le flux de gènes se fait essentiellement de haut en bas, les progrès génétiques réalisés dans le groupe d'élite étant progressivement diffusés vers la population générale.

pour des raisons pratiques, les progrès génétiques doivent se succéder plus rapidement dans certaines parties de la population que dans d'autres et que ce groupe amélioré est celui qui a la plus grande influence génétique sur la race dans son ensemble. Il en résulte la mise au point de schémas de sélection organisés autour d'un noyau d'animaux génétiquement supérieurs.

Les noyaux (1) : schémas de sélection à regroupements d'éleveurs sélectionneurs

Les schémas de sélection à regroupements d'éleveurs sélectionneurs *(group breeding schemes)* ont été expérimentés en Nouvelle-Zélande et en Australie avant d'être appliqués avec succès dans de nombreux autres pays. Dans les cas les plus simples, un certain nombre de propriétaires de troupeaux s'entendent pour coopérer en s'accordant sur des objectifs de sélection communs et en réunissant leurs cheptels (ces derniers formant la base de sélection). La pierre angulaire des schémas de sélection de ce type est la création d'un noyau de sélection constitué des meilleures femelles reproductrices de chaque troupeau impliqué (mais voir également page 120 pour une formule alternative).

Les schémas de sélection à noyau conventionnel

Le programme de sélection convenu ainsi que l'enregistrement des données de performance nécessaires est mis en application au sein du noyau de sélection, généralement sur l'exploitation de l'un des éleveurs sélectionneurs associés mais parfois dans un élevage dépendant d'un organisme de l'État. La taille du noyau doit être suffisante pour que la sélection soit efficace et que le taux de consanguinité reste acceptable.

> **Exemple 6E. L'allocation de femelles reproductrices à un noyau de sélection.**
> – Dans le cas d'une association de 5 éleveurs sélectionneurs détenant des cheptels de taille équivalente, chacun peut donner les meilleurs 20 % de ses femelles reproductrices (en fonction des critères de sélection utilisés).
> – Dans le cas d'une association de 10 éleveurs sélectionneurs, chacun offre les premiers 10 % de ses femelles, et ainsi de suite en fonction du nombre d'éleveurs associés.

Dans un premier temps, les mâles sont choisis au sein des troupeaux des éleveurs sélectionneurs associés, ou éventuellement introduits d'ailleurs pour être ensuite produits dans le noyau lui-même.

Les meilleurs mâles sont préservés et utilisés au sein du noyau. Les éleveurs sélectionneurs associés reçoivent également des mâles du noyau pour les utiliser dans leur propre troupeau. Ils peuvent ainsi espérer générer un revenu supplémentaire non négligeable de la vente de mâles reproducteurs aux éleveurs non associés au schéma de sélection.

Un schéma de sélection à regroupement d'éleveurs sélectionneurs requiert que les performances des animaux du noyau soient soigneusement consignées, au moins en ce qui concerne les caractères relevant des objectifs de sélection. Toutefois, comme des changements collatéraux sont susceptibles de se produire, éventuellement comme effets secondaires imprévus de la sélection principale, il est conseillé de surveiller également d'autres caractères. Quoique le suivi des performances soit moins intensif dans le reste de la base de sélection, un effort minimum en ce sens est nécessaire pour pouvoir surveiller les progrès accomplis par la sélection, identifier les meilleures femelles (qui seront alors transférées vers le noyau si ce dernier reste ouvert – voir ci-dessous) et convaincre les éleveurs utilisateurs à la recherche de bon reproducteurs du mérite des animaux qu'ils se proposent d'acquérir. En outre, avantage supplémentaire, le suivi des performances permet également de bénéficier d'informations utiles pour améliorer la conduite des troupeaux.

Noyaux ouverts et noyaux fermés

Lorsque le schéma de sélection fonctionne comme prévu, il est vraisemblable que les animaux du noyau de sélection deviennent génétiquement supérieurs à tout autre animal du reste de la population après quelques générations. Cependant, si le noyau est fermé à tout apport étranger en provenance des troupeaux des éleveurs associés ou d'autres troupeaux, on s'expose aux effets délétères de la consanguinité. En outre, le noyau ne profiterait pas de l'introduction des éventuels sujets dotés d'aptitudes exceptionnelles qui pourraient voir le jour ailleurs dans la population.

Il est sage de maintenir le noyau ouvert à l'incorporation d'autres animaux, au moins pour quelques générations. On opère le plus souvent en introduisant chaque année les toutes meilleures femelles des troupeaux des éleveurs sélectionneurs associés. Ces femelles doivent se montrer à la hauteur de celles qui se trouvent déjà dans le noyau. Après comparaison des performances, elles prennent la place d'autres femelles du noyau si elles sont considérées supérieures ou sont réformées si leur niveau est jugé insuffisant. Ces introductions tendent à accélérer le rythme des progrès génétiques au sein du noyau, surtout dans les toutes premières années du schéma de sélection, tout en freinant l'accroissement de la consanguinité. Le diagramme de la figure 6.4 expose le fonctionnement d'un schéma de sélection à noyau ouvert une fois passée la phase de lancement.

Les schémas à regroupements d'éleveurs sélectionneurs utilisant des reproducteurs de connexion (sans noyau de sélection conventionnel)

Un des principaux avantages de la coopération entre éleveurs est que la base de sélection du programme a un effectif supérieur à celui dont pourrait disposer un éleveur isolé. Afin de savoir si un bélier, par exemple, utilisé dans un troupeau de la base de sélection est génétiquement supérieur à un autre bélier utilisé dans un des autres troupeaux, il faut pouvoir disposer d'un élément de comparaison. On

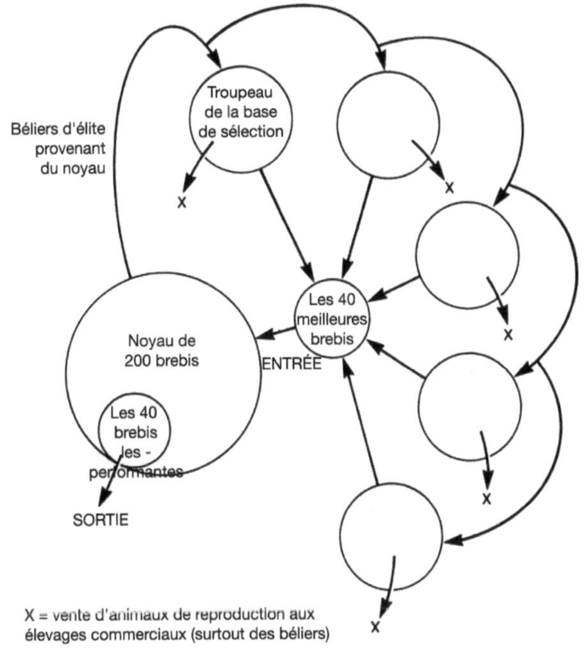

Figure 6.4.
Schéma de sélection à noyau ouvert : l'exemple d'un schéma de sélection
à regroupement d'éleveurs sélectionneurs d'ovins.
Le noyau a été constitué à partir des meilleures brebis des troupeaux de la base
de sélection. Par la suite, chaque année, les brebis les moins performantes (dans
l'exemple illustré ici, au nombre de 40) sont réformées du noyau et remplacées par
un nombre équivalent de brebis provenant du reste de la base de sélection, en
sélectionnant les 8 meilleures de chaque éleveur sélectionneur associé. Les meilleurs
béliers sont utilisés dans le noyau et ceux de catégorie immédiatement inférieure servent
dans le reste de la base de sélection.

peut ici faire intervenir des reproducteurs de connexion qui laissent
une descendance dans tous ou une partie des troupeaux. Au sein d'un
même troupeau, il devient alors possible de comparer les animaux issus
de ce reproducteur connecteur à ceux engendrés par les autres béliers
utilisés. Les meilleurs mâles de l'ensemble du schéma de sélection
peuvent ainsi être :
– identifiés (à l'aide des programmes statistiques appropriés) ;
– mis à la disposition de l'ensemble du schéma de sélection ;
– utilisés pour produire la génération suivante de mâles.

Ce type de fonctionnement constitue une alternative à la constitution d'un noyau bien délimité pour produire les meilleurs reproducteurs (page 129).

▮ Les noyaux (2) : schémas de sélection centralisés

Le principe de base de ce type de schéma de sélection est proche de celui décrit plus haut (page 118) dans la mesure où il y a création d'un noyau. Ce dernier est alimenté par un mécanisme lui fournissant les meilleures femelles reproductrices ; une certaine organisation est requise pour le testage des mâles qui y sont produits.

De tels schémas ont été conseillés pour la sélection de races bovines laitières à l'échelle nationale, mais n'ont pas été beaucoup appliqués dans leur version la plus formelle. Ils ont été plus largement mis en œuvre dans le cadre de l'amélioration génétique des porcs et des volailles, bien que des entreprises de sélection aient ici pris le relais des institutions de l'État et des coopératives d'éleveurs sélectionneurs.

En ce qui concerne les bovins laitiers, les schémas de sélection en usage depuis plusieurs décennies dans le cadre de l'amélioration génétique se sont appuyés sur un concept proche de celui du noyau, sans la structure formelle associée aux noyaux au sens strict. Les schémas utilisés varient quelque peu d'un pays à l'autre, mais la plupart partagent quatre grandes caractéristiques :
– L'insémination par de jeunes taureaux de vaches se trouvant dans des troupeaux soumis à un contrôle laitier afin de produire un certain nombre de filles par taureau – chacun de ces derniers étant utilisé dans un grand nombre de troupeaux pour que ses filles soient largement réparties. Les taureaux sont ensuite comparés sur la base de la production laitière de leurs filles (contrôle de la descendance). La performance moyenne de la descendance de chaque taureau utilisé dans un troupeau est comparée à la performance de la progéniture de tous les autres taureaux utilisés dans ce même troupeau (méthode de la comparaison aux contemporaines). En utilisant des programmes informatiques spécialisés, les résultats sont ensuite cumulés avec ceux de tous les troupeaux au sein desquels des comparaisons internes de ce type ont été réalisées (en prenant soin de bien tenir compte du nombre de filles de chaque taureau incluses dans la comparaison). Ainsi, au Royaume-Uni, 150 jeunes taureaux ont inséminé chaque année environ 300 vaches chacun pour produire une soixantaine de filles en lactation par taureau distribuées sur 30 à 40 troupeaux.

– Les jeunes taureaux sont alors retirés de la reproduction jusqu'à la fin du contrôle de descendance, ou bien utilisés pour la production de semence congelée.

– Les meilleurs de ces taureaux, à ce moment parvenus à l'âge adulte ou uniquement représentés par leur stock de semence congelée, sont alors sélectionnés et utilisés pour inséminer des vaches à haut rendement, également sélectionnées, au sein de divers élevages afin de produire la prochaine génération de jeunes taureaux à soumettre au testage.

– Les taureaux sélectionnés sont en parallèle utilisés à grande échelle pour produire des femelles de renouvellement pour les élevages.

Il doit être souligné que de tels schémas de sélection à grande échelle pour l'amélioration génétique des bovins laitiers n'ont été rendus possibles que par la mise au point de l'insémination artificielle – technique permettant l'utilisation d'un nombre élevé de mâles pour l'insémination d'une très grande quantité de femelles distribuées sur un vaste territoire. Ces schémas s'appuyaient en outre sur le contrôle laitier de l'ensemble des femelles de la plupart des troupeaux impliqués (l'exemple britannique cité plus haut touchait 45 000 vaches). Les conditions permettant la mise en œuvre de schémas de ce type ne sont donc que rarement réunies dans les pays tropicaux.

Il a été de temps à autre proposé de restreindre l'utilisation des jeunes taureaux à un nombre limité d'élevages, sur lesquels serait effectué le contrôle de descendance. Il était considéré que cette manière d'opérer – plutôt que par l'évaluation de chaque taureau sur un très grand nombre de troupeaux avec peu de filles dans chaque troupeau – permettrait un meilleur contrôle de la gestion et du recueil des données de performance et qu'il serait ainsi possible de rendre le processus de sélection plus efficace.

Le testage de tous les animaux ensemble, au sein de centres de testage, est en voie d'abandon parce que les conditions d'élevage de ces stations sont trop éloignées de celles des élevages commerciaux dans lesquels ces animaux ou leurs descendants sont plus tard amenés à produire. Qui plus est, le système des centres de testage s'avère coûteux. À l'époque où ils étaient en vogue, ces centres étaient surtout utilisés pour la sélection de caractères qui pouvaient être directement mesurés sur les individus (contrôle des performances), tels que la vitesse de croissance ou l'adiposité.

Dans beaucoup de pays en voie de développement où l'enregistrement des performances n'est pas une habitude répandue, le testage centralisé peut encore avoir un rôle à jouer pour certains caractères, en particulier pour ceux qui se prêtent facilement au contrôle des performances. Il est toutefois important que le classement des animaux en fonction de leur mérite tel qu'il a été évalué dans ces centres diffère aussi peu que possible du classement qui aurait été obtenu dans les élevages commerciaux (en termes techniques, les résultats obtenus en centre de testage ne doivent pas être influencés par les interactions génotype × environnement au point de perdre toute pertinence pour les éleveurs utilisateurs).

Des études menées il y a déjà quelques années ont montré, en ce qui concerne les bovins de races laitières, que les performances obtenues en centre n'étaient que faiblement corrélées à celles obtenues en élevage commercial, au point que le coût élevé du testage en centre ne s'en trouvait plus justifié.

◗ Les noyaux (3) : ovulation multiple et transfert d'embryons (MOET)

Les pays tropicaux en voie de développement ne bénéficient généralement pas des services de contrôle des performances qui, assurés sur de vastes territoires, ont été à la base des programmes de sélection nationaux tels que ceux concernant les bovins laitiers. De nouvelles possibilités d'amélioration génétique sont toutefois apparues avec l'association de l'ovulation multiple et du transfert d'embryons *(multiple ovulation and embryo transfer* en anglais, ou MOET*)* pour accroître le taux de reproduction de certaines femelles d'un noyau ou d'un troupeau. Cette technique a été mise en application pour la première fois dans le cadre d'un schéma de sélection au début des années 1980 et est désormais à l'essai dans de nombreux pays, seule ou en conjonction avec des schémas plus classiques.

Le schéma de sélection à MOET est une méthode qui permet de sélectionner des individus (essentiellement des mâles mais également des femelles) à un âge plus précoce que les schémas de sélection conventionnels. Il met surtout l'accent sur les performances des mères des sujets à évaluer et sur celles de toutes les femelles apparentées disponibles. Initialement utilisés pour la sélection de taureaux de races laitières, les schémas à MOET peuvent également être appliqués à la sélection de taureaux de races bouchères ainsi qu'à la sélection des ovins, caprins et autres espèces chez lesquelles le nombre de jeunes produits par mise bas est peu élevé.

Concrètement, un schéma de sélection à MOET sacrifie la précision de la sélection à un raccourcissement considérable de l'intervalle de génération afin d'obtenir des gains génétiques annuels similaires ou meilleurs que ceux obtenus par les procédés conventionnels faisant appel au contrôle de la descendance. Deux types de schémas à MOET ont été proposés pour les bovins laitiers :

– un schéma de sélection portant sur des animaux adultes, avec un intervalle de génération de moins de 4 ans (dans les conditions européennes) ;

– un schéma de sélection portant sur des individus immatures, avec un intervalle de génération susceptible de passer en dessous de la barre des deux ans.

> **Exemple 6F. MOET chez des bovins de race laitière.**
> Chez les vaches laitières, le principe est de créer un noyau de femelles très supérieures du point de vue de leur productivité (ou de tout autre critère choisi).
> Ces vaches, appelées donneuses, sont traitées pour présenter une ovulation multiple et être inséminées par les meilleurs taureaux disponibles dans le cadre du schéma de sélection en cours.
> Les œufs fécondés sont transférés dans des vaches receveuses qui donnent naissance aux veaux.

Dans le cas de schémas de sélection portant sur des animaux adultes, par exemple pour la production laitière, la sélection des animaux de renouvellement s'effectue après la première lactation.

Pour une femelle, la sélection s'appuie sur les données de sa propre performance, de celle de ses demi-sœurs et pleines sœurs et de sa mère biologique (la femelle donneuse sur laquelle l'œuf fécondé a été prélevé) ainsi que celle de femelles apparentées plus âgées.

Pour un mâle, l'information est la même, à ceci près que l'on ne dispose d'aucune donnée sur la performance propre de l'individu lui-même (du moins lorsque le critère est la productivité laitière).

Dans le cas des schémas mettant en jeu des individus immatures, la sélection intervenant à un stade bien plus précoce, l'information est limitée à celle concernant la mère et les femelles apparentées à la mère et au père. L'ensemble des données disponibles est combiné au sein d'un indice.

Le schéma de sélection sur animaux adultes tel qu'il était proposé à l'origine par Nicholas et Smith (1983) s'appuyait sur 64 vaches donneuses sélectionnées, à partir desquelles on comptait obtenir en moyenne 4 mâles et 4 femelles chacune. Le schéma de sélection en son

ensemble reposait sur un troupeau de 512 vaches, la moitié se trouvant dans sa première lactation et l'autre moitié dans sa deuxième. L'on espérait, à partir d'un tel schéma, obtenir un gain génétique annuel au moins équivalent à celui réalisé par des moyens conventionnels de contrôle de la descendance (bien que plus faible que celui obtenu par les schémas s'appuyant sur des animaux immatures – mais voir plus loin), avec en sus quelques avantages supplémentaires :
– Le contrôle des performances et la sélection sont limités au nombre relativement restreint de femelles mentionné plus haut (au lieu des milliers concernées par un schéma de sélection conventionnel).
– Il est possible d'utiliser, pour la sélection, des critères qui ne peuvent normalement pas être mesurés dans une population à grand effectif (par exemple l'efficacité de la conversion alimentaire plutôt que la simple productivité).
– La possibilité de mesurer des critères indirects (physiologiques) de la productivité laitière chez la descendance d'un jeune taureau est susceptible d'accroître l'efficacité de la sélection.
– Étant donné qu'un seul veau mâle est retenu par vache donneuse sélectionnée, il y a moyen de choisir ce sujet sur la base de critères tels que sa vitesse de croissance (ou les critères physiologiques mentionnés ci-dessus).

Cette méthode présente toutefois des inconvénients, notamment :
– La consanguinité s'accroît plus rapidement qu'avec les schémas de sélection conventionnels du fait du nombre très limité de mâles et de femelles employés. Cette tendance est encore plus marquée dans les schémas de sélection utilisant des individus immatures, au point que ce type de schéma ne puisse plus, dans certains cas, être considéré comme une option envisageable à long terme.
– Il est possible que les conditions environnementales dans lesquelles le troupeau concerné par le MOET est conduit s'éloignent des conditions habituellement trouvées dans les élevages commerciaux (voir la page 15 au sujet des interactions génotype × environnement).
– Les ovulations multiples et les transferts d'embryons requièrent un niveau élevé de technicité.
– L'efficacité du schéma de sélection est négativement affecté par le fait que les vaches donneuses produisent un nombre variable d'ovules plutôt que les huit théoriquement nécessaires (le chiffre utilisé dans les calculs d'origine) et qu'elles ne produisent pas systématiquement un nombre égal de mâles et de femelles (il en découle que certaines vaches donneuses sont sur-représentées, et d'autres sous-représentées, dans le schéma de sélection).

L'accroissement de la consanguinité peut être freiné en laissant le noyau ouvert ou en modifiant d'une manière ou d'une autre la procédure de sélection, au coût toutefois d'une partie du gain génétique annuel potentiel. En outre, beaucoup de pays n'ont ni le savoir-faire ni l'équipement requis pour la mise en œuvre d'un schéma de sélection à MOET. En ce cas, il s'agit d'apprécier si les bénéfices potentiels de ce type de schéma justifient réellement les investissements nécessaires.

▌ Le criblage de la population

Le criblage n'est pas un schéma de sélection en soi mais une aide à l'amélioration génétique. Il peut être réalisé même en l'absence de contrôle des performances en exploitation et constitue de ce fait une technique prometteuse dans les pays tropicaux ou en voie de développement.

Le criblage est une manière de rechercher les sujets exceptionnellement performants dans la population en général afin de réunir un cheptel reproducteur de qualité supérieure. Ces animaux, après contrôle des performances et confirmation de leur grand intérêt génétique, peuvent constituer le noyau d'un programme de sélection.

Explorer la totalité de la population d'une race donnée à la recherche d'un matériel génétique supérieur est susceptible de se révéler profitable à deux titres :

1. L'effectif de la population utilisée pour la sélection (base de sélection) s'en trouve accru. Même dans les pays où les performances des animaux sont régulièrement contrôlées et enregistrées et où la généalogie des animaux est tenue à jour, le processus de sélection au sein d'une race donnée ne concerne généralement qu'une partie relativement limitée de la population réelle des animaux de cette race. On exclut de ce fait les sujets exceptionnels qui pourraient se trouver dans le restant de la population et être porteurs de gènes particulièrement utiles – des gènes présents à une fréquence faible mais dont certains peuvent s'avérer d'importance majeure, affectant certains caractères de manière très marquée.

2. Il devient possible de pallier le manque de données de performance. Dans bien des pays, l'absence de contrôle des performances auprès d'une partie suffisante du cheptel constitue un obstacle au lancement de programmes de sélection. Une solution possible, désormais utilisée avec succès dans un certain nombre de pays, consiste à cribler de grandes populations d'animaux par quelque moyen que ce soit à la

recherche de sujets dont la performance – dans un aspect ou un autre – atteint des valeurs réellement extrêmes.

Exemple 6G. Criblage d'une population à la recherche d'animaux exceptionnellement performants.

Si l'on considère « exceptionnel » un animal dont la performance le situerait à trois écarts-types ou plus au-dessus de la moyenne dans un caractère donné, il n'y aurait qu'environ un sujet sur mille répondant à ce critère. En fonction de la variabilité du caractère considéré, de tels animaux peuvent se révéler deux fois plus performants que la moyenne, voire même encore supérieurs.

L'approche utilisée pour repérer de tels sujets n'est parfois pas sans rappeler les méthodes « à l'ancienne », s'appuyant sur une combinaison d'appréciation subjective, d'opinion personnelle des éleveurs et de leurs voisins et de toute mesure ou observation pouvant se faire au pied levé. Comme les animaux exceptionnels sont rares, par définition, ils doivent être recherchés sur un vaste territoire et au sein d'une population nombreuse. En outre, les conditions dans lesquelles les animaux sont élevés influencent leurs performances. L'important est par conséquent que ces sujets se distinguent au milieu de leurs contemporains et des animaux qui les entourent.

Exemple 6H. Performance exceptionnelle chez certains animaux.

À titre d'exemple, on considère la performance reproductive chez le mouton :
1. Une brebis sera vraisemblablement exceptionnelle si elle produit des jumeaux chaque année de manière répétée dans un troupeau dans lequel les naissances gémellaires sont très rares ou dans lequel les brebis ne produisent pas toujours d'agneaux chaque année.
2. Dans un troupeau où les naissances doubles sont relativement fréquentes, une brebis sera exceptionnellement performante si elle a donné naissance à des triplets (ou mieux) au moins deux fois tout en produisant des jumeaux à toutes les autres occasions.

Une fois les animaux d'exception localisés par enquêtes et inspections et leur achat négocié, ils peuvent être transférés vers une unité centrale – un élevage dépendant d'une institution par exemple. Ils pourront alors y être maintenus en environnement contrôlé afin que leurs performances soient enregistrées, aux côtés d'un échantillon tiré au hasard d'animaux contemporains. Si leurs performances exceptionnelles sont confirmées, ou si du moins elles continuent à les placer largement au-dessus de leurs contemporains, ces animaux pourront être retenus pour des évaluations complémentaires et éventuellement utilisés pour constituer un noyau de sélection.

La supériorité génétique de ces animaux ne pourra être réellement confirmée que si leur descendance s'avère supérieure à la moyenne. Si des animaux retenus à l'issue du criblage de la population se révèlent finalement peu performants, ils sont écartés, leur performance exceptionnelle précédemment enregistrée étant mise au compte d'un événement aléatoire, de conditions particulièrement favorables ou d'informations erronées ou incomplètes.

Il a parfois été suggéré que l'exactitude des signalements d'animaux exceptionnellement intéressants pourrait être améliorée si les accords concluant les négociations d'acquisition (à un prix incitant à la vente) n'étaient finalisés qu'à l'issue des contrôles complémentaires ayant confirmé la supériorité de ces sujets, suivis aux côtés d'animaux contemporains. Les éleveurs peuvent également être incités à céder ces animaux par le biais d'un engagement leur assurant qu'ils pourront eux-mêmes tirer bénéfice, en échange, du cheptel génétiquement supérieur qui sera produit : don ou prêt de mâles reproducteurs, par exemple.

Plusieurs rapports ont fait état d'opérations de criblage couronnées de succès permettant l'accumulation d'animaux supérieurs au sein de troupeaux d'élite dans différents pays. Jusqu'à présent toutes ces opérations concernent les performances reproductives des ovins (Timon, 1987). Cela n'est pas très surprenant dans la mesure où il est plus facile de remarquer la présence d'un grand nombre d'agneaux auprès d'une brebis donnée que, par exemple, une vitesse de croissance particulièrement élevée (ce qui devrait se refléter dans le format par rapport à l'âge, mais il est parfois difficile d'établir l'âge avec exactitude ou de s'assurer que cette performance n'est pas en partie due à une alimentation particulière). Rien ne s'oppose, toutefois, à ce que cette approche soit expérimentée dans le cas de caractères autres que la taille de la portée, même si une plus grande proportion des animaux retenus en première instance s'avèrent décevants et doivent être écartés.

▣ Les reproducteurs connecteurs

On appelle reproducteur connecteur (ou reproducteur de connexion) un mâle qui a une descendance dans plusieurs troupeaux aux côtés de la descendance d'autres mâles. Cette connexion est souvent intentionnelle, car elle permet de comparer la performance de la descendance du connecteur à celle d'autres mâles utilisés dans les mêmes troupeaux. Le connecteur constitue l'étalon de référence (la connexion) qui permet de comparer les mérites génétiques de tous les reproducteurs utilisés dans ce groupe de troupeaux (en les jugeant sur la performance de leur descendance), y compris ceux de mâles utilisés dans des troupeaux particuliers distincts.

Exemple 6I. Reproducteur connecteur.

Supposons trois troupeaux et quatre mâles reproducteurs A, B, C et D. Le mâle A est utilisé dans l'ensemble des troupeaux, et les mâles B, C et D chacun dans un troupeau différent.

Le mâle A est celui par lequel les mâles B, C et D – pouvant chacun être comparé à lui – peuvent être indirectement comparés les uns aux autres.

Pour optimiser ce système, un programme statistique – tel que la méthode BLUP (ou meilleure prédiction linéaire non biaisée, encore appelée méthode de Henderson) – est nécessaire pour tenir compte des différences entre les troupeaux qui pourraient influencer les différences de performances entre le connecteur et les autres reproducteurs utilisés dans chaque troupeau. Une application de ce système a été décrite plus haut concernant les schémas de sélection regroupant plusieurs éleveurs sélectionneurs.

Bien que cela offre certains avantages du point de vue statistique, il n'est pas nécessaire que chaque reproducteur connecteur (ou plus qu'un seul connecteur) soit utilisé dans l'ensemble des troupeaux. Il suffit de s'assurer que tous les troupeaux sont effectivement connectés les uns aux autres.

Exemple 6J. Connexion entre troupeaux par le biais de reproducteurs connecteurs.

Reprenons l'exemple 6I : si le mâle A n'est utilisé que dans deux des troupeaux, aux côtés de B dans l'un d'entre eux et de C dans l'autre, la connexion statistique des troupeaux est tout de même assurée si B (ou C) est utilisé aux côtés de D dans le troisième troupeau.

Ce système est actuellement en cours d'extension à de vastes territoires ; il peut même concerner plusieurs pays, voire des continents entiers.

Exemple 6K. Connexion à l'échelon international par des reproducteurs connecteurs.

– Certains taureaux de races laitières ont une descendance dans un grand nombre de pays suite à une large diffusion de leur semence congelée ; ils constituent une connexion avec d'autres taureaux utilisés dans d'autres pays.
– Une organisation appelée Interbull a été créée en Suède dans le but de publier les résultats de ce type d'évaluations.

Ce mécanisme ne permet toutefois pas une bonne estimation des interactions génotype × environnement et, si ces dernières ont un poids important, les informations qu'il délivre sur les mérites relatifs de différents mâles reproducteurs sont susceptibles de ne pas être aussi fiables que si ces mâles étaient utilisés ensemble au même endroit. Il présente cependant des avantages indéniables dès lors que les conditions d'élevage dans les divers troupeaux sont relativement proches, comme c'est le cas dans un schéma de sélection à regroupement d'éleveurs sélectionneurs.

Certains généticiens ont exprimé leur préoccupation au sujet de ces comparaisons internationales de taureaux de races laitières, qui encourageraient l'utilisation excessive d'un petit nombre de reproducteurs dans le monde entier (« le meilleur taureau reproducteur du monde » !). Il en résulterait une diminution de la diversité génétique par une concentration sur un petit nombre de races, et de lignées au sein de ces races, et par une probabilité accrue de consanguinité – elle-même ayant des effets négatifs sur la productivité (voir le chapitre 9).

Les races de connexion ou de référence

Le principe de la connexion pourrait être étendu à l'utilisation d'une ou plusieurs races dans diverses parties du monde pour servir de point de référence permettant de comparer d'autres races. La race Large White, par sa répartition mondiale, pourrait par exemple remplir ce rôle pour les porcins. Il est important de s'assurer que ces animaux de référence appartiennent tous au même type ou à la même lignée de leur race – voire, de préférence, qu'ils aient tous la même provenance. Ici encore, les interactions génotype × environnement sont susceptibles de ne pas être estimées à leur juste valeur, à moins qu'elles soient d'emblée prises en compte dans les comparaisons.

Les résultats concernant les mérites relatifs de deux races qui ne seraient pas comparées directement mais par le biais d'une troisième race faisant office de point de référence doivent par conséquent être interprétés avec prudence.

▐▌ La rotation des reproducteurs

Le système de la rotation des reproducteurs n'est pas un schéma de sélection visant à choisir des sujets pour améliorer la productivité. Il s'agit d'un moyen rationnel de diffuser aux éleveurs utilisateurs les bénéfices des améliorations génétiques obtenues ailleurs et de limiter les risques de consanguinité dans les troupeaux concernés.

L'idée fut tout d'abord lancée en Norvège, où des éleveurs d'ovins se sont regroupés pour acheter et faire circuler des béliers. Rien ne s'oppose à ce que le principe des rotations de béliers puisse être appliqué à d'autres espèces domestiques. Ici, un certain nombre de mâles considérés supérieurs sont maintenus en copropriété. Selon la taille des élevages, un ou plusieurs béliers sont utilisés dans chaque troupeau associé, mais seulement pour une année. Ce ou ces mâles sont alors retirés de ce troupeau et introduits pour une autre année dans celui de l'éleveur suivant, et ainsi de suite en respectant un ordre de rotation fixe. Chaque bélier est remplacé avant de revenir servir dans un troupeau où il a déjà œuvré. Ce système a pour principal intérêt d'éviter la consanguinité.

Il serait facile de combiner le principe de la rotation des reproducteurs à celui des reproducteurs connecteurs en utilisant plusieurs mâles en même temps dans chaque troupeau.

Le rythme des gains génétiques obtenus par sélection dans la pratique

Exemple 6L. Résultats d'une sélection expérimentale.
La figure 6.5 montre côte à côte les représentants de deux lignées d'ovins Scottish Blackface de montagne sélectionnées sur une durée supérieure à 20 ans. Une des lignées sélectionnait un canon court chez les d'agneaux de 8 semaines et l'autre un canon long. Cette expérience a été réalisée par A.F. Purser de l'*Animal Breeding Research Organisation* sur les terres non améliorées d'une vaste exploitation de montagne en Écosse.
Un des objectifs de l'expérience était de mettre sur pied des systèmes de suivi des performances et de sélection dans des conditions environnementales particulièrement difficiles. La sélection était conduite de manière à ce que les deux lignées conservent un poids corporel à peu près identique. Il s'est avéré que la longueur de l'os canon avait une héritabilité forte (0,5) mais une variabilité très faible, ce qui fait que les progrès ont été lents, à peine plus de 0,5 % par an dans chacune des deux directions.
Au terme de l'expérience :
1. Une différence de 25 % de la longueur du canon distinguait les deux lignées (figure 6.5).
2. Des changements corrélés significatifs étaient apparus – à poids vif équivalent, les agneaux à membres courts étaient plus gras, comme l'avait prévu une étude bien antérieure de John Hammond, qui avait mis en évidence un lien entre la longueur de l'os canon et la qualité de la carcasse.
3. Les femelles à membres longs, en moyenne, (a) avaient un peu plus d'agneaux par mise bas, (b) perdaient moins d'agneaux (en dépit de leur

Figure 6.5.
Moutons de race Scottish Blackface de la lignée de sélection à canon court (à gauche)
et de la lignée de sélection à canon long (à droite). Source : A.F. Purser (1980), avec
l'autorisation du AFRC Roslin Institute d'Édimbourg.

nombre plus élevé) et (c) produisaient des agneaux qui étaient plus lourds
à l'âge de l'abattage.
4. Il en résultait que la production de viande d'agneau était près de 25 %
supérieure dans la lignée à canon long que dans la lignée à canon court.

Cette expérience illustre les principes de la sélection (chapitre 5) en
mettant en évidence les changements directement et indirectement
induits par ce processus, qui plus est dans un environnement
relativement difficile – bien que le caractère sur lequel a porté ce
travail expérimental n'ait pas été de ceux habituellement choisis dans
la pratique pour les schémas de sélection.

Il existe malheureusement peu d'informations publiées concernant des
résultats comparables à ceux-ci obtenus par le biais de programmes de
sélection à but productif (non expérimentaux), notamment dans les
régions tropicales. On peut s'interroger sur l'origine de ces lacunes.
Certains programmes de sélection périclitent peut-être dès la fin
de la phase de planification ou sont abandonnés assez rapidement
par la suite. Par ailleurs, les personnes chargées des schémas de
sélection sur le terrain ne sont sans doute pas toujours familières

avec le travail d'analyse et de publication des résultats. Il doit arriver, enfin – empêchant par là même que l'on en tire de profitables enseignements – que des tentatives malheureuses soient oubliées en silence au lieu d'être publiées.

Il est souvent souligné que l'accroissement annuel de la productivité laitière par vache a été très élevé (entre 1,5 % et 2,5 %) dans certaines parties d'Europe et d'Amérique du Nord où des programmes de sélection ont été mis en œuvre au cours des dernières décennies, tandis que le continent africain en général, par exemple, n'a pas vu de semblables progrès. De même, la production de viande par tête a beaucoup moins augmenté en Afrique qu'en Europe, notamment, au cours de la même période (consulter le *Production Yearbook 1990* de la FAO pour les détails). Il serait toutefois excessif d'attribuer tous les progrès obtenus en Europe et en Amérique du Nord à la seule sélection génétique (celle-ci s'appuyant notamment sur les contrôles de la descendance et l'insémination artificielle). D'autres pratiques ont également connu des changements sur cette période. Les habitudes de conduite et d'alimentation se sont améliorées et la composition raciale des cheptels nationaux a évolué. La sélection génétique au sein des races n'a été responsable que d'une partie des progrès enregistrés.

Dans un article de synthèse, C. Smith (1984) a présenté quelques exemples de rythme d'évolution génétique obtenu par divers programmes de sélection mis en œuvre aux États-Unis, en Nouvelle-Zélande et dans certains pays européens. En ce qui concerne la vitesse de croissance et les caractéristiques de la carcasse, les progrès génétiques annuels constatés étaient (en pourcentage de la moyenne) de 1,8 % chez les porcins, de 1,2 % chez les ovins et de 0,3 % chez les bovins de boucherie (poids à un an pour ces derniers). Dans le cas des caractères qui ne s'expriment que dans un seul sexe, la réponse annuelle à la sélection était de 1,5 % pour la taille de la portée chez les porcins, de 2,9 % pour la taille de la portée chez les ovins et de 1,0 % pour la production laitière chez les bovins laitiers. Le chiffre particulièrement élevé enregistré pour la prolificité chez les ovins est surprenant ; il serait dû, dans ce cas particulier, à l'effet d'un certain type de criblage de la population permettant de localiser les sujets aux performances exceptionnelles. Des méthodes de sélection plus conventionnelles de la prolificité se traduisent, chez les ovins, par des progrès génétiques annuels moins importants, de l'ordre de 1 %.

Pratiquement tous les gains annuels réalisés dans la pratique s'avèrent légèrement inférieurs à ceux obtenus au cours des sélections expérimentales à long terme, ces dernières donnant à leur tour des résultats légèrement en deçà des gains théoriquement envisageables. Un exemple fréquemment cité de ces pertes d'efficacité concerne les schémas d'amélioration des races laitières, où les progrès accomplis sont presque toujours inférieurs aux progrès possibles. On constate habituellement dans ce cas que des animaux qui auraient dû être retenus au titre de leur productivité laitière avaient été écartés à cause de problèmes de conformation ou de santé – ce qui a pour effet de réduire la pression de sélection sur la productivité laitière. Cependant, on doit avant tout retenir de ces résultats publiés que les progrès successivement accumulés sur plusieurs années génèrent en fin de compte un gain de production très significatif, y compris sur le plan économique.

Les pays tropicaux sont handicapés, pour ce qui est de l'amélioration génétique de leurs cheptels par la sélection, du fait de l'insuffisance du contrôle des performances et du manque de connaissances précises au sujet de certains paramètres génétiques nécessaires au fonctionnement optimal des schémas de sélection dès leur lancement. L'infrastructure requise pour diffuser les gains génétiques obtenus par les programmes de sélection est par ailleurs souvent inadéquate. Il reste que les cheptels de production en zone tropicale présentent le formidable avantage d'exhiber une très grande variabilité de la performance – l'atout maître du succès.

7. Croisements I : principes

Les races originaires de pays ou de régions bien déterminés sont souvent adaptées aux conditions qui y règnent – conditions climatiques, alimentaires, sanitaires et autres.

Toutefois, les races étant rarement considérées parfaites en tous points, il est fréquent que des améliorations de la productivité soient tout de même souhaitées. Bien que la production puisse souvent être stimulée par une rationalisation de l'alimentation et de la conduite du troupeau, changer le génotype des animaux en introduisant des modifications à l'intérieur d'une race permet généralement :
– d'obtenir une meilleure productivité,
– de mieux tirer parti des éventuelles améliorations qui pourront être apportées à l'alimentation et aux autres pratiques d'élevage.

Un des moyens les plus rapides d'opérer un changement génétique est de croiser la race indigène avec une autre race pour en introduire certaines des caractéristiques. La méthode la plus utilisée pour ce faire consiste à inséminer, par voie naturelle ou artificielle, des femelles de la race locale par des mâles de la race amélioratrice.

Avant d'aborder certains des aspects plus pratiques des croisements, il est important de bien en comprendre les conséquences génétiques. Il deviendra ainsi plus facile de répondre aux trois questions fondamentales qui se posent dans tout schéma de croisement :
– Quel pourcentage de sang (ou quel pourcentage de gènes) de la nouvelle race vaut il mieux introduire ?
– Quelle proportion d'un troupeau ou d'une population peut être ou devrait être constituée d'animaux croisés ?
– Quelle est la stratégie de croisement qui permettrait d'optimiser ces deux paramètres ?

Rappels des notions de base

Bien que les caractéristiques de production des animaux soient normalement contrôlées par de nombreux gènes agissant conjointement, on se limitera tout d'abord à l'étude d'une seule paire d'allèles afin de bien faire comprendre les conséquences génétiques d'un croisement. Les principes fondamentaux ont déjà été abordés au chapitre 3. Les deux allèles d'une paire présents dans une cellule peuvent être soit identiques (homozygotie) soit différents (hétérozygotie). Lorsque ces deux allèles sont différents, l'un a souvent des effets plus puissants que l'autre sur la caractéristique qu'ils contribuent à contrôler. Les effets de ces allèles peuvent être uniquement additifs (la performance de l'individu hétérozygote se situant à mi-chemin entre les performances des deux types d'homozygotes) ou l'un peut aussi dominer totalement ou partiellement l'autre (la performance de l'hétérozygote étant alors identique à celle de l'un des deux homozygotes, ou plus proche de l'un que de l'autre). Lorsque plus d'un gène est impliqué, il arrive que les allèles de l'un d'entre eux exercent en outre une influence sur les allèles d'un autre gène (on parle alors d'épistasie ou d'effet épistatique). Les gènes qui régissent les caractères quantitatifs sont caractérisés par des effets additifs, de dominance et d'épistasie qui peuvent intervenir simultanément et indépendamment.

Les races

Les caractéristiques génétiques ayant trait à l'aspect physique et aux capacités de production ont divergé du fait que les races qui les portaient ont été créées dans des endroits différents par des éleveurs ayant des objectifs différents. La plupart des races les plus connues au monde ont été façonnées au cours des deux derniers siècles, et certaines bien plus récemment encore. On trouve également beaucoup de races qui ont été constituées à partir de plusieurs populations fondatrices dont l'origine remonte plus loin encore dans le temps.

Les éleveurs sélectionneurs considèrent généralement que, au moins pour une partie des gènes, les fréquences respectives des allèles d'un même gène (agissant sur un même caractère) tendent à varier d'une race à l'autre, à tel point que des races différentes peuvent être homozygotes pour des allèles différents. Le produit d'un croisement entre deux races est donc susceptible de présenter une plus grande proportion de gènes représentés par deux allèles différents (loci hétérozygotes) que les races pures parentales.

De manière générale, des races qui sont apparues dans des régions très différentes, avec souvent des vocations distinctes, sont génétiquement plus éloignées les unes des autres que des races qui ont été créées à des fins similaires dans une même région. Ainsi s'attend-on à ce que

les races de *Bos indicus* (zébu) se ressemblent plus entre elles qu'à des races de *Bos taurus* (bœuf européen). Pour des objectifs plus précis, cependant, les différences génétiques existant entre les races ainsi que la valeur de chaque race en tant que race parentale pour des croisements doivent être déterminées en comparant directement les performances des individus croisés à celles des races parentales, car le résultat d'un croisement ne peut être prévu avec exactitude.

Il est important de caractériser les races quant à leurs performances (chapitre 2), leurs spécificités génétiques, leur sensibilité aux maladies et leur répartition pour pouvoir monter des programmes de sélection et de conservation (chapitre 11). Ce processus de caractérisation est facilité par des programmes informatiques qui ont été spécialement conçus à cet effet (Faugère et Landais, 1989 ; Matheron et Planchenault, 1992 ; Planchenault et Sahut, 1990).

⑃ La comparaison de races

Il n'est possible d'attribuer à des causes génétiques d'éventuelles différences de performance entre races que lorsque le nombre d'animaux entrant dans la comparaison est suffisant et que ces races sont comparées dans les mêmes conditions. C'est rarement le cas dans les pays en voie de développement, notamment dans les régions tropicales et subtropicales, et d'autant plus lorsque l'une des races concernées est d'origine exotique.

Pour que les comparaisons de races soient valides, la taille de l'échantillon de chaque race doit être suffisamment grande pour être représentative des animaux de cette race dans sa globalité et non seulement de quelques troupeaux. Dans le cas de caractères tels que le format, la production de laine ou la production laitière, 60 représentants de chaque race peuvent éventuellement suffire, mais un nombre beaucoup plus élevé d'animaux (200 ou 300 par exemple) serait nécessaire pour pouvoir mettre en évidence de réelles différences au niveau de caractères à héritabilité faible (tels que le taux de reproduction). La raison pour laquelle des races différentes doivent être comparées dans des conditions identiques d'alimentation et de conduite devrait être évidente : si une race est mieux traitée qu'une autre, la différence de performance observée entre les deux sera en partie due aux différences d'alimentation et de conduite et non pas uniquement aux différences génétiques qui existent entre elles.

Croisements et effets génétiques additifs

La première chose à laquelle on s'attend, ayant croisé deux races en se conformant aux règles explicitées plus haut, est que la performance de la progéniture se situera à mi-chemin des performances respectives des deux races parentales.

Exemple 7A. Performance des animaux croisés – effet additif des gènes.
Croissance après sevrage : Race A : 100 g/jour
Race B : 140 g/jour
Croissance après sevrage attendue chez les animaux croisés A × B : 120 g/jour.

Croisements et hétérosis

En réalisant des croisements, on constate parfois un effet d'hétérosis (également appelé vigueur hybride) – un phénomène que l'on mesure par l'écart de la performance de la progéniture croisée (regroupant le produit des deux croisements réciproques, voir page 141) à la moyenne des deux races parentales. L'hétérosis se manifeste à des degrés divers selon les caractères et les combinaisons de races concernés.

L'hétérosis découle avant tout de l'effet de dominance qui se manifeste au niveau des loci hétérozygotes, et les individus croisés ont normalement plus de loci hétérozygotes que les individus des races pures parentales. L'effet d'hétérosis est donc directement proportionnel au degré d'hétérozygotie.

L'épistasie contribue également à l'hétérosis, mais sans suivre de règle simple.

Exemple 7B. Performance des individus croisés – effet d'hétérosis.
Croissance après sevrage : Race A : 100 g/jour
Race B : 140 g/jour
Croisés A × B : 132 g/jour
Moyenne des races A et B : 120 g/jour
Estimation de l'hétérosis : 132-120 = 12 g/jour.

Parfois, le résultat du croisement s'avère meilleur que chacune des deux races parentales. L'effet d'hétérosis provient alors de l'effet de superdominance, par lequel l'hétérozygote est supérieur aux deux homozygotes (chapitre 3). Si des éleveurs croisent deux races, toutes deux performantes dans les conditions qui sont celles de la région (par exemple deux races indigènes), c'est dans l'espoir que le produit de ce croisement sera plus performant encore que la meilleure de ces deux races. Dans le cas contraire, il serait plus intéressant pour ces éleveurs de remplacer la race la moins performante des deux par la meilleure, ce qui peut se faire directement ou par croisement de substitution (chapitre 8).

▶ La proportion d'hétérosis en fonction du niveau de croisement

L'hétérosis est toujours maximum (100 %) chez la première génération d'un croisement entre deux races (F1). Une part variable de cet effet est perdue au cours des générations suivantes dans la mesure où l'hétérozygotie recule à nouveau.

▶ La comparaison de croisements et de races pures

Que l'on compare plusieurs races entre elles ou les performances moyennes d'animaux croisés à celles d'animaux des races pures parentales, il demeure absolument fondamental de s'assurer que les différents groupes d'animaux sont élevés et comparés dans les mêmes conditions (figure 7.1).

Les effets maternels

En théorie, comparer de manière précise la performance d'animaux croisés à celle d'animaux de pure race exige que le croisement soit réalisé dans les deux sens possibles, soit :

– des femelles de race A (par exemple une race locale) inséminées (par insémination naturelle ou artificielle) par des mâles de race B (par exemple une race importée) ;

– des femelles de race B inséminées par des mâles de race A.

Ces deux variantes, génétiquement équivalentes, sont appelées croisements réciproques. Bien que semblables, en moyenne, sur le plan génétique, elles diffèrent en ce qui concerne l'environnement maternel : dans un cas celui des mères de la race A et dans l'autre celui des mères de la race B.

Figure 7.1.
Amélioration génétique par croisement (taureau amélioré), dans un troupeau
de zébu Gobra (zébu peul sénégalais) dans le Ferlo, au Sénégal
(photo de P. Lhoste).

Ces influences maternelles sont susceptibles de revêtir une certaine
importance pour la progéniture au moment de la naissance et
éventuellement jusqu'au sevrage. L'importance des effets maternels
diminue généralement par la suite, mais ne disparaît parfois pas
entièrement.

L'effet observé sur la progéniture découle du fait qu'à chaque
environnement maternel correspondent des avantages et des
inconvénients particuliers pour le fœtus et, plus tard, pour le nouveau-
né. Les mères d'une certaine race peuvent par exemple mieux
alimenter leur progéniture, y compris avant la naissance, et dispenser
des soins maternels plus attentifs que celles d'une autre race. En outre,
des mères bien adaptées à leur environnement local sont susceptibles
d'apporter à leurs jeunes, dans leur colostrum, des anticorps plus utiles
que des mères d'une race récemment importée ou exotique. Ce sont
ces différences d'effets maternels qui sont à l'origine des décalages
assez fréquemment constatés entre croisements réciproques.

Lorsque l'on calcule la valeur de l'hétérosis en comparant la
performance de sujets de race pure à la performance de sujets croisés,
cette dernière doit correspondre à la moyenne des deux croisements

réciproques pour que l'effet maternel n'entre plus en compte. Ce n'est qu'à partir de ce moment que la comparaison des performances des animaux croisés et des animaux de race pure sera réellement valide.

Le calcul de l'hétérosis

▶ Les problèmes pratiques

Dans la pratique, les conditions théoriquement nécessaires pour parvenir à estimer l'hétérosis avec exactitude sont rarement réunies, notamment lorsque le croisement met en jeu une race locale tropicale et une race exotique provenant d'un autre pays ou d'un autre continent. En effet :
– On ne dispose souvent pas de représentants de la race exotique, notamment de femelles – ou alors seulement en très petit effectif.
– Même lorsque des femelles de la race exotique ont été importées, par exemple des vaches Holstein, il n'est pas rare qu'elles bénéficient de meilleures conditions d'élevage que les races locales. Dans ce cas, comme il a été souligné plus haut, comparer les performances de vaches Holstein bien traitées à celles de vaches locales conduites de manière sommaire ne peut en aucun cas refléter leurs seules différences génétiques.
– Il est rare que l'on puisse réunir les conditions pour la présence conjointe de produits croisés issus de mères de la race exotique aussi bien que locale (produits des croisements réciproques).
– Il est peu probable que des femelles de la race exotique soient disponibles en nombre suffisant pour être inséminées par des taureaux de la race locale (ou que les importateurs soient prêts à utiliser de la sorte des animaux importés à grands frais).

Pour une ou plusieurs de ces raisons, il est ainsi très courant que l'un des deux croisements réciproques ne soit pas disponible.

Dans le cas le plus fréquent, les données accessibles sont celles qui concernent les femelles de la race locale et les sujets issus du croisement de ces femelles avec des mâles de la race exotique (par insémination naturelle ou artificielle). Il est possible de déduire de ces informations :
– si les performances des animaux croisés sont meilleures que celles de la race locale ;
– si ce niveau de performance est acceptable et viable sur le plan économique.

Comme il a déjà été souligné, il reste que les conditions adéquates pour une véritable estimation de l'hétérosis ne sont pas remplies. Aucune conclusion formelle ne peut donc être tirée au sujet de l'importance relative des variabilités génétiques additive et non additive. Il est parfois possible de tenter des approximations lorsque les effets maternels sont notoirement négligeables ou presque négligeables, comme c'est le cas pour certains caractères propres aux sujets adultes (voir aussi page 148).

▌ Les méthodes

Il est essentiel de parvenir à chiffrer l'effet d'hétérosis pour pouvoir prendre les bonnes décisions en matière de stratégie de croisement. Si la méthode la plus directe et la plus précise (qui consiste à comparer la performance moyenne des deux races pures avec celle du produit de leurs croisements réciproques) ne peut être appliquée, l'alternative consiste à comparer les produits d'autres niveaux de croisement.

Différentes proportions de l'hétérosis total possible s'expriment aux divers niveaux de croisement (tableau 7.1). Pour tout caractère donné, l'hétérosis est toujours à son maximum à la première génération (F1).

Figure 7.2.
Troupeau de sélection de race taurine N'dama, à Bouaké, en Côte d'Ivoire. À remarquer l'homogénéité phénotypique des vaches du troupeau (photo de P. Lhoste).

Par la suite, une partie de cet hétérosis est inévitablement perdu lorsque les sujets de première génération (les F1) sont croisés – soit entre eux, soit en retour avec l'une des races parentales. L'effet négatif de cette perte sur la performance doit être estimé : par son existence même, ce recul de la performance permet de chiffrer l'hétérosis, ne serait-ce qu'approximativement.

Tableau 7.1. Pourcentage de l'hétérosis en fonction du niveau de croisement.

Générations	Hétérosis* (%)
P × P = F1	100
F1 × F1 = F2	50
F1 × P = R1	50
R1 × R1	37,5
F2 × F2 = F3	50

*découlant uniquement de la dominance.
P : génération parentale, représentée par les deux races parentales.
F1 : Première génération obtenue à la suite du croisement.
F2 : Produit de l'accouplement de deux F1 (eux-mêmes issus du croisement des deux mêmes races).
R1 : Croisé en retour – produit du croisement d'un F1 et d'une des deux races pures parentales.
Remarque : Les croisés en retour ne doivent pas être désignés, comme cela se fait parfois au risque d'entraîner de graves confusions, par les codes F2, F3, etc.

La comparaison des F1 et des F2

Une manière simple d'estimer l'effet d'hétérosis consiste à comparer la performance des animaux de la F2 avec ceux de la F1 – en même temps et dans les mêmes conditions. F1 et F2 ont tous reçu la moitié de leurs gènes d'une des races parentales du croisement (la race locale par exemple) et l'autre moitié de l'autre race (la race exotique par exemple). En ce qui concerne leur génome (et les effets additifs de leurs gènes), ils sont, en moyenne, identiques, mais ils se distinguent par la proportion de loci se trouvant à l'état hétérozygote : si les F1 expriment l'hétérosis maximum, les F2 n'en expriment que la moitié.

Exemple 7C. Expression de l'hétérosis chez les F1 et les F2.
Productivité laitière des produits d'un croisement Holstein × Zébu :
F1 : 2 000 litres
F2 : 1 600 litres
La différence entre les deux, soit 400 litres, représente la moitié de l'hétérosis.

On en déduit que l'hétérosis total (100 %) est égal à 2 × 400 = 800 litres. Au sujet d'éventuelles complications suscitées par les effets maternels, voir page 148.

L'utilisation des croisements en retour *(Backcross)*

Le produit d'un croisement en retour se distingue de celui d'autres croisements par le pourcentage de sang de chaque race parentale qu'il présente.

> **Exemple 7D. Estimation de l'hétérosis par l'étude d'un croisement en retour *(backcross)*.**
>
> On considère des animaux croisés 3/4 Holstein et 1/4 Zébu. Leur production laitière est de 1 700 litres.
>
> Tout comme les F2 (tableau 7.1), le produit d'un croisement en retour exprime 50 % de l'hétérosis maximum possible pour la production laitière (la moitié de l'hétérosis exprimé par les F1).
>
> Contrairement aux F2, le produit d'un croisement en retour a reçu 75 % de gènes de Holstein et 25 % de gènes de Zébu, il présente donc 25 % de gènes Holstein en plus et 25 % de gènes Zébu en moins.
>
> On peut en déduire que les 1 700 - 1 600 = 100 litres de lait produits en plus par les animaux issus du croisement en retour par rapport aux F2 sont dus aux 25 % de gènes Holstein qu'ils possèdent en plus (25 % de l'effet additif).
>
> Par conséquent, l'effet additif total (qui correspond au fait de passer entièrement d'une race locale à la race Holstein) apporterait un surcroît de 4 × 100 = 400 litres de lait (aucun hétérosis chez les Holstein pures à cette étape du processus).

Remarque : Les chiffres utilisés dans les exemples 7C et 7D sont fictifs.

La combinaison des informations provenant des différents niveaux de croisement

En comparant les performances des F1, des F2 et des 3/4 race exotique (exemples 7C et 7D), il est possible de déduire l'effet d'hétérosis maximal (800 litres dans ce cas) qui peut être atteint chez les F1 ainsi que l'effet additif total des gènes provenant de la race exotique (ici 400 litres).

Remarque : Dans le cas de l'exemple étudié ici, l'effet additif relativement faible apporté par la race exotique signifie simplement que cette race, utilisée seule, n'est pas adaptée à cet environnement. La performance des vaches exotiques dans ce milieu tropical particulier est sans rapport avec leur performance potentielle dans les pays tempérés d'où elles sont originaires.

Exemple 7E. Effet d'hétérosis sur la production laitière de différents types de croisements.

La production laitière des animaux issus de différents niveaux de croisement peut être déterminée à partir de la production laitière des produits des trois croisements étudiés dans les exemples 7C et 7D (les F1, les F2 et les 3/4 Holstein).

F1 : 50 % de l'effet additif (200 litres) + 100 % de l'effet d'hétérosis (800 litres) = 1 000 litres de plus que la race locale.

F2 : 50 % de l'effet additif (200 litres) + 50 % de l'effet d'hétérosis (400 litres) = 600 litres de plus que la race locale.

3/4 Holstein (produit du croisement en retour d'un F1 avec la race parentale Holstein) : 75 % de l'effet additif (300 litres) + 50 % de l'effet d'hétérosis (400 litres) = 700 litres de plus que la race locale.

1/4 Holstein (produit du croisement en retour d'un F1 avec la race parentale locale) : 25 % de l'effet additif (100 litres) + 50 % de l'effet d'hétérosis (400 litres) = 500 litres de plus que la race locale.

Holstein pure : 100 % de l'effet additif (400 litres) + 0 % de l'effet d'hétérosis (0 litre) = 400 litres de plus que la race locale.

Race locale : on remarquera que dans les exemples 7C, 7D et 7E tous les résultats ont été exprimés par rapport à la performance de la race locale sans spécifier celle-ci. Dans la pratique, cette donnée est normalement la première à être connue, mais elle peut, elle aussi, être déduite des informations données dans l'exercice ci-dessus : la production des F1 étant de 2 000 litres et ayant été estimée supérieure de 1 000 litres à la production de la race locale, cette dernière doit être d'environ 1 000 litres. On peut arriver au même résultat à partir des informations concernant les F2 et les 3/4 Holstein.

Exemple 7F. Estimations des productions laitières absolues.

On reprend ici l'exemple 7E.

Race locale pure : 1 000 litres

1/4 Holstein : 1 500 litres

F1 : 2 000 litres

F2 : 1 600 litres

3/4 Holstein : 1 700 litres

Holstein pure : 1 400 litres.

Estimer de la même manière la production des autres niveaux de croisement ne présente aucune difficulté.

◗ Les problèmes d'estimation de l'hétérosis

Dans la pratique, les calculs théoriques prévisionnels et les observations ne s'accordent pas toujours aussi parfaitement. L'approche utilisée ci-dessus peut rencontrer trois types de problèmes.

Le rôle des effets maternels

Les animaux de la F1 ont des mères de race pure (les vaches de race locale, par exemple), tandis que les animaux de la F2 ont des mères croisées (des F1). Les mères F1 et les mères de race locale pure sont susceptibles de ne pas exprimer les mêmes aptitudes maternelles, en partie à cause de l'effet additif des gènes de l'autre race et en partie à cause d'un éventuel effet d'hétérosis qui agirait sur ces caractères. On observe cet effet d'hétérosis lorsque les aptitudes maternelles des F1 sont différentes de la moyenne des aptitudes maternelles des deux races parentales.

Si une vache croisée présente des aptitudes maternelles meilleures (ou moins bonnes) que celles de la race locale, cette différence aura des répercussions sur la descendance, notamment à la naissance et au tout début de son existence. Il s'ensuit que la différence entre les F1 et les F2 ne correspond pas uniquement à la moitié de l'hétérosis, mais inclut également l'effet maternel. Ce type d'effet sera vraisemblablement beaucoup moins marqué dans le cas de caractères apparaissant plus tard, tels que la production laitière, que pour des caractères apparaissant tôt, tels que le poids à la naissance ou la croissance précoce des veaux produits. Il doit être noté ici que lorsque l'on compare la performance de F2 à celle de sujets croisés en retour, il est vraisemblable (ou facile de faire en sorte) que ces deux types soient l'un comme l'autre issus de mères F1 et partagent un environnement maternel identique en moyenne.

Ainsi, dans l'exemple 7C, l'effet d'hétérosis de 800 litres calculé en faisant la différence entre la production des F1 et celle des F2 pourrait en fait être une surestimation (probablement peu importante, car la descendance est déjà adulte lorsqu'elle commence à produire du lait) de l'hétérosis.

Les effets possibles de l'épistasie sur le calcul de l'hétérosis

Les prévisions obtenues par comparaison des performances des F1 et F2 se fondent sur l'hypothèse que l'hétérosis ne dérive que de la dominance. Comme il a été vu plus haut, la moitié des interactions alléliques utiles (induites par la dominance de l'effet d'un des allèles sur l'effet du second) est perdue entre les générations F1 et F2. Cependant, si l'épistasie, c'est-à-dire l'interaction entre gènes différents, contribue également à l'hétérosis, elle recule également de la F1 à la F2, mais de manière difficilement prévisible. La performance des F2 peut ainsi s'avérer moins bonne, comparée à celle des F1, que ce à quoi l'on s'attendrait si la dominance était seule en cause. En théorie, l'épistasie accroît la marge d'erreur à appliquer aux comparaisons et aux prévisions telles que celles réalisées plus haut.

L'efficacité statistique de la méthode

La troisième difficulté réside dans le fait que le mode d'estimation des effets génétiques additifs, de l'hétérosis et des effets maternels par la comparaison des performances de divers niveaux de croisement est statistiquement moins efficace – nécessitant des effectifs plus élevés – que la méthode utilisant la comparaison des deux races pures parentales et des deux croisements F1 réciproques. Les méthodes idéales de comparaison ne sont cependant pas toujours applicables.

▐▶ Conclusion au sujet de l'estimation de l'effet d'hétérosis

Les comparaisons entre les animaux de race pure et les animaux croisés à divers degrés ont pour objet de mettre en évidence le poids relatif des effets additifs et des effets d'hétérosis – dans l'exemple 7E, l'effet d'introduire des gènes de race Holstein dans une race locale joint à l'effet supplémentaire de certaines combinaisons d'allèles résultant du croisement. Les calculs permettent également, si les croisements réciproques ont été réalisés, d'estimer l'importance des effets maternels.

En dépit des difficultés à estimer avec précision les contributions relatives de la dominance et de l'épistasie dans l'expression de l'hétérosis, une estimation de la performance des F2 par rapport à celle des F1 constitue une information précieuse et utile, permettant de mieux peser l'intérêt d'accoupler des animaux croisés entre eux ou celui de créer de nouvelles races à partir de croisements.

L'exercice détaillé ci-dessus (exemples 7C à 7F) n'apporte qu'une partie de la réponse à la première des questions posées au début de ce chapitre sur le pourcentage de sang de la nouvelle race qu'il convient d'introduire dans la race locale.

La proportion d'animaux croisés dans un troupeau ou dans une population

Avant de prendre les dernières décisions concernant la meilleure stratégie à adopter, un autre élément doit être pris en considération : jusqu'à quel point les bénéfices du croisement pourront-ils être diffusés au sein d'une population donnée ?

S'il est important de savoir à combien se montera l'hétérosis lors d'un croisement entre deux races bien déterminées, c'est que cette information est cruciale pour préciser le cadre économique des choix stratégiques à opérer.

Si l'effet d'hétérosis est nul ou négligeable, comme c'est vraisemblable dans le cas de caractères tels que le poids corporel adulte, la qualité de la laine ou le pourcentage de matières grasses dans le lait, par exemple, une combinaison de races qui réponde de manière satisfaisante aux besoins des éleveurs peut facilement être maintenue en accouplant les animaux croisés entre eux. S'il n'y a aucun hétérosis, faire se reproduire des animaux croisés entre eux ne devrait pas entraîner de perte de productivité.

Par contre, si la contribution de l'effet d'hétérosis au mérite d'une première génération de croisement est importante – comme ce pourrait être le cas pour des caractères ayant trait à la reproduction et à la survie ainsi que pour la production laitière – faire se reproduire des sujets croisés entre eux entraînerait une diminution de cet hétérosis et, partant, un recul éventuellement marqué de la performance. Dans ce cas, la question à poser est la suivante : serait-il judicieux de recréer de manière répétée des sujets de première génération de croisement (F1) afin de toujours bénéficier de l'effet d'hétérosis maximal ?

Exemple 7G. Création répétée de F1 pour s'assurer l'avantage de l'hétérosis. Dans l'exemple 7F, les F1 étaient les sujets les plus performants – animaux de pure race (race locale et Holstein) et croisés de toutes catégories confondues. La stratégie qui consisterait à ne créer que des sujets F1 présenterait l'inconvénient que seule une partie de la population pourrait appartenir à cette catégorie – peut-être pas plus du tiers de l'effectif total.
En effet, des animaux de race locale pure doivent être entretenus non seulement pour pouvoir produire les animaux croisés F1 mais également pour se reproduire eux-mêmes.
Il s'ensuit que la population considérée (indifféremment cheptel d'un éleveur ou d'une région entière) sera composée d'une certaine proportion

d'animaux hautement productifs, les F1 (environ 1/3), et d'une plus grande proportion d'animaux moins productifs, les sujets de race locale (environ 2/3).

À partir des chiffres donnés dans l'exemple 7F :

– 1/3 de femelles F1 avec une production de 2 000 litres chacune.

– 2/3 de femelles de race locale avec une production de 1 000 litres chacune.

La production moyenne de la population de femelles sera donc de (2 000 + 2 × 1 000)/3 = 1 333 litres.

Une autre méthode de production de sujets croisés peut parvenir à donner une plus grande proportion de croisés dans la population totale. Même si ces animaux croisés produisent moins, individuellement et en moyenne, que des F1, il reste possible que la production moyenne de la population se révèle supérieure.

Exemple 7H. Un troupeau de F2 pour exploiter l'avantage de l'hétérosis.
À partir des chiffres utilisés dans l'exemple 7F :

– une population entièrement constituée de F2 produit 1 600 litres par tête en moyenne ;

– une combinaison de F1 et de femelles de race locale produit 1 333 litres par tête en moyenne.

Par conséquent, une population (grand troupeau ou cheptel d'une région) entièrement composée de F2 est susceptible de produire beaucoup plus de lait qu'une population axée sur la production de F1.

Si l'effet d'hétérosis est une composante majeure de la performance de la première génération de croisement, on ne pourra pas obtenir une nouvelle hausse de productivité simplement en ajoutant un surcroît de sang exotique. En effet, le bénéfice apporté par un plus grand pourcentage de sang exotique ne permettra pas de compenser la diminution de l'effet d'hétérosis.

Lorsque, parfois, l'épistasie contribue de manière importante à l'hétérosis, le problème devient encore plus complexe. La performance des F2 pourrait alors se retrouver bien en dessous de la valeur à laquelle on serait tenu de s'attendre du fait de la perte de 50 % de l'hétérosis observée chez les F1 (la valeur attendue en tablant sur la seule perte de dominance utile). C'est ce qui a été observé dans certains essais (mais pas dans tous) réalisés en zone tropicale en croisant des races locales avec des races exotiques pour augmenter la production laitière. S'il s'avère que, dans certaines circonstances, l'épistasie intervient de manière significative dans l'expression de l'hétérosis, certaines décisions importantes s'en trouveraient influencées, notamment :

– s'il vaut mieux rester à une production de F1 (par exemple lorsque pratiquement aucun hétérosis ne s'exprime chez les F2) ou
– s'il vaut mieux envisager des systèmes de croisement plus élaborés (lorsque les effets de l'épistasie sur la diminution de l'hétérosis sont limités).

▐▶ Une explication physiologique de l'hétérosis

Les chiffres utilisés dans l'exemple fictif de la production laitière chez deux races pures et leurs divers croisements (exemples 7C à 7H) ont été choisis pour refléter une situation que l'on rencontre couramment en région tropicale : le pourcentage optimal de sang exotique se situe autour de 50 %, le restant provenant d'une race autochtone.

Ce phénomène peut s'expliquer en examinant de plus près la race Holstein – presque toute autre race exotique à haut rendement pouvant également servir d'exemple. La race Holstein a été créée et génétiquement améliorée dans les régions tempérées de la planète pour une productivité élevée dans d'excellentes conditions d'alimentation, de suivi sanitaire et de conduite d'élevage. Chez cette race, l'appétit, le métabolisme et l'allocation des nutriments aux diverses fonctions organiques sont tous réglés pour maximiser la productivité dans ce type d'environnement. Cependant, sous climat tropical, les conditions du milieu sont rarement équivalentes : extrêmes climatiques, exposition à divers problèmes sanitaires et variabilité des niveaux d'alimentation constituent un environnement pour lequel cette race n'avait pas été prévue à l'origine et avec lequel son génome interagit mal. À l'état de pure race, ces animaux ne se comportent pas de façon satisfaisante en conditions tropicales et peuvent même ne pas y survivre. L'expérience montre, toutefois, que des animaux croisés Holstein × Zébu ont une performance supérieure à la performance moyenne attendue de leurs races parentales (si celles-ci avaient été comparées dans les mêmes conditions ordinaires locales).

Les F1 ont un potentiel laitier supérieur hérité de leur parent Holstein tout en possédant suffisamment de gènes provenant de leur parent Zébu pour s'assurer une bonne adaptabilité aux conditions locales. C'est cette résistance génétique aux stress de l'environnement qui permet l'expression d'une haute productivité laitière.

Bien qu'ils soient susceptibles de varier d'un cas à l'autre dans le détail, ces principes restent fondamentalement valables pour les autres espèces domestiques et pour les caractères autres que la productivité laitière.

❯ Conclusion au sujet de la proportion d'animaux croisés, de l'hétérosis et de la performance

Lorsque l'effet d'hétérosis est important, l'éleveur doit décider quelle proportion du cheptel en son ensemble doit être constituée de sujets croisés. Dans tous les cas, la proportion de croisés dans la population et la productivité de ces croisés sont des paramètres entre lesquels il est nécessaire de faire un compromis.

L'effet de la stratification

Lorsque les animaux de race pure indigène et les animaux croisés peuvent occuper des niches environnementales distinctes, le problème du choix de la stratégie à adopter s'en trouve simplifié dans la mesure où il existe une place naturellement « réservée » à chaque type d'animaux (en général la race locale et les animaux issus de croisements).

Par exemple, une race bovine indigène pure – souvent une race à vocations multiples – pourra convenir à de petits éleveurs tandis que les plus grandes exploitations devant approvisionner en lait la population d'une ville préféreront des animaux croisés. Dans une situation telle que celle-ci, la race locale doit être suffisamment prolifique pour se reproduire et être utilisée en race pure tout en étant en mesure d'allouer une partie de sa population pour les croisements.

Dans le cas des ovins et des caprins, les modalités exactes peuvent être légèrement différentes.

Dans beaucoup de pays, de grands troupeaux migrateurs existent encore, exploitant de vastes étendues de végétation naturelle. Les moutons croisés ont souvent des besoins alimentaires trop exigeants pour supporter de telles conditions. Dans les secteurs à activités agricoles mixtes, toutefois, où des résidus de cultures sont disponibles, un type croisé d'ovin ou de caprin peut se révéler plus intéressant.

Les animaux croisés peuvent être produits en inséminant les femelles excédentaires de race locale des troupeaux itinérants et en vendant la progéniture croisée aux troupeaux des exploitations mixtes sédentaires (apportant ainsi un revenu complémentaire aux pasteurs de ces troupeaux transhumants).

Ici encore, la race locale doit être suffisamment prolifique pour produire en parallèle une progéniture de race pure et une progéniture croisée sans compromettre la survie de la population de race pure.

L'industrie ovine britannique fournit un exemple de stratification. Traditionnellement, les ovins de races « montagnardes » sont maintenus sur les zones de relief pendant les 3 à 4 premières années de leur existence pour la production d'animaux de pure race, puis transférés vers des terres de meilleure qualité pour la production d'animaux croisés.

Les femelles croisées sont à leur tour accouplées à d'autres types de béliers pour produire la génération d'agneaux destinés à la boucherie. Cette étape finale du processus est généralement conduite dans des conditions d'élevage encore plus favorables. Ce système permet d'optimiser la rentabilité de chaque catégorie d'ovins.

8. Croisements II : systèmes de croisement et exemples

Seront décrits ici quelques systèmes de croisement parmi les plus fréquemment utilisés.

Le croisement d'absorption ou de substitution

Le croisement d'absorption est le nom donné à des croisements en retour continus utilisant des mâles d'une race, où d'un type de croisement, d'abord sur les femelles de la race à améliorer et ensuite sur les générations successives de descendants croisés qui résultent de ces accouplements.

Le croisement d'absorption par une race exotique

Dans les régions tropicales, les croisements d'absorption (également dits de substitution) font le plus souvent intervenir des mâles d'une race importée d'un autre pays.

Il est cependant parfaitement possible d'opérer des croisements en retour répétés pour remplacer progressivement une race locale par une autre race locale.

Dans les pays tempérés, des populations entières – de races bovines laitières notamment – ont été transformées en d'autres races grâce à ce mécanisme.

Exemple 8A. Effet d'un croisement d'absorption d'une race locale par une race exotique.
Une race zébu est croisée avec la race Holstein. La première génération est à nouveau croisée avec la race Holstein et ainsi de suite pour chaque génération.
La proportion de sang Holstein (c'est-à-dire des gènes Holstein) augmente de 0,50 à 0,75, puis successivement à 0,875, 0,9375, 0,96875, 0,984375 ... (remarque : la longue succession de chiffres après la virgule n'est figurée que pour bien montrer la progression d'une génération à la suivante – sur le plan biologique, une telle précision n'a plus de sens).

Après environ quatre générations, les animaux croisés ne peuvent plus être distingués, dans la pratique, de sujets Holstein de pure race.
La proportion de gènes zébu est progressivement réduite jusqu'à disparition effective.

Le croisement de substitution d'une race exotique à une race locale tropicale n'est conseillé que si la race exotique visée – la race Holstein par exemple – a déjà fait ses preuves dans la région concernée. Ce type de croisement vise théoriquement à ce qu'à chaque génération successive d'animaux croisés en retour avec la race parentale exotique corresponde une amélioration des performances. Une telle progression régulière est toutefois rarement observée dans les pays tropicaux, comme les exemples étudiés plus loin dans ce chapitre pourront le montrer.

Dans la pratique, les croisements d'absorption sont souvent accompagnés d'une amélioration concomitante des conditions d'élevage. Il est important de s'assurer que l'accroissement de la productivité obtenue par ces croisements reste intéressant sur le plan économique. Le coût du supplément de nourriture ou de suivi sanitaire proposé ou nécessaire pour soutenir la production d'animaux à haute proportion de sang exotique ne devrait pas excéder la valeur de ce que ces animaux permettent de produire en plus. La question de la confusion à éviter entre les améliorations génétiques et les progrès dus aux améliorations des conditions d'élevage a déjà été abordée au cours des chapitres précédents.

Un croisement de substitution ne saurait être conseillé si l'hétérosis joue un rôle important dans la productivité des animaux issus du premier croisement. En effet, l'hétérosis recule ensuite progressivement au cours du processus de substitution, jusqu'à disparaître entièrement (figure 8.1).

Comme on évalue souvent les gains potentiels au regard des résultats du premier croisement, il y a une tendance à surestimer les possibilités de progrès amenés par l'introduction répétée de sang d'une nouvelle race. Une bonne performance des premiers croisements ne doit pas conduire aveuglément à un processus de croisement de substitution. Il est indispensable, dans un premier temps, de se consacrer à un examen attentif du rôle de l'hétérosis et d'évaluer rationnellement la pertinence d'animaux à haute teneur en sang exotique dans les conditions environnementales locales.

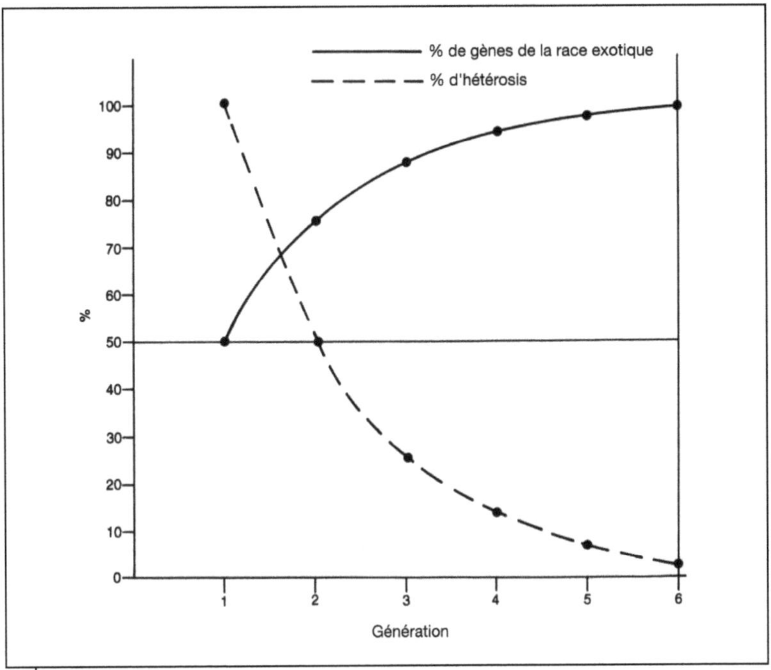

Figure 8.1.
Croisement de substitution d'une race exotique à une race locale.
Le croisement de substitution par rétrocroisements répétés avec une race parentale
exotique accroît la proportion de gènes exotiques mais fait baisser le pourcentage
d'hétérosis avec chaque génération successive.

▨ Le croisement d'implantation d'une race exotique à 50 % ou 75 %

Des croisements en retour répétés, partant d'une race locale, avec des
mâles eux-mêmes croisés comportant 50 % ou 75 % de sang exotique
donneront, en fin de processus après quatre ou cinq générations, des
animaux croisés comportant la même proportion (50 % ou 75 %) de
sang exotique. L'utilisation de mâles croisés est une approche plus
judicieuse lorsque des expériences préalables ont montré que le taux
optimal de sang exotique est de 50 % ou 75 % (par exemple) dans
les conditions dans lesquelles les animaux devront produire. Cette
formule présente l'avantage supplémentaire de générer et de conserver
une certaine part de l'hétérosis. De plus ce système de croisement

d'implantation avec des mâles croisés de génération F1 permet de résoudre plusieurs problèmes d'élevage associés avec un changement rapide vers les races exotiques. Ainsi la conduite de l'élevage peut être améliorée progressivement, à la même allure que la vitesse plus lente du changement génétique, donnant aussi une amélioration plus soutenue.

Lorsque l'on utilise des mâles F1 d'abord sur des femelles de race locale puis sur les femelles issues des générations successives de croisements, la proportion de l'hétérosis total retenue chez la progéniture est de la moitié de celle du père, soit la même que chez des F2.

Lorsque ce sont des mâles avec 75 % de sang exotique qui sont employés de la sorte, la proportion de l'hétérosis qui s'exprime chez leur progéniture commence à 75 %, à la première génération, puis décline pour se stabiliser autour de 40 %.

Les mâles croisés nécessaires à ce processus peuvent eux-mêmes être issus de femelles sélectionnées de race locale inséminées par des mâles exotiques. La sélection de femelles de race locale aux performances supérieures pour être les mères des reproducteurs croisés destinés aux croisements d'implantation permet souvent d'obtenir de meilleurs résultats. Il est également possible, bien que peu courant dans la pratique, de produire ces mâles croisés en inséminant des femelles de race exotique par des mâles sélectionnés de race locale. Ce système de croisement d'implantation de mâles croisés est simple et permet, en pratique, que toutes les femelles de la population « commerciale » (ou de production) soient croisées.

La production continue de F1

Deux races pures sont utilisées de manière répétée pour ne produire que des animaux croisés de première génération (F1). Sur le plan des effets génétiques additifs, les F1 se situent à mi-chemin entre les performances des deux races parentales. Toutefois, les F1 expriment 100 % de l'hétérosis qu'il est possible d'obtenir en combinant deux races.

Il est également important de prendre en considération le poids relatif des effets génétiques additifs et de l'effet d'hétérosis, ainsi que la proportion d'animaux croisés qui pourra être maintenue dans la population. Ces informations permettront de décider si la production répétée de F1 constitue effectivement une bonne stratégie.

Le croisement en rotation ou croisement rotatif

Deux races ou plus sont utilisées en rotation. Les mâles sont toujours des animaux de pure race, de l'une ou l'autre des races employées. Une première race est utilisée, puis une deuxième et ainsi de suite jusqu'à ce que la série soit complète, après quoi la première race est utilisée à nouveau, puis toutes les autres successivement, toujours dans le même ordre. Les femelles inséminées ne sont de race pure qu'au tout début du processus, pour le premier croisement. Toutes les générations postérieures à la première sont issues de femelles croisées.

▶ Le croisement rotatif de deux races ou croisement alternatif

L'utilisation de deux races en rotation – ou en alternance – permet de faire exprimer la totalité de l'hétérosis à la première génération (F1), la moitié à la deuxième génération (R1) et dans des proportions variables (entre 2/3 et 3/4) au cours des générations suivantes (figure 8.2). Lorsque les proportions des gènes des deux races atteignent leur valeur limite on arrive à une valeur constante de l'hétérosis qui est de 2/3 et à des proportions de gènes des deux races qui alternent de 2/3 à 1/3 entre les générations successives. Comme toutes les femelles sont croisées dès la deuxième génération, cette méthode permet de préserver une partie de l'effet d'hétérosis qui pourrait agir sur les aptitudes maternelles, pour les caractères pour lesquels cet effet est important.

Comme le montre le tableau 8.1, la moitié au moins des gènes de chaque génération provient de la race du dernier géniteur. Après la première génération, le pourcentage de sang de cette race (celle du mâle utilisé en dernier) devient supérieur à 50 % du fait que les mères, croisées, ont également des gènes de cette même race. La performance du produit croisé oscille ainsi en fonction du pourcentage de sang des deux races parentales que présente chaque génération successive.

Si les deux races ont des performances très différentes, comme par exemple dans le cas d'une race locale tropicale et d'une race exotique originaire des régions tempérées, cette alternance pourrait se traduire par une oscillation préjudiciable du rendement d'une génération à l'autre. Si les performances des deux races parentales sont équivalentes, celles des générations successives seraient également du même ordre, tout en bénéficiant d'environ les deux tiers de l'hétérosis maximum possible. Bien qu'il soit parfois nécessaire d'entretenir un certain

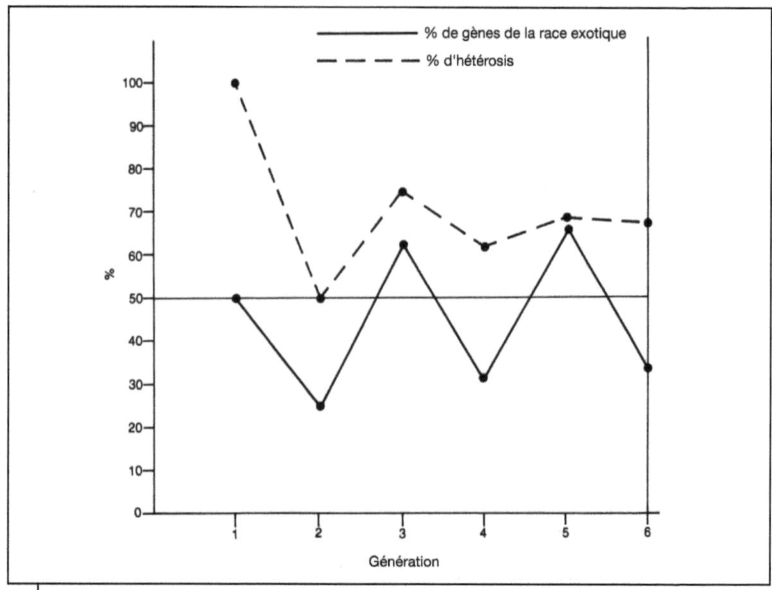

Figure 8.2.
Croisement rotatif (alternatif) de deux races.
Le graphique met en évidence les effets d'un croisement en rotation entre deux races,
l'une locale et l'autre exotique, sur le pourcentage d'hétérosis et sur le pourcentage de gènes
d'origine exotique au cours des générations successives (le premier croisement fait ici intervenir
un mâle de race exotique, le deuxième un mâle de race locale et ainsi de suite en alternant).

Tableau 8.1. Croisement alternatif de deux races (L : race locale ; E : race exotique).

Génération	Parents		Progéniture	% des gènes		Hétérosis
	Femelles	**Mâles**		**L**	**E**	**(% approx.)**
1	L	E	LE	50	50	100
2	LE	L	L/LE	75	25	50
3	L/LE	E	E/(L/LE)	37	63	75
4	E/(L/LE)	L	L/[E/(L/LE)]	69	31	62
5	etc.	E	etc.	34	66	63

nombre de femelles de race pure pour produire les géniteurs de race pure exigés par ce système, le restant des femelles, c'est-à-dire la grande majorité de la population, peut dès après la première génération être constitué de sujets croisés. En opérant par insémination artificielle avec de la semence achetée plutôt qu'avec des mâles vivants, la totalité de la population de femelles peut être croisée dès la deuxième génération.

◗ Le croisement en rotation de trois races

Les mâles, toujours de race pure, sont utilisés en rotation suivant le même principe que le croisement alternatif.

Tableau 8.2. Croisement en rotation utilisant trois races. On ne considère ici que l'hétérosis suscité par la combinaison des gènes locaux avec les gènes exotiques, et non pas celui éventuellement produit par le contact entre les deux races exotiques A et B (L : race locale ; A et B : races exotiques).

Génération	Parents		Progéniture	% des gènes			Hétérosis (%)
	Femelles	Mâles		L	A	B	
1	L	A	LA	50	50	-	100
2	LA	B	B/LA	25	25	50	50
3	B/LA	L	L/(B/LA)	63	12	25	75
4	L/(B/LA)	A	A/[L/(B/LA)]	32	56	12	62
5	etc.	B	etc.	16	28	56	32
6	etc.	L	etc.	58	14	28	84

À l'examen du tableau 8.2, on constate ici encore que la race du géniteur utilisé en dernier est d'emblée à l'origine de 50 % des gènes de la progéniture – en sus des gènes de cette race déjà apportés par les croisements précédents. Après un grand nombre de générations, le pourcentage de gènes des trois races se stabilise autour des proportions d'environ 4 parts provenant de la race utilisée en dernier pour 2 parts provenant de celle utilisée immédiatement avant et pour 1 part de la troisième.

En ce qui concerne l'hétérosis, le pourcentage exprimé à chaque génération est variable, surtout si l'on considère que les races exotiques n'en produisent que lorsqu'elles sont combinées avec la race locale, et non pas l'une avec l'autre.

Il est vraisemblable que la performance se révèlera plutôt variable d'une génération à la suivante, selon l'importance des effets génétiques additifs et non additifs. Il est par ailleurs essentiel de bien noter la race des mâles reproducteurs utilisés à chaque occasion, car il y a peu de chances que la composition raciale d'un animal puisse être déterminée d'après son seul aspect extérieur : la tenue à jour de ces informations est indispensable pour savoir avec quel type de mâle inséminer une femelle croisée.

La création de nouvelles races : les races composites

Les généticiens nomment races composites les races créées à partir de plusieurs races parentales. De nouvelles races peuvent être synthétisées à partir de croisements combinant des races différentes dans pratiquement n'importe quelles proportions : première génération de croisement, divers rétrocroisements de deux races ou combinaisons de plus de deux races (tableau 8.3).

Il convient en premier lieu de déterminer la combinaison raciale souhaitée d'après la performance précoce des croisements et une estimation de la valeur de l'hétérosis. Les animaux du niveau de croisement désiré sont alors reproduits entre eux pour plusieurs générations. Une sélection est – et doit être – appliquée en parallèle afin d'améliorer les caractéristiques de production.

On trouve chez toutes les espèces domestiques un certain nombre de races pures établies de longue date qui ont été constituées, à l'origine,

Tableau 8.3. Exemples de races composites.

Types	Races	Composition
Bovins laitiers	Zébu laitier australien	0,33 Sahiwal + Red Sindi/ 0,67 Jersey
	Jamaica Hope	0,8 Jersey/0,05 Frisonne/ 0,15 Sahiwal
	Karan Swiss	Brune Suisse/Sahiwal
Bovins à viande	Bonsmara	0,62 Afrikander/0,19 Hereford + 0,19 Shorthorn
	Chabray	0,62 Charolais /0,38 Brahmane
	Santa Gertrudis	0,62 Shorthorn/0,38 Brahmane
	Renitole de Madagascar	Croisement des 3 races Zébu Malgache + Limousin + Afrikander
Ovins	Dorper	Dorset Horn/Persan à tête noire
	Katahdin	Virgin Island/Wiltshire Horn + Suffolk
	Perendale	Cheviot/Romney de Nouvelle-Zélande
Caprins	Boer	Race locale avec du sang européen, Angora et indien

à partir de populations initiales comportant des éléments de plusieurs races différentes.

Les races ovines, en particulier, présentent beaucoup d'exemples de ce type : la race Columbia, issue d'un croisement de Rambouillet Américain et de Lincoln Longwool, ou même la race Corriedale, encore plus ancienne, qui dérive de la race Mérinos avec des apports de sang Lincoln et/ou Leicester. Rares aujourd'hui sont ceux qui considèrent les races à viande British Down (par exemple le Suffolk, le Hampshire Down, le Oxford Down et d'autres), établies depuis longtemps, comme autre chose que des races pures – avec raison, après un siècle ou plus d'élevage en race pure.

Toutefois, leurs origines doivent beaucoup à la race Southdown, qui a été croisée avec d'autres types autochtones pour les améliorer. En outre, bien des races anciennes, notamment dont les populations sont relativement restreintes ou en déclin, ont bénéficié en d'autres temps de l'apport ponctuel de gènes d'autres races pour améliorer leurs performances ou pour combattre les effets de la consanguinité.

Il convient de souligner ici que beaucoup de races dont le nom même spécifie le pays d'origine dérivent en fait de populations fondatrices communes. À partir d'une même population de départ, des processus de sélection dont les visées différaient d'un pays à l'autre et des apports d'un peu de sang local ont donné naissance à plusieurs lignées différentes.

> **Exemple 8B. Origines des cheptels nationaux.**
> Bon nombre des lignées actuelles de la race Holstein proviennent de races hollandaises.
> Parmi les races porcines, il existe de nombreuses variantes nationales du Landrace et du Large White (également connu sous le nom de Yorkshire). Les porcs Landrace proviennent tous de porcs allemands (eux-mêmes comportant du sang Large White) et se sont souvent différenciés par une phase de développement intermédiaire dans d'autres pays.
> Les divers types de Large White (ou Yorkshire) descendent de porcs anglais.

Le mélange de races pour en créer d'autres, puis leur évolution ultérieure en de nouveaux types par sélection est un mécanisme qui existe depuis longtemps – bien plus ancien que ne le laissent penser les consonances modernes de l'expression « races composites ». Pour les besoins actuels, la production de races composites est mise en avant comme une approche alternative à d'autres stratégies de croisements ou à la sélection pure et simple au sein d'une race indigène en région tropicale.

⊪ Les caractéristiques d'une race composite

La composition raciale d'une race composite est ce qui détermine sa performance initiale. Les effets génétiques additifs reflètent les proportions de chaque race constitutive. Il subsiste en outre une certaine part d'hétérosis, en fonction du degré d'hétérozygotie produit par la combinaison des races.

Lorsque deux races A et B sont combinées, le pourcentage d'hétérosis qui se maintient dans la race composite dépend du niveau de croisement à partir duquel les animaux croisés ont commencé à être reproduits entre eux (voir tableau 8.4, une des races pouvant être une race locale et l'autre une race exotique).

Tableau 8.4. Pourcentage d'hétérosis subsistant chez les races composites.

| Origine des gènes (%) | | Hétérosis maximum |
Race A	Race B	subsistant chez la race composite (%)
12,5	87,5	22
25	75	37
37,5	62,5	47
50	50	50

Remarque : des proportions plus élevées de gènes de la race A ont exactement le même effet sur l'hétérosis que les mêmes proportions de gènes de la race B.

Lorsque plus de deux races sont fusionnées, l'effet d'hétérosis suit des lois plus complexes. Certaines races locales tropicales de *Bos indicus* génèrent un hétérosis important si elles sont croisées avec des races exotiques de *Bos taurus* sans pour autant qu'il en aille de même lorsqu'elles sont croisées entre elles. De même, des races exotiques peuvent ne produire qu'un effet d'hétérosis limité, voire nul, lorsqu'elles sont croisées entre elles.

Lorsque trois races sont utilisées dont toutes les combinaisons deux à deux induisent un effet d'hétérosis, plus de la moitié de l'hétérosis réalisable est conservée. Si l'hétérosis ne provient que de deux des combinaisons (les races exotiques avec la race locale), il ne subsistera, dans la race composite à trois races, qu'à hauteur d'à peine plus d'un tiers de l'hétérosis maximum.

Des interactions épistatiques, non alléliques, sont également susceptibles de contribuer à l'hétérosis (voir page 140). Pour une combinaison donnée de races parentales, la création d'une race composite fait perdre plus d'épistasie que des croisements en rotation.

Abstraction faite des possibilités ultérieures de sélection amélioratrice, l'intérêt principal des races composites réside dans leur niveau de productivité plus régulier, d'une génération à l'autre, que celui des animaux issus de croisements en rotation.

Le suivi des améliorations apportées par une stratégie de croisement

Tout autant que pour un processus de sélection, il est essentiel de suivre la progression des améliorations survenues en réponse à un schéma de croisement. L'exercice implique la comparaison d'animaux contemporains à plusieurs étapes du processus afin de bien faire la distinction entre les changements introduits par les croisements et ceux dus aux conditions environnementales.

Il n'est pas rare, en effet, de voir le système de conduite de l'élevage évoluer avec le temps parallèlement aux modifications des types raciaux. Pour que la comparaison soit valable, il faut par exemple que des animaux de pure race soient présents en même temps aux côtés d'animaux F1, au moins pendant une certaine période, et que leurs performances soient évaluées dans les mêmes conditions. De même faudrait-il veiller à ce que les diverses catégories à comparer se chevauchent dans le temps : F1 avec, selon les cas, F2, croisés en retour 3/4 sang ou 1/4 sang, ou 3/4 sang avec 1/4 sang, etc.

Il est utile, par ailleurs, d'entretenir une population témoin servant de point de référence pour suivre les progrès réalisés, que ce soit par croisements rotatifs ou par création d'une race composite. La population témoin est le seul moyen fiable de faire la distinction entre les gains génétiques découlant de la stratégie de croisement appliquée et les autres changements susceptibles d'intervenir avec le temps.

Ces comparaisons sont importantes pour :
– évaluer la rentabilité économique d'un schéma de croisement ;
– décider de la nécessité éventuelle de modifier le programme de croisement.

Quelques exemples de croisements et leurs résultats

Il est intéressant de proposer ici quelques exemples de résultats de croisements. En effet, l'étude de cas permet :
– d'illustrer les principes des croisements ;
– de montrer que les résultats obtenus dans la pratique ne se conforment pas toujours exactement aux prévisions théoriques et peuvent de ce fait se révéler difficiles à interpréter.

Des résultats positifs obtenus pour un caractère ont parfois pour contrepartie des effets décevants dans d'autres caractères. C'est également le cas quelquefois lorsque l'on compare plusieurs races – bien entendu dans les mêmes conditions.

Les exemples cités ici ne sont pas à considérer comme des modèles de schémas de croisement à suivre. Les principes sur lesquels s'appuient les stratégies de croisements permettent de dégager des indications générales, mais ce n'est que par des essais bien ciblés que l'on pourra déterminer les races et les combinaisons de races les mieux adaptées à chaque situation.

Les croisements de races bovines laitières

Il a été largement tiré parti des croisements pour accroître le rendement laitier des vaches dans les régions tropicales et beaucoup de résultats ont été publiés sur ce sujet. Cependant, la plupart de ces publications ne permettent pas de quantifier l'hétérosis, soit parce que les deux races parentales du croisement ne sont pas utilisées de manière symétrique (pas de croisements réciproques), soit parce que les différents niveaux de croisement ne sont pas contemporains (pas de F1 aux côtés des F2, par exemple).

Toutefois, les résultats d'un essai réalisé en Inde, dans le cadre duquel la série complète des comparaisons a été menée (tableau 8.5), montrent que :
– le croisement de la race Brune Suisse avec la race Sahiwal s'est traduit par une nette augmentation de la productivité laitière, les types croisés donnant significativement plus de lait que les deux races Sahiwal et Brune Suisse.
– dans la pratique, le calcul des effets génétiques additifs et des effets d'hétérosis à partir des divers niveaux de croisement ne permettent

d'obtenir que des indications générales. Les résultats des différents niveaux de croisement ne semblent se conformer à aucune règle claire.

Tableau 8.5. Âge à la première mise bas et production laitière de vaches pure race et croisées Brune Suisse × Sahiwal au NDRI, Karnal, Inde. Le nombre de lactations ayant servi au calcul de la moyenne est indiqué entre parenthèses. D'après Taneja *et al.* (1978).

Niveau de croisement	Âge à la première mise bas (jours)	Production laitière de la première lactation, sur 305 jours (kg)
Sahiwal de pure race	1 211	1 704 (471)
25 % Brune Suisse	930	3 039 (10)
50 % Brune Suisse (F1)	908	3 160 (98)
50 % Brune Suisse (F2)	1 020	2 579 (35)
75 % Brune Suisse	930	2 670 (34)
Brune Suisse de pure race	1 077	2 355 (83)

Quantification des effets génétiques additifs et de l'hétérosis

On suppose que tous les produits des différents niveaux de croisement ont été traités de la même manière et maintenus dans les mêmes conditions. Les performances des animaux issus des divers niveaux de croisement permettent d'extraire les informations suivantes au sujet du pourcentage d'effets génétiques additifs A et du pourcentage de l'hétérosis H :

Sahiwal (race parentale 1)	m (production de référence)
Brune Suisse (BS) (race parentale 2)	m + 100 % A
F1	m + 50 % A + 100 % H
F2	m + 50 % A + 50 % H
25 % Brune Suisse	m + 25 % A + 50 % H
75 % Brune Suisse	m + 75 % A + 50 % H

1. Calcul des effets génétiques additifs par simple différence :
– à partir de la différence entre les deux races parentales : + 651 kg
– à partir de la différence entre les 75 % BS et les F2 : + 364 kg
– à partir de la différence entre les F2 et les 25 % BS : - 1 840 kg
– à partir de la différence entre les 75 % BS et les 25 % BS : - 738 kg

Remarque : la production moyenne des 25 % BS est calculée sur la base de 10 lactations seulement (voir la conclusion 2 ci-dessous).

2. Calcul de l'hétérosis par la différence entre les F1 et la moyenne des deux races parentales : + 1 131 kg.

Résultat obtenu en faisant la différence entre les F1 et les F2 : + 1 162 kg.

Il faut remarquer que les différences de performance entre certains produits de croisement ne permettent d'estimer qu'une partie des effets génétiques additifs ou de l'effet d'hétérosis. Les chiffres doivent donc parfois être multipliés pour obtenir une estimation de l'effet dans sa totalité.

Conclusions au sujet du croisement expérimental Brune Suisse × Sahiwal

1. Les deux estimations de l'hétérosis sont remarquablement proches.

2. Les estimations des effets additifs totaux des gènes de la race Brune Suisse (BS) donnent par contre des résultats beaucoup plus disparates. La cause est en que la catégorie des 25 % BS a produit une quantité de lait beaucoup plus importante que prévu : à première vue, on est tenté d'en déduire un effet apparemment négatif du sang BS du fait que les 25 % BS produisent plus que les 75 % BS et que les F2 (qui ont tous plus de sang BS que les 25 % BS tout en ayant le même pourcentage d'hétérosis à 50 %). Cependant, la productivité des 25 % BS est calculée sur 10 individus seulement alors que toutes les autres sont calculées sur un échantillon beaucoup plus grand. L'attitude rationnelle à adopter serait par conséquent de ne pas donner trop de poids aux comparaisons faisant intervenir la productivité des 25 % BS.

3. Il est possible de combiner l'ensemble des données disponibles pour en extraire une estimation unique des effets génétiques additifs et de l'effet d'hétérosis tout en tenant compte de la taille de l'échantillon de chaque catégorie. Cette approche permet de chiffrer les effets additifs de l'introduction de sang Brune Suisse dans la race Sahiwal à + 626 kg et l'hétérosis total à + 1 150 kg.

4. Quelle que soit la méthode de calcul utilisée, les résultats de cette expérience menée en Inde indiquent que l'effet d'hétérosis était supérieur aux effets génétiques additifs apportés par la race Brune Suisse. Il reste que la productivité laitière observée des F2, comparée à celle des F1, était proche de la valeur qui aurait pu être prévue du fait du recul de 50 % de l'hétérosis total (dans d'autres essais, la performance des F2 s'est révélée inférieure). Dans cet exemple particulier, la création d'une race composite pourrait effectivement être envisagée dans la mesure où il n'y a apparemment pas de complication d'origine épistatique. La décision dépendrait alors de la proportion de sujets F1 hautement productifs qui pourraient être maintenus dans la population et de la rentabilité d'un tel système comparé à celui d'une population qui serait essentiellement composée d'animaux croisés dont le niveau d'hétérosis serait inférieur à celui des F1.

Les effets des croisements sur des caractères autres que la production laitière sont tout aussi importants. Comme l'indique le tableau 8.5, l'âge au premier vêlage était plus précoce chez les animaux croisés que chez les sujets de race pure, mais la performance des F2, comme prévu, s'est avérée inférieure à celle des F1. Les résultats de production laitière étant présentés sous la forme de la production sur une période fixe de 305 jours, il a été nécessaire d'ajuster les résultats observés pour qu'ils se conforment à cette durée, même si en réalité la lactation était plus brève. Une telle procédure est susceptible d'induire en erreur si certains types raciaux tendent à avoir des lactations plus nombreuses et plus courtes, et d'autres plus longues. La durée de la lactation peut être liée à la race, mais ce ne semble pas être le cas dans l'exemple étudié ici, dans lequel les races différaient peu en ce qui concerne ce caractère particulier.

Un deuxième exemple (tableau 8.6) est tiré d'une étude de Syrstad (1990), qui a compilé les résultats de 54 expériences de croisements publiées qui associaient plusieurs races indigènes et exotiques. L'objectif de ce travail de synthèse était de récapituler les effets de l'accroissement de la proportion de sang exotique et de proposer un modèle génétique susceptible d'en expliquer les résultats.

Tableau 8.6. Production laitière par lactation en conditions tropicales en fonction du pourcentage de sang *Bos taurus* des vaches. Synthèse de 54 séries de données (moyenne des moindres carrés et écarts-types d'échantillonnage SE pondérés). Tous les groupes à l'exception des F2 ont pour géniteurs des taureaux de pure race. D'après Syrstad (1990).

% de sang *Bos taurus*	0	12,5	25	37,5	50 (F1)	62,5	75	87,5	100	50 (F2)
Production laitière (kg)	1052	1371	1310	1553	2039	1984	2091	2086	2162	1523
SE (±)	39	170	158	100	28	75	45	84	50	92

– Les résultats du tableau 8.6 montrent une augmentation de la productivité jusqu'au niveau des F1, au-delà de quoi les améliorations apportées par tout apport supplémentaire de gènes de *Bos taurus* sont bien moins significatives.
– Cunningham *et al.* (1987) ont estimé (à partir de 46 des 54 séries) que les effets additifs des gènes de *Bos taurus* étaient légèrement supérieurs à 1 000 kg de lait et que l'effet d'hétérosis maximal se situait autour de 450 kg.

– La production des F2 était cependant significativement inférieure à celle des F1 – environ 300 kg de moins que prévu en considérant que les effets de dominance sont les seuls responsables de l'effet d'hétérosis observé.
– Syrstad (1990) considérait qu'il y avait un certain effet épistatique, toutefois impossible à quantifier avec précision.

Il convient ici de progresser avec circonspection. Il y a sans doute dans cette étude comme dans d'autres une possibilité que la production des animaux de race exotique pure et de pourcentage élevé de sang exotique (75 % et plus de sang exotique) soit surestimée par rapport à la production des autres catégories, et notamment des sujets de races indigènes pures et comportant un faible pourcentage de sang exotique (25 % ou moins de sang exotique). Ce serait notamment le cas si, comme il en a été question à plusieurs reprises dans cet ouvrage, les animaux exotiques et ceux comprenant un fort pourcentage de sang exotique étaient élevés dans de meilleures conditions que les autres.

La performance des vaches n'est qu'un des aspects de la productivité d'un troupeau. D'autres concernent les pertes par maladies ou morts, ou le temps pendant lequel il est possible de garder les vaches au sein du troupeau.

Une synthèse sur le sujet (Vaccaro, 1990) a montré que :
– d'après la quasi totalité des critères de survie, les races taurines européennes, en conditions tropicales, donnent de moins bons résultats que leurs produits croisés avec des races zébu ;
– en ce qui concerne la durée de vie utile dans le troupeau, les vaches de races européennes ne restaient en moyenne que le temps de 2,9 lactations, tandis que les croisées comportant 0-25 %, 50-62,5 % et 75-87,5 % de sang *Bos taurus* parvenaient respectivement à 3,4, 6,6 et 3,9 lactations.

Bien que l'on ne soit pas en mesure d'interpréter précisément le phénomène en termes d'hétérosis, il semblerait que celui-ci pourrait être largement impliqué dans la survie et la durée de vie utile des animaux en régions tropicales.

Vaccaro a par ailleurs montré que des vaches importées de race européenne pure produisaient en moyenne, en conditions tropicales, seulement 0,74 génisse de renouvellement (femelles encore en vie au moment de leur première mise bas) au cours de toute leur existence, tandis que des vaches de race européenne pure nées sur place en produisaient 0,98.

Ce résultat suggère que des animaux de races européennes pures élevés en zone tropicale ne seront pas, en moyenne, capables de se renouveler. Si ce n'est certes pas le cas des cheptels ou des pays les plus avantagés de ces régions, des territoires entiers existent dans lesquels une population de ce type ne peut être maintenue qu'en important sans cesse les animaux nécessaires au renouvellement.

Les croisements de races bovines bouchères

Les résultats obtenus lors d'essais de croisement réalisés en Zambie (tableau 8.7) permettent de comparer plusieurs races élevées dans les mêmes conditions et d'estimer l'hétérosis (F1 avec produits des croisements réciproques confondus comparés à la moyenne des races pures parentales). La race Afrikander, qui n'intervient pas dans le croisement, est présentée pour comparaison : bien qu'il s'agisse de la race la plus lourde, produisant les veaux dont les poids sont les plus élevés, le pourcentage de veaux parvenant au sevrage est trop faible pour que cette race soit intéressante.

Tableau 8.7. Moyennes de plusieurs caractères de bovins de pure race et croisés (croisements réciproques confondus) en Zambie. D'après Thorpe *et al.* (1980 ; 1981).

Races	Poids à 2,5 ans (kg)	% parvenant au sevrage	Poids au sevrage	
			Veau	Par mère*
Afrikander (AF)	339	51,4	174	89,4
Angoni (AN)	285	65,1	149	97,0
Barotse (BA)	311	53,8	163	87,6
Boran (BO)	329	64,5	169	109,0
AN × BA	302	61,8	158	97,6
AN × BO	312	69,1	160	110,6
BA × BO	340	65,9	173	114,0

*Le poids des veaux au sevrage multiplié par le pourcentage parvenant au sevrage.

Dans ces croisements expérimentaux, l'hétérosis s'est avéré faible, variant entre à peine 1 % pour le poids des veaux au sevrage (AN × BO) et un peu plus de 11 % pour le pourcentage parvenant au sevrage (BA × BO). Comme il a été mentionné plus haut, on considère généralement que des croisements entre races d'origine différente génèrent plus d'hétérosis que des croisements entre races proches. Ici, les races Barotse et Afrikander sont des races Sanga alors que la

Boran et l'Angoni sont des races zébu (toutes appartenant à l'espèce *Bos indicus*). Si les croisements Barotse × Boran produisent l'hétérosis estimé le plus élevé, conformément à cette règle générale, en revanche le croisement Barotse × Angoni, contrairement aux attentes, est celui pour lequel l'hétérosis estimé est le plus bas.

Cet exemple souligne l'importance de procéder à des essais pour tester les races et les différentes combinaisons de races dans chaque situation en évitant de baser un programme d'amélioration uniquement sur les prévisions des calculs théoriques.

▌ Les croisements de races ovines

La capacité de reproduction est bien souvent l'un des principaux facteurs limitants de la production de viande chez les ovins. L'exemple choisi ici permet d'illustrer l'effet d'un croisement sur certaines composantes de ce caractère.

Les résultats d'un croisement de races ovines indigènes au Maroc (tableau 8.8) montrent que les croisements sont susceptibles d'augmenter la productivité générale de manière significative grâce à l'effet d'hétérosis. Cet exemple indique par ailleurs que l'hétérosis peut se manifester de différentes manières et que les données doivent être examinées avec attention.

Tableau 8.8. Caractères de deux races ovines et de leurs croisements au cours de deux saisons différentes au Maroc (rang de mise bas > 3). D'après Bradford *et al.* (1988).

Caractères	Saison 1 Inséminées oct.-nov.			Saison 2 Inséminées mai-juin		
	D'man	Sardi	F1*	D'man	Sardi	F1
Poids à l'insémination (kg)	28	45	35	29	45	34
Taux de fécondité (%)	95	95	98	89	62	95
Taille de la portée	2,5	1,3	1,9	2,1	1,2	2,0
Poids total des agneaux à 60 j par brebis inséminée (kg)	18	19	22	18	12	21

*Données ajustées pour l'âge.

Le poids corporel des animaux croisés (tableau 8.8) ne laisse paraître aucun effet d'hétérosis. En ce qui concerne la fécondité, il semble

qu'une proportion beaucoup plus faible des brebis Sardi ait conçu au cours de la saison 2 qu'au cours de la saison 1, ce qui peut être attribué à une interaction génotype × environnement, les autres races n'ayant pas été affectées de la même manière. Cet échec relatif de reproduction des brebis Sardi en seconde saison a fait tomber le taux de fécondité moyen des races pures parentales bien en dessous de celui des croisés, ce qui a permis de faire apparaître un effet d'hétérosis. En revanche, au cours de la saison 1, la fécondité des trois catégories de brebis était similaire. Pour ce qui est de la prolificité, un effet d'hétérosis s'est manifesté à la saison 2 qui n'était pas décelable à la saison 1.

Lorsque tous les aspects de la performance – y compris la mortalité et la croissance des agneaux – sont concentrés dans un descripteur unique, il s'avère que, dans une saison comme dans l'autre, les brebis croisées ont produit un poids total d'agneaux par insémination supérieur aux deux races pures parentales.

La supériorité, constatée dans cet exemple précis, de la performance des sujets croisés par rapport à celle des sujets des races pures parentales D'man et Sardi correspond, en termes génétiques, à une superdominance (chapitres 3 et 7).

Figure 8.3.
Chèvres Angora (photo de Nigel Cattlin).

▌ Les croisements de races caprines

La vaste majorité des chèvres élevées en zone tropicale le sont pour leur lait et leur viande, mais la production de fibres textiles (de mohair, ou laine angora, en particulier, et de cachemire à plus haute altitude) revêt une importance croissante dans certaines régions. Les caractères relatifs à la toison n'exhibent normalement pas d'hétérosis marqué lors des croisements, mais les différences de performance entre les races sont importantes. L'amélioration de la production de mohair au Pakistan constitue dans ce contexte un cas intéressant de croisement d'absorption réussi.

Tableau 8.9. Croisement d'absorption de la race Angora dans une race locale par rétrocroisements pour améliorer la longueur et la finesse de la fibre au Pakistan. D'après Ahmad et Kahn (1984).

	Gènes Angora (%)	Longueur de la fibre (mm)	Diamètre de la fibre (μm)	Mohair véritable (%)
Angora (A)	100	79,5	20,2	91
A × race locale (F1)	50	34,5	50,0	47
A × F1 (R1)	75	57,1	25,3	85
A × R1 (R2)	87	77,5	20,2	90

La laine angora, ou mohair, est recherchée pour la longueur et la finesse de ses fibres. Les résultats de croisements en retour répétés (tableau 8.9) montrent que les produits de la première génération de croisement de boucs Angora avec des chèvres locales possédaient des fibres beaucoup plus courtes et grossières que les sujets Angora purs. Toutefois, un premier rétrocroisement a permis d'améliorer ces deux caractères et un second rétrocroisement a produit des animaux à 7/8 Angora dont la longueur et la finesse des fibres étaient très proches de celles des Angora de race pure.

On peut constater ici comment il a été possible, dans le cas de caractères pour lesquels on savait l'hétérosis minime, voire nul, de mettre sur pied, en trois générations, une bonne production de mohair à partir de chèvres locales croisées avec des boucs Angora importés.

▌ Les croisements de races porcines

Quelques-uns des résultats obtenus par quatre races pures et leurs produits croisés importés et élevés en Corée dans un établissement porcin figurent dans le tableau 8.10. Ils montrent que l'hétérosis a contribué à la productivité de manière utile, bien que limitée, mais que sa valeur varie en fonction des combinaisons de races.

Tableau 8.10. Taille et poids de la portée à 21 jours chez plusieurs races importées et chez les produits de leurs croisements en Corée. L'hétérosis est exprimée en pourcentage de la moyenne des deux races pures parentales de chaque croisement. D'après Park *et al.* (1982). Seuls sont figurés les races et les croisements pour lesquels les deux croisements réciproques ont été réalisés.

Races importées et leurs croisements	Prolificité	Hétérosis (%)	Poids (kg)	Hétérosis (%)
Landrace (L)	8,35		47,0	
Yorkshire (Y)	7,98		43,0	
Duroc (D)	6,94		38,0	
Hampshire (H)	7,04		39,2	
L × Y	8,36	2,4	46,6	3,6
L × D	8,30	8,6	46,1	8,5
L × H	8,04	4,5	46,6	8,1
Y × D	7,87	5,5	41,9	3,5
Y × H	8,06	7,3	45,0	9,5

À partir de ces comparaisons (et d'autres non exposées ici), les auteurs ont chiffré l'hétérosis moyen observé, dans le cas de la taille de la portée, à 1,4 % à la naissance, 6,5 % à 21 jours et 6,9 % au sevrage (à 30 jours). L'hétérosis moyen en ce qui concerne le poids de la portée à 21 jours et le poids individuel des porcelets à 30 jours a été estimé à 7,6 % et 2,1 % respectivement. Les résultats du tableau 8.10 montrent toutefois que, pour les deux caractères étudiés, l'hétérosis varie en fonction des races utilisées dans les croisements.

9. Consanguinité

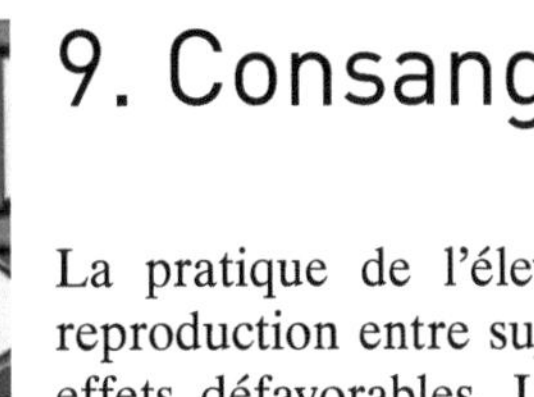

La pratique de l'élevage en consanguinité, c'est-à-dire la reproduction entre sujets apparentés, a presque toujours des effets défavorables. L'interdiction du mariage de personnes étroitement apparentées qui prévaut dans la plupart des sociétés humaines suggère que les effets de la consanguinité chez notre espèce sont connus depuis longtemps. Pourtant, il est encore de nombreux éleveurs qui croient que l'élevage consanguin permet de fixer et d'améliorer les points forts de leur cheptel – une idée que les faits démentent pourtant beaucoup plus souvent qu'ils ne la confirment. Il arrive par ailleurs que des accouplements entre animaux apparentés se produisent par hasard. Il importe donc d'examiner ce sujet d'un peu plus près, même si l'élevage consanguin n'est pas une pratique à recommander dans le cadre de la reproduction des animaux domestiques.

Les facteurs de consanguinité

Il y a consanguinité lorsque deux individus ayant un ou plusieurs ancêtres communs se reproduisent.

L'accouplement d'animaux apparentés peut être un acte délibéré de l'éleveur ou un événement accidentel. Il est tout à fait possible, dans un système où les accouplements se font de manière aléatoire, que certains associent deux animaux qui ont un ascendant en commun. Dans une population de taille finie, un certain degré de consanguinité est d'ailleurs inévitable – et ne peut qu'être limité autant que possible. La probabilité pour que deux animaux aient un ascendant commun, et surtout un ascendant récent, est plus élevée dans les petites populations (dans lesquelles le nombre d'ancêtres est relativement faible) que dans les populations de plus grande taille. La consanguinité s'observe donc plus fréquemment dans les petits troupeaux fermés que dans les populations d'effectif important. Elle est même susceptible de se développer à un rythme inquiétant, pour la même raison, lorsque l'effectif des animaux reproducteurs est artificiellement restreint, comme c'est le cas lorsque l'on procède à une sélection – surtout à cause du faible nombre de mâles autorisés à inséminer les femelles.

La consanguinité est décrite :
– chez les individus, par le coefficient de consanguinité (page 180) ;
– dans une population panmictique, par son accroissement d'une génération à la suivante.

Le degré de consanguinité (qui se mesure par le coefficient de consanguinité) chez le descendant d'un accouplement dépend de la parenté de ses deux parents. En effet le coefficient de consanguinité d'un individu (coefficient qui est une probabilité comprise entre 0 et 1) est égal au coefficient de parenté de ses deux parents. Dans la pratique, ce sont les ascendants communs les plus récents des individus accouplés entre eux qui ont l'impact le plus important.

> **Exemple 9A. Ascendants et effet sur la consanguinité.**
> La consanguinité des descendants de deux animaux accouplés entre eux s'accroît plus si ces deux animaux ont le même père que s'ils ont le même grand-père.
> De même, elle est plus élevée si les deux animaux ont un grand-parent plutôt qu'un arrière-grand-parent en commun.

Le niveau de consanguinité s'accumule au sein des populations. Dans le long terme, même la présence de liens plus distants chez les ancêtres des deux parents d'un animal conduira à de la consanguinité.

❚❚❘ Des mâles reproducteurs en petits effectifs

Les pratiques de reproduction mises en œuvre dans beaucoup de pays peuvent facilement devenir une source de consanguinité. Ainsi n'est-il pas rare que les importations ne concernent qu'un petit échantillon de taureaux exotiques (parfois uniquement représentés par leur semence). Ces taureaux étant ensuite utilisés pour inséminer de très nombreuses vaches, il est fondamental de s'assurer qu'ils ne sont pas apparentés. En effet, si certains de ces reproducteurs ont un ou plusieurs ancêtres communs récents, la probabilité devient beaucoup plus importante d'aboutir à de la consanguinité lorsque les descendants de ces taureaux importés devront se reproduire entre eux.

De même, en utilisant un petit nombre de taureaux pendant plusieurs années, on accroît les chances que des animaux apparentés seront accouplés dès que la première génération de femelles issues de ces taureaux sera parvenue en âge de se reproduire – après environ 2 ou

3 ans. Comme les informations généalogiques précises sont rarement enregistrées, il est fort possible que quelques-unes des filles d'un taureau importé se trouvent inséminées par leur propre père. La probabilité est encore plus élevée qu'une vache soit inséminée, par hasard, par son demi-frère (un taureau ayant le même père qu'elle mais une mère différente).

Il semblerait par ailleurs que, dans certains pays, les béliers et les boucs particulièrement estimés soient remplacés, dans le même troupeau, par un de leurs fils. Ces pratiques sont une cause d'accumulation souvent rapide de consanguinité.

Les effets de la consanguinité

▶ La dépression de consanguinité

La consanguinité se traduit presque toujours, en moyenne, par une baisse de la performance appelée dépression de consanguinité. Elle devrait pour cette raison être évitée autant que possible – en souffrant comme seule exception les tests de détection des éventuelles maladies d'origine génétique (page 192). Ce fléchissement de la performance est maximal pour les caractères sur lesquels les croisements ont les effets les plus bénéfiques (les caractères associés à la reproduction et à la survie, par exemple). Plus généralement, l'élevage en consanguinité est susceptible d'entraîner, en moyenne :
– un ralentissement de la vitesse de croissance et une réduction du format (y compris chez l'adulte) ;
– une diminution de la productivité laitière.

La consanguinité se traduit par un recul de l'hétérozygotie. Son effet négatif sur les performances provient du fait que la baisse de l'hétérozygotie entraîne la perte de tous les bénéfices qui étaient associés à l'action de la dominance entre allèles au niveau des loci hétérozygotes. Aussi la reproduction en consanguinité peut-elle être considérée, d'une certaine manière, comme l'exact inverse du croisement et la dépression de consanguinité comme l'exact inverse de l'hétérosis. Il est difficile, cependant, de comparer quantitativement la dépression de consanguinité et l'effet d'hétérosis dans la mesure où la première se manifeste au sein d'une population – telle qu'une race – tandis que la seconde est généralement associée à des croisements entre races ou entre lignées différentes.

▌ Quantifier la consanguinité

Le coefficient de consanguinité F a été défini et se calcule comme la probabilité que les deux allèles à un locus quelconque d'un individu soient identiques parce que descendants du même allèle d'un ancêtre commun à ses deux parents. Le coefficient de consanguinité donne la proportion d'hétérozygotie qui a été perdue par rapport à un point de référence donné ; il est toujours une mesure relative à un point de départ supposé ou spécifié, plusieurs générations en amont, pour lequel on admet que la consanguinité était nulle (F = 0). Le coefficient de consanguinité est une mesure d'une perte d'hétérozygotie relative – et non pas absolue.

Calculer le coefficient de consanguinité d'un sujet en retraçant son ascendance n'est possible que si sa généalogie est connue avec précision. Même dans ce cas, il est rare que la filiation puisse être reconstituée sur de nombreuses générations. Toutefois, comme on peut le voir dans le tableau 9.1, la contribution à la consanguinité des ascendants 3 à 4 générations en amont est beaucoup plus faible que celle des ascendants distants de 1 ou 2 générations seulement.

Tableau 9.1. Les coefficients de consanguinité de la descendance en fonction des liens de parenté des deux parents.

Lien de parenté des deux parents	Coefficient de consanguinité F de la descendance *
Pleins frère et sœur	0,25
Parent et progéniture	0,25
Demi-frère et sœur	0,125
Deux grands-parents en commun	0,0625
Un grand-parent en commun	0,0313

* On considère que F = 0 pour l'ancêtre commun.
Remarque : Les chiffres de ce tableau peuvent être interprétés comme la part d'hétérozygotie qui a été perdue par rapport à la population d'origine (par exemple 25 %, 12,5 %, etc.).

Au fur et à mesure que l'hétérozygotie décline, l'homozygotie augmente. Des sujets non apparentés ont une plus forte probabilité de porter des allèles différents en un locus donné que des individus qui ont un lien de parenté. La reproduction consanguine réduit la probabilité que deux allèles différents d'un même gène se retrouvent ensemble chez le même zygote. Pour l'exprimer d'une autre manière, si les individus qui s'accouplent au sein d'une population sont plus apparentés les uns aux autres que la moyenne, cela accroît la proportion des individus de la génération suivante qui porteront deux allèles identiques en un locus quelconque. L'augmentation de F dans une population se traduit par une augmentation de la probabilité de l'homozygotie.

Le coefficient de consanguinité F d'un individu est exprimé par la formule :

$$F = \text{somme des } (1/2)^n(1+F_A)$$

où n est le nombre d'individus qui relient, le long de la chaîne de parenté, les deux parents de l'animal en passant par leur ancêtre commun (en comptant les parents, l'ancêtre commun et tous les intermédiaires) et F_A le coefficient de consanguinité de cet ancêtre commun (lorsque sa valeur n'est pas connue, on considère que $F_A = 0$) – et ce, pour chaque ancêtre commun aux deux parents du sujet (voir les exemples 9B et 9C).

Le coefficient de consanguinité varie de 0 (animaux non consanguins) à 1 (hétérozygotie initiale entièrement perdue, homozygotie généralisée des loci). Alternativement, il peut être exprimé en pourcentage, de 0 % à 100 %.

Exemple 9B. Calcul de F lorsque l'ancêtre commun aux parents d'un sujet est un de leurs propres parents.

La mère et le père du sujet ont le même père (D).

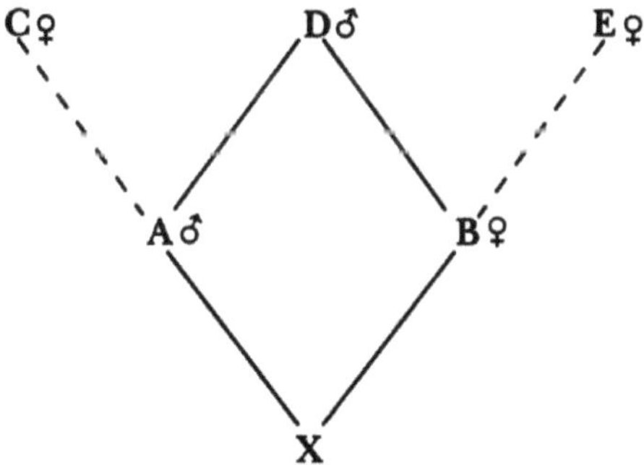

Les deux parents du sujet (animal X) n'ont qu'une chaîne de parenté : ADB
n = 3
Le coefficient de consanguinité de l'animal X est :
$$F_{(x)} = (1/2)^3 = 0,125.$$

Exemple 9C. Calcul de F lorsque les deux parents du sujet ont plusieurs ascendants communs.

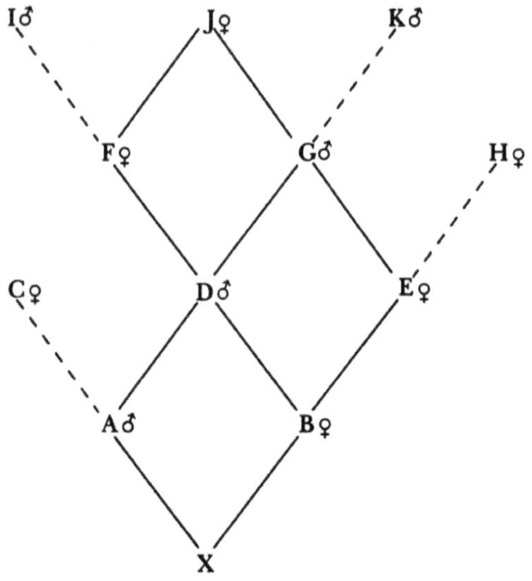

Tableau 9.2. Calcul de chaque composant de F correspondant aux différents ascendants communs aux deux parents du sujet.

Chaînes de parenté	n	$(1/2)^n$	F_A	$(1/2)^n(1+F_A)$
A*D*B	3	0,125	0,125	0,1406*
A*DG*EB	5	0,0313	0	0,0313
A*DFJG*EB	7	0,0078	0	0,0078
		$F = \Sigma\,(1/2)^n(1+F_A)$		0,1797

* $0,125 \times (1 + 0,125) = 0,1406$.

L'ancêtre commun D est lui-même issu d'un accouplement consanguin car ses parents F et G sont demi-frère et sœur.

Noter au passage que D et E sont demi-frère et sœur, ce qui fait que B est lui-même issu d'un accouplement consanguin. Toutefois, ceci ne joue aucun rôle dans les liens de parenté entre A et B et n'influence donc pas le coefficient de consanguinité de X.

Remarque importante : aucun individu ne doit apparaître deux fois dans la même chaîne de parenté reliant les deux parents (une description plus détaillée de cette méthode est donnée par Falconer, 1989).

La consanguinité dans les petites populations

Lorsqu'une population animale est de taille relativement réduite, des accouplements consanguins peuvent se produire par hasard, c'est-à-dire sans être délibérément ni recherchés ni évités. Dans ces conditions, l'accroissement de la consanguinité au sein de la population peut être approximativement estimé à partir du nombre de mâles et de femelles utilisés pour la reproduction.

Lorsque les accouplements se font au hasard, le rythme d'accroissement de la consanguinité se calcule de la manière suivante :
Accroissement de la consanguinité par génération = $1/(8Nm) + 1/(8Nf)$
avec : Nm = nombre de mâles reproducteurs
      Nf = nombre de femelles reproductrices.

Lorsque le nombre de femelles est important, la vitesse avec laquelle la consanguinité s'accroît dans la population dépend presque entièrement du nombre de mâles utilisés.

Exemple 9D. Calcul de l'accroissement de la consanguinité par génération.
On utilise 5 taureaux sur 400 vaches.
$1/(8Nm) = 1/(8 \times 5) = 1/40 = 0{,}025$ (ou 2,5 %)
$1/(8Nf) = 1/(8 \times 400) = 1/3200 = 0{,}0003$ (ou 0,03 %)
Rythme d'accroissement de la consanguinité par génération :
$1/(8Nm) + 1/(8Nf) = 0{,}025 + 0{,}0003 = 0{,}0253$ (ou 2,53 %).

La consanguinité produite dans l'exemple 9D est surtout due au faible nombre de mâles utilisés. Même en augmentant le nombre de femelles, le rythme d'accroissement de la consanguinité ne peut pas tomber en dessous de 0,025 (2,5 %) par génération – ce qui correspond à la part de la consanguinité induite par le nombre de mâles reproducteurs.

Ainsi démontre-t-on que le nombre de mâles utilisés comme reproducteurs dans une population doit être grand si l'on souhaite éviter les effets délétères de la consanguinité.

Cet aspect est particulièrement crucial lorsqu'une nouvelle race est importée dans un pays, soit pour y être elle-même diffusée en grand nombre, soit pour y être incorporée à une race composite que l'on se propose de créer. Notons ici que la formule exposée ci-dessus donnera une sous-estimation du rythme d'accroissement de la consanguinité si les inséminations ne sont pas opérées au hasard.

Exemple 9E. Effet de la consanguinité sur quatre caractères chez les ovins.
1. Survie des brebis sur une période de trois ans après leur première insémination (figure 9.1).
2. Nombre d'agneaux produits par mise bas (figure 9.2).
3. Survie des agneaux de la naissance au sevrage (figure 9.3).
4. Poids total de la portée, au sevrage (à 15 semaines), par brebis inséminée.

Les caractères 1, 2 et 3 sont des composantes du processus de reproduction. Le caractère 4 est un caractère complexe faisant intervenir le taux de succès des inséminations, le nombre d'ovules produits par les brebis et fécondés, la survie des embryons et des fœtus jusqu'à la naissance, puis la survie et la croissance des agneaux jusqu'au sevrage.

Dans cette expérience sur des ovins de montagne en Écosse, la consanguinité a été induite en accouplant les parents avec leur progéniture sur plusieurs générations successives. Cette procédure entraîne une progression très rapide du niveau de consanguinité. L'expérience avait pour objectif d'étudier les conséquences de la reproduction consanguine sur les performances et non pas d'améliorer ces performances. À chacun des cinq paliers de consanguinité atteints (correspondant aux coefficients de 0, 0,25, 0,375, 0,50 et 0,59), le niveau de performance pour chacun des caractères suivis était relevé (figures 9.1 à 9.4).

Ces figures montrent clairement que la consanguinité affecte sévèrement la performance :

1. La survie des brebis est passée de 92 % à 74 % environ.

2. Le nombre d'agneaux produits par brebis ayant mis bas est passé de 1,73 à 1,26.

3. La survie des agneaux (en fonction de leur propre niveau de consanguinité) est passée de 95 % à environ 74 % en une seule génération, puis s'est stabilisée.
Consécutivement à ces effets négatifs et à d'autres agissant sur d'autres caractères (dont la croissance) :

4. Le poids total de la portée au sevrage par brebis ayant été inséminée est passé de 28 kg à environ 13 kg – une chute spectaculaire de la performance qui peut être attribuée à la consanguinité.

L'expression de la dépression de consanguinité est également manifeste sur la figure 9.5, sur laquelle deux des animaux de l'exemple 9E sont visibles côte à côte. Ces deux sujets appartiennent à la même race ; ils ont le même âge et le même géniteur, mais des mères différentes.

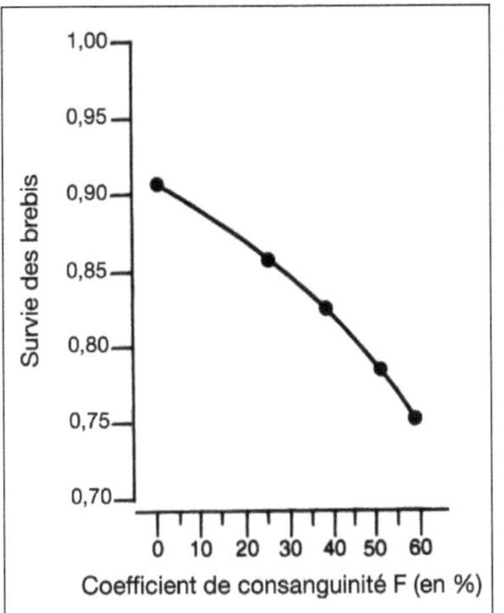

Figure 9.1.
Effet d'un accroissement rapide de
la consanguinité sur la survie des brebis
entre leur première insémination
(à 18 mois) et leur quatrième mise bas
(à 5 ans). D'après Wiener *et al.*, 1992.

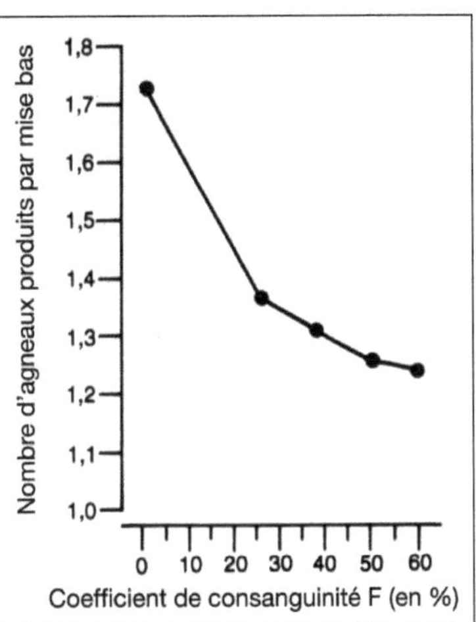

Figure 9.2.
Effet d'un accroissement rapide
de la consanguinité sur le nombre
d'agneaux produits par brebis ayant
mis bas. D'après Wiener *et al.*, 1992.

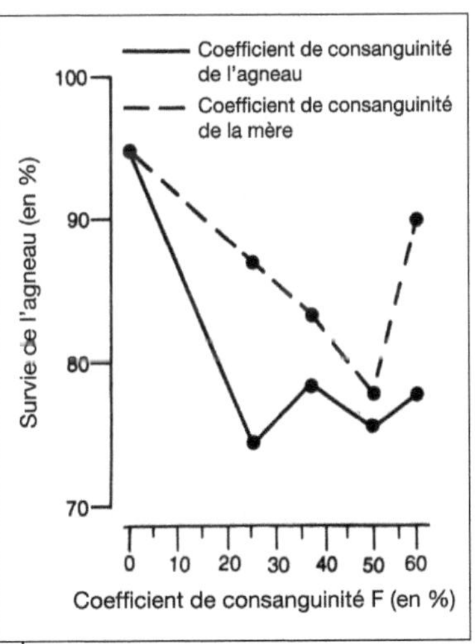

Figure 9.3.
Effet d'un accroissement rapide
de la consanguinité de la mère (en tirets)
et de l'agneau (trait plein) sur la survie
de l'agneau entre la naissance
et le sevrage (à 15 mois). D'après
les données de Wiener *et al.*, 1983.

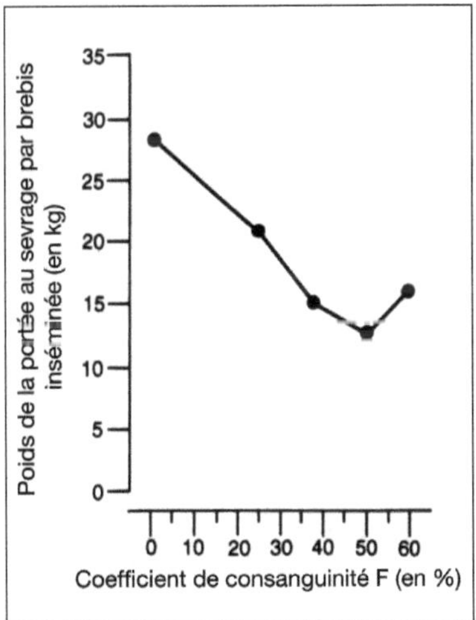

Figure 9.4.
Effet d'un accroissement rapide
de la consanguinité sur le poids
de la portée, au sevrage, par brebis
inséminée. Réactualisation
des données de Wiener *et al.*, 1982.

L'agnelle la plus grande est issue d'un accouplement non consanguin, ses parents n'étant pas apparentés, tandis que la plus petite a un coefficient de consanguinité très élevé (F = 50 %).

Il a été possible, dans le cadre de cette étude (exemple 9E), de suivre séparément les effets dus à la consanguinité des individus eux-mêmes et ceux dus à la consanguinité de leurs mères (le niveau de consanguinité, variable, de la progéniture de chaque brebis dépendant du lien de parenté de cette dernière avec le mâle par lequel elle a été inséminée).

De manière générale, les caractères qui sont habituellement sous influence maternelle – tels que la survie ou la croissance des agneaux – sont également lourdement affectés par le coefficient de consanguinité de la mère. C'est ce que montre la courbe en tirets de la figure 9.3 : la survie des agneaux a décliné de manière continue pendant trois générations de reproduction consanguine (jusqu'à ce que les mères atteignent un coefficient de consanguinité de 50 %), puis s'est apparemment redressée (mais le dernier point de donnée du graphique a été obtenu sur un échantillon réduit, ce qui le rend

Figure 9.5.
Les conséquences de l'élevage en consanguinité chez le mouton. À gauche, sujet pour lequel F = 50 % ; à droite, sujet pour lequel F = 0 (Wiener, Hayter, 1974, photographie aimablement transmise par le AFRC Roslin Institute d'Édimbourg).
La photographie présente deux femelles de 15 mois. Toutes deux ont le même père mais des mères différentes. L'agnelle de gauche est issue d'un accouplement consanguin qui lui donne un coefficient de consanguinité de 50 % tandis que l'agnelle de droite est le produit d'un accouplement non consanguin.

moins fiable que les autres). L'effet du niveau de consanguinité de la mère vient s'ajouter à celui suscité par le niveau de consanguinité de l'individu lui-même (l'agneau).

Il existe, dans la littérature scientifique, de nombreux exemples illustrant les conséquences de la reproduction consanguine ; beaucoup concernent des niveaux de consanguinité relativement modestes, résultant de processus de sélection ou d'autres formes de restriction de l'effectif des populations (par exemple dans de petits cheptels fermés à tout apport extérieur). Les effets de la consanguinité sont alors souvent exprimés par la variation de la performance constatée par pour cent d'accroissement du coefficient de consanguinité. Dans presque tous les cas, les résultats de ce type de travaux mettent en évidence une détérioration de la performance des animaux avec l'augmentation du niveau de consanguinité. Une des conséquences de cette détérioration est un ralentissement du progrès génétique amené par la sélection.

Une autre question intéressante concerne les autres processus éventuellement en mesure de s'opposer aux effets négatifs de la consanguinité dans les populations où celle-ci augmente très progressivement – comme c'est au mieux le cas pour toute population de taille finie. Ainsi les mutations, bien que rares, contribuent à maintenir un certain niveau de variabilité dans la constitution génétique des populations, au point de pouvoir compenser un lent accroissement de la consanguinité.

Par ailleurs, les recombinaisons autorisées par les enjambements ou *crossing-over* (page 48) constituent un autre mécanisme susceptible de contrebalancer les effets délétères de la consanguinité lorsque celle-ci s'accroît suffisamment lentement.

L'élevage en consanguinité hier et aujourd'hui

Bien que la reproduction consanguine produise des effets nocifs et soit mieux évitée par les éleveurs, il reste intéressant de s'attarder sur les circonstances dans lesquelles la consanguinité a délibérément été recherchée dans le passé et pourrait encore avoir un rôle à jouer.

Certes, ces exemples ne concernent pas spécifiquement les pratiques des éleveurs sélectionneurs œuvrant en régions tropicales, mais les végétaux cultivés et les animaux de production qui ont été perfectionnés par le biais de procédures faisant intervenir l'élevage consanguin tiennent indéniablement un rôle important aujourd'hui.

▶ L'élevage en consanguinité et la théorie génétique

Nous avons vu au chapitre 4 que la formation des gamètes donne lieu à la disjonction des allèles. Chez un individu hétérozygote en un locus donné, chaque gamète ne peut porter qu'un seul des deux allèles présents chez cet individu. Diverses combinaisons sont possibles lorsque les gamètes mâle et femelle fusionnent au moment de la fécondation. Ainsi, deux individus Aa pour un locus donné produiront chacun des gamètes porteurs de A et des gamètes porteurs de a en quantités égales. Si la rencontre des ovules et des spermatozoïdes se fait au hasard, la progéniture exhibe les génotypes AA, Aa ou aa dans les proportions de 1/4, 1/2 et 1/4 respectivement.

Ainsi un génotype unique dans la génération parentale a-t-il été remplacé par trois génotypes différents, dont deux homozygotes, à la génération suivante. À condition que ces trois génotypes survivent aussi bien les uns que les autres, la composition allélique de la population reste inchangée ; seulement, les allèles existants ont formé de nouvelles combinaisons.

En revanche, si, à la génération suivante, les accouplements se font non plus de manière aléatoire mais au sein de chacune des trois catégories génotypiques AA, Aa et aa, les deux types homozygotes se reproduiront à l'identique tandis que le type hétérozygote engendrera à nouveau les trois mêmes génotypes. Au final, la proportion des types homozygotes dans la population augmentera. Par ailleurs, si les trois génotypes manifestent différents niveaux de performance, les animaux de même génotype se ressembleront plus qu'ils ne ressembleront aux animaux des autres génotypes.

Cet exemple, du fait qu'il ne fait intervenir qu'un seul locus à deux allèles, n'illustre que de manière extrêmement simplifiée les mécanismes à l'œuvre dans la réalité. Il faut imaginer ce processus répété autant de fois que la multitude de paires d'allèles qui constituent le génome d'un individu.

1. Faire se reproduire des individus hétérozygotes entre eux entraîne la dispersion des génotypes et une augmentation concomitante de la variabilité.

2. Faire se reproduire entre eux des homozygotes de même type entraîne une uniformisation génétique.

L'élevage en consanguinité peut être considéré comme analogue à cette situation simplifiée. Des animaux étroitement apparentés tendent à avoir des allèles en commun et, s'ils sont accouplés, la proportion des homozygotes s'en trouvera augmentée. Dans une population animale où il existe un grand nombre de groupes de proches parents, la reproduction en consanguinité a pour effet d'uniformiser la constitution génétique de chacun de ces groupes tout en renforçant leurs spécificités. De tels groupes sont habituellement désignés par le terme de lignées. Avec l'élevage en consanguinité, la variabilité de la performance diminue au sein de chaque lignée pour au contraire augmenter entre les différentes lignées.

Ce qu'espèrent les éleveurs qui mettent en pratique ce système (si l'on laisse de côté ceux dont l'objectif est simplement de produire des hybrides, page 191), c'est que certaines de ces lignées finiront par concentrer, à l'état homozygote, tous les allèles les plus intéressants du point de vue de la performance. Dans ce cas, la performance supérieure devrait pouvoir se retrouver chez la progéniture dans la mesure où ces lignées se reproduisent identiques à elles-mêmes pour ce qui est des allèles présents à l'état homozygote. Ce raisonnement se heurte cependant au fait que les gènes associés à la performance sont beaucoup trop nombreux en réalité pour que tous les « bons » allèles puissent être présents en même temps au sein d'une seule lignée.

La seconde difficulté que rencontre la création de lignées pures homozygotes d'animaux supérieurs est que, dans certaines circonstances, l'hétérozygotie peut en soi constituer un avantage (superdominance, chapitre 3) – et pas uniquement parce que de « bons » allèles en dominent parfois de « moins bons ». En effet, plusieurs expériences ont montré que les sujets hétérozygotes tendent à mieux résister à divers stress environnementaux tandis que les homozygotes, au contraire, y sont souvent plus vulnérables.

◗ Le développement précoce des races nouvelles

Certains des grands éleveurs sélectionneurs des deux siècles précédents qui ont mis au point quelques-unes des races les plus connues aujourd'hui ont pensé qu'il était possible de fixer les bonnes caractéristiques des animaux particulièrement intéressants en les accouplant avec des individus étroitement apparentés (élevage en consanguinité) ou en augmentant la proportion de sang provenant d'un reproducteur donné (élevage en consanguinité restreinte ou *line-breeding*). Nombre des caractères qui retenaient l'attention de ces sélectionneurs étaient faciles à contrôler visuellement et présentaient une héritabilité forte : la couleur du pelage, la taille et la conformation générale, la présence et la forme des cornes, la position du pis et la taille des trayons chez la vache ou encore le type de toison. Tous sont des caractères auxquels l'hétérozygotie confère peu d'avantages mais qui donnent aux races leurs traits distinctifs.

Il est possible que ces éleveurs sélectionneurs n'aient pas pris en considération l'éventualité d'un résultat inverse : la concentration des défauts aussi bien que des qualités. Il est vrai qu'ils ne disposaient pas encore des lois de l'hérédité pour les aider à prévoir les conséquences des schémas de reproduction qu'ils mettaient en pratique (les lois de Mendel n'ont été appliquées qu'à partir de 1901). Par ailleurs, la dépression de consanguinité agissant sur les caractères de production, ce n'est qu'en mesurant et en analysant soigneusement les performances des animaux que son existence aurait pu être révélée.

Une autre hypothèse est que le succès de ces éleveurs sélectionneurs pionniers et l'excellente réputation dont jouissaient les meilleurs d'entre eux à cette époque furent renforcés par les bonnes performances de leurs taureaux et béliers dans les troupeaux des autres éleveurs. Des reproducteurs issus d'un élevage consanguin produisent en effet, lorsqu'ils sont accouplés à des animaux sans lien de parenté avec eux, une descendance qui non seulement n'est pas elle-même consanguine mais qui est par ailleurs susceptible d'exhiber une certaine vigueur hybride.

Beaucoup des premières tentatives de créer de nouvelles races se sont soldées par des échecs, et ces races ont fini par s'éteindre. Les expériences réussies, en revanche, ont donné naissance à quelques-unes des races les plus connues d'aujourd'hui. La plupart d'entre elles, bien que se reproduisant à l'identique (donc homozygotes) pour une série de traits distinctifs externes qui les caractérisent, sont en fait hétérozygotes pour bon nombre des caractères agissant sur la production.

C'est le plus souvent par leurs caractéristiques externes que les races se distinguent les unes des autres et peuvent être facilement reconnues. Cependant, beaucoup de races dissemblables en apparence le sont beaucoup moins quant aux caractères de production tels que fécondité, prolificité, productivité laitière et vitesse de croissance.

La production de lignées consanguines pour les croisements

Dès qu'il a été découvert que l'hétérozygotie pouvait apporter un surcroît de performance chez les plantes comme chez les animaux, certains éleveurs ont voulu en tirer parti. Des sélectionneurs de végétaux cultivés et certaines sociétés de sélection ont non seulement mis au point des systèmes de croisement pour mettre à profit les variétés existantes, mais ont également commencé à produire des lignées hautement consanguines dans l'intention de les croiser pour produire des hybrides. En effet, avec des lignées suffisamment homozygotes – ce qui est beaucoup plus facile à obtenir chez les plantes que chez les animaux – le produit des croisements entre différentes lignées devait être hautement hétérozygote et exhiber une vigueur hybride pour certains caractères importants.

Cette approche a conduit à la production du maïs hybride et à des développements similaires en aviculture. De tels succès ont été possibles parce que les espèces concernées étaient d'emblée très fertiles : même lorsque les capacités de reproduction (nombre de graines ou d'ovules produits) sont négativement affectées par le niveau de consanguinité, le taux de fécondité et le degré de prolificité qui subsistent suffisent encore pour qu'une proportion raisonnable des lignées consanguines créées parvienne à se maintenir. Notons ici que les grandes entreprises internationales considèrent les extinctions de lignées consanguines et les piètres performances de beaucoup de ces dernières comme faisant partie intégrante des coûts associés à la production d'hybrides – dont la commercialisation reste extrêmement profitable. Dans le cadre de cette procédure industrielle, seules quelques-unes des nombreuses lignées créées finissent effectivement par servir à la production d'hybrides. Ces lignées sont sélectionnées en fonction de leurs propres performances et, surtout, de leurs capacités à se combiner favorablement avec d'autres lignées en donnant une vigueur hybride maximale.

Dans le cas d'espèces fondamentalement moins prolifiques que les volailles, telles que les bovins, les ovins, les caprins et les porcins, l'élevage en consanguinité se traduit par un tel taux d'extinction des lignées et une telle baisse de performance (comme le montre l'exemple 9E) que cette ligne d'action ne peut pas être considérée viable. Créer un grand nombre de lignées consanguines pour en tester quelques-unes quant à leurs aptitudes à se combiner avec d'autres lignées n'est pas envisageable chez les espèces à faible taux de reproduction – tout au moins avec les techniques dont on a disposé jusqu'à présent.

Il pourra en aller autrement si des progrès en physiologie de la reproduction permettent d'obtenir de chaque femelle des centaines d'ovules et de les féconder *in vitro* (dans un milieu artificiel hors de l'organisme). Ces manipulations ne sont pas encore possibles en dehors du laboratoire. En ce qui concerne le gros bétail domestique, il semble, d'après ce que l'on peut entrevoir du futur proche, que les coûts de production de lignées consanguines soient trop élevés au regard des bénéfices (en termes de vigueur hybride) qui pourraient être retirés du croisement de ces lignées.

▶ La détection d'allèles récessifs indésirables

Il est parfois conseillé, avant d'utiliser un mâle reproducteur sur un grand nombre de femelles, de le faire tester pour vérifier qu'il n'est porteur d'aucun défaut caché délétère. C'est notamment le cas pour les taureaux que l'on se propose d'utiliser à grande échelle pour l'insémination artificielle. Il n'est réellement rentable de procéder à de tels tests que pour des anomalies génétiques qui sont déjà connues pour se manifester avec une certaine fréquence dans la population et qu'il est important de tenter d'éliminer ou de faire régresser. La première étape consiste alors à éviter que cette anomalie se propage par l'intermédiaire d'un mâle reproducteur qui serait un porteur sain de l'allèle responsable.

Ce type de problème concerne essentiellement les anomalies qui sont déterminées par un couple d'allèles à un seul locus et dont l'allèle défectueux est récessif par rapport à l'allèle normal.

> **Exemple 9F. Quelques exemples d'anomalies congénitales déterminées par un allèle récessif.**
> 1. L'anasarque congénitale (une accumulation de liquide dans les tissus).
> 2. Certaines formes de nanisme.
> 3. Les veaux bouledogues, ainsi nommés à cause de leur tête déformée.
> 4. L'imperforation anale congénitale (atrésie congénitale de l'anus).
> Beaucoup de malformations congénitales entraînent la mort précoce de l'animal atteint, au moment de la naissance ou peu après.

Il existe un certain nombre de tests pour déceler si un taureau est ou non porteur d'une anomalie récessive donnée. Les taureaux porteurs sains sont hétérozygotes au locus en question : ils y portent un exemplaire de l'allèle récessif délétère et un exemplaire de l'allèle normal qui, étant dominant, annule l'action du premier. Un taureau de ce type transmet l'allèle délétère à la moitié de sa progéniture. Si, par hasard, la fécondation produit un individu homozygote dont les deux allèles sont de type délétère, alors cet individu exhibera l'anomalie congénitale déterminée par cet allèle. C'est ce qui se produit une fois sur quatre lorsqu'un taureau porteur insémine une vache elle aussi porteuse de cet allèle à l'état hétérozygote.

Les tests consistent généralement à accoupler le taureau avec des femelles dont les génotypes, en ce qui concerne le locus considéré, sont connus. L'obtention de telles femelles n'est pas toujours chose facile – une procédure alternative est décrite dans l'exemple 9G.

Exemple 9G. Tester un taureau à la recherche d'une anomalie génétique récessive en utilisant des femelles de génotype indéterminé.
La procédure consiste à accoupler le taureau à un certain nombre de ses propres filles.
En effet, si le taureau est porteur de l'anomalie récessive, on s'attend à ce qu'il transmette l'allèle responsable de l'anomalie à 50 % de ses filles. S'il est accouplé à ses propres filles, on prévoit que 12,5 % d'entre elles en moyenne produiront une descendance homozygote ayant l'allèle récessif en double exemplaire et exhibant de ce fait l'anomalie. En effet dans 50 % des cas le taureau porteur de l'allèle récessif sera accouplé avec une fille porteuse de l'allèle récessif défavorable qui donnera dans 25 % des cas en moyenne une descendance homozygote pour cet allèle récessif. Dans 50 % $\times$ 25 % = 12,5 % des cas le descendant exprimera l'anomalie et dans 87,5% des cas il ne l'exprimera pas.
L'obtention de 23 rejetons sains pour aucun atteint de l'anomalie permet d'être raisonnablement sûr que le taureau testé n'est pas porteur – mais pas d'en être absolument certain : il y a en effet 1 chance sur 20 qu'un tel score ne suffise pas pour détecter un taureau réellement porteur.
En revanche, la production de ne serait-ce qu'un seul veau atteint de l'anomalie constituerait une preuve irréfutable que le taureau est porteur. En effet, la probabilité d'obtenir 23 descendants sains pour aucun descendant atteint de l'anomalie est de $0{,}875^{23} = 0{,}046$ c'est-à-dire moins de 5 % ou de 1/20.

Note : Ces tests de descendance ne sont à entreprendre, éventuellement, que si le taureau dont il est question doit être utilisé largement, comme c'est le cas dans l'utilisation par insémination artificielle, et s'il n'y a pas d'alternatives plus faciles. Cependant, quelle que soit l'anomalie récessive dont le taureau est porteur, elle sera détectée par son accouplement avec ses filles, à condition qu'il y ait suffisamment de descendants de ces accouplements.

Le développement des tests moléculaires permet maintenant des tests plus rapides et plus sûrs sur les taureaux des schémas de sélection candidats pour être utilisés en insémination artificielle. Ces tests moléculaires sont de deux types. Les tests directs permettent de détecter le gène à effet délétère lui-même ; les tests indirects détectent des marqueurs liés au gène à éliminer ; c'est le cas notamment de l'anomalie bouledogue ; le gène responsable, autosomal et récessif, provoque chez les animaux homozygotes une croissance réduite des os des membres et de la face entraînant la mort de l'animal. Le test porte sur la détection de marqueurs microsatellites très proches du locus de cette anomalie.

Éviter la consanguinité

Éviter la consanguinité, dans la pratique, consiste à tenter de la limiter autant que faire se peut en adoptant un certain nombre de règles de conduite, à savoir :
– éviter d'accoupler des animaux étroitement apparentés ;
– utiliser le plus grand nombre possible d'animaux reproducteurs (mâles et femelles) pour engendrer la génération suivante. Dans le cadre d'un programme de sélection, qui restreint le nombre des animaux de reproduction aux seuls meilleurs, il importe de trouver un équilibre raisonnable entre le progrès génétique souhaité (qui s'accélère avec l'intensité de la sélection et incite à utiliser un nombre toujours plus réduit de reproducteurs, notamment de mâles) et les effets indésirables de la dépression de consanguinité ;
– au moment d'importer des mâles reproducteurs (ou des femelles reproductrices) à des fins de croisement, s'assurer que les animaux importés ne sont pas eux-mêmes proches parents et que leur effectif est suffisamment important pour que les accouplements consanguins à un stade ultérieur du programme puissent être évités ;
– interrompre l'utilisation d'un mâle reproducteur dans un troupeau dès que ses filles parviennent en âge de se reproduire. Les schémas coopératifs tels que la rotation des mâles (chapitre 6) contribuent à enrayer la consanguinité en limitant fortement la durée de la carrière des reproducteurs dans chaque troupeau ;
– ne pas remplacer un mâle reproducteur unique par un de ses fils ou par un autre mâle étroitement apparenté. Dans les troupeaux utilisant plusieurs mâles, prendre bien garde à ce que les fils de ces mâles, s'ils sont gardés, ne soient pas accouplés avec des femelles qui leur sont apparentées ;
– si un niveau de consanguinité conséquent s'est accumulé au sein d'un troupeau ou d'une population plus grande, utiliser des mâles provenant d'une autre population sans lien de parenté avec la première ;
– accoupler avec un animal non apparenté tout sujet issu d'un accouplement trop consanguin.

10. Particularités des espèces et caractères

Jusqu'ici, les chapitres successifs se sont surtout attachés aux principes fondamentaux de l'amélioration génétique, applicables à l'ensemble des espèces et valables pour tous les caractères. Pour leur mise en œuvre pratique, les programmes d'amélioration doivent cependant être ajustés au contexte, ce dernier étant déterminé par le lieu, les conditions et l'effectif de l'élevage, le type de conduite, les spécificités et la fonction de chaque catégorie d'animaux et les souhaits de l'éleveur.

Un ouvrage tel que celui-ci n'a pas pour vocation de proposer un programme précis pour chaque cas particulier. Cependant, les principaux facteurs de variation seront ici passés en revue afin de détailler de quelle manière chacun d'entre eux doit être pris en compte dans les programmes d'amélioration génétique.

Certains des facteurs liés à la production animale en région tropicale sont abordés ci-dessous pour souligner leur importance dans les prises de décisions en matière de programmes d'amélioration.

L'environnement

▷ Le facteur climatique

Les vastes régions du globe qualifiées de tropicales et subtropicales ne constituent pas un ensemble homogène. Elles recouvrent de multiples zones écologiquement distinctes, de la chaleur humide propice aux mouches tsé-tsé à la chaleur sèche des déserts arides. Les principales régions d'élevage occupent des milieux semi-arides à humides, à l'exception de ceux par trop infestés de mouches tsé-tsé, ainsi que les régions d'altitude à climat plus tempéré. Ces différents types d'habitat imposent des exigences particulières en matière d'amélioration des cheptels. Selon les endroits, l'adaptation aux conditions locales – qui comprend la capacité à résister aux maladies et à la chaleur – peut se révéler cruciale, tandis que les croisements avec des animaux exotiques s'avèrent parfois inefficaces dans certains types d'environnement. Lorsque l'option à privilégier est la sélection au sein d'une race locale, la nature du milieu a une certaine incidence sur la priorité à accorder à chaque caractère considéré.

▸ Les facteurs socio-culturels

Culture et religion influencent la production animale et définissent les normes d'acceptabilité en matière de produits animaux, ce qui détermine à son tour ce que les éleveurs souhaitent obtenir de l'amélioration génétique de leur cheptel. Il n'est pas rare que, pour des raisons sociales ou religieuses, des troupeaux entiers soient entretenus en guise de compte épargne ou d'assurance alimentaire en cas de destruction des récoltes. Cet usage ne sera pas pris en considération ici, du moins en ce qui concerne les programmes d'amélioration.

Il faut être bien conscient qu'entretenir des animaux dans le but unique d'en posséder le plus possible constitue un obstacle à l'amélioration. Un tel système, s'opposant à l'exclusion des individus improductifs et réduisant la quantité de nourriture disponible pour chaque animal, ne saurait être viable à long terme.

L'échange de bétail entre familles, dans le cadre des contrats de mariage par exemple, est une pratique qui favorise les accouplements d'animaux peu ou pas apparentés et qui contribue par là à limiter le niveau de consanguinité.

▸ Les types d'élevage

Les troupeaux transhumants

Les troupeaux des peuples pasteurs qui pratiquent la transhumance à divers degrés comprennent le plus souvent un nombre raisonnablement élevé d'animaux. Les populations d'éleveurs nomades dépendent presque toujours entièrement des pâturages naturels pour nourrir leur cheptel, ce qui rend l'amélioration plus difficile à mettre en œuvre. Les bovins sont généralement élevés au premier chef pour la production laitière et secondairement pour leur viande, tandis que les petits ruminants le sont essentiellement pour leur viande, bien que le lait puisse constituer une production secondaire significative. Dans un tel contexte, la sélection au sein même du cheptel local doit être préférée aux programmes de croisements, car cette stratégie aurait moins de chances de produire des animaux de format supérieur qui nécessiteraient une nourriture plus abondante et de meilleures conditions d'élevage que celles pouvant être assurées par les éleveurs.

Une collaboration entre plusieurs propriétaires de troupeaux est un atout de poids, permettant à la sélection de progresser plus rapidement tout en limitant les risques de consanguinité.

Lorsque le souhait profond des éleveurs est de croiser leurs animaux, il convient de considérer en priorité les croisements entre races locales plutôt que les croisements avec des races exotiques.

Dans certaines régions, la transhumance des troupeaux est saisonnière : pour exploiter les pâturages d'altitude en été ou pour tirer profit des chaumes après les récoltes, par exemple. Les périodes de déplacement alternent alors avec des périodes de relative sédentarité pour les animaux gardés à proximité des villages. Ce mode de conduite tend à donner accès à des ressources alimentaires plus abondantes pour les animaux, élargissant par là les possibilités d'amélioration du cheptel par croisements.

Les petits élevages sédentaires

Les troupeaux des petites exploitations mixtes sont généralement de taille réduite. Du fait des possibilités d'exploiter des sous-produits agricoles et d'autres ressources alimentaires, il est souvent raisonnable de proposer des croisements pour obtenir des animaux plus productifs, bien que nécessitant plus de nourriture. Le lait, la viande et le travail sont ce que les propriétaires attendent de leurs bovins ou buffles dans les régions agricoles, tandis que les petits ruminants y sont élevés pour la viande et le lait (l'accent étant mis sur l'un ou l'autre selon les cas).

Les objectifs de l'amélioration sont plus difficiles à déterminer dans le cadre de ces exploitations mixtes que dans les élevages où un seul type d'animal fournit l'essentiel des revenus. Les mâles utilisés pour les croisements peuvent souvent tourner dans plusieurs troupeaux ou même dans un village entier. Les croisements ainsi opérés au sein d'un groupe d'éleveurs œuvrant en coopération sont à même de donner naissance à de nouvelles races bien adaptées aux conditions locales. Toutefois, si l'utilisation collective d'un même mâle est conseillée sur le plan génétique, il faut bien prendre garde à ce que le reproducteur employé de la sorte ne propage pas de maladies sexuellement transmissibles.

Lorsque les troupeaux sont de petite taille, l'éleveur isolé, dont les possibilités d'action se limitent à l'élimination des sujets les moins productifs, n'est pas en mesure de conduire une sélection efficace. Il est essentiel pour ce faire que les éleveurs collaborent et notent les performances de leurs animaux, ne serait-ce que de manière sommaire. Une option à prendre en considération pour l'amélioration génétique des races locales serait de mettre en place une station centralisée où des géniteurs (ou leur semence) seraient mis à la disposition des propriétaires de troupeaux.

Les unités de production spécialisées

Les unités de production spécialisées entretiennent des troupeaux spécifiquement axés sur la production de lait, de viande ou d'œufs pour l'approvisionnement des grandes populations des centres urbains ou pour l'exportation. Les effectifs concernés par ces élevages industriels peuvent paraître faibles comparés à celui du cheptel global des régions tropicales, mais les possibilités d'améliorations génétiques y sont considérables. La plupart de ces établissements rassemblent un nombre relativement élevé d'animaux. La conduite de l'élevage y est généralement meilleure – et l'alimentation mieux organisée – que dans beaucoup d'autres exploitations.

Croisements et sélection peuvent ici tous deux être envisagés. Ces types d'élevage donnent le plus souvent une nette primauté à un type de produit – viande ou lait – sur tous les autres, ce qui simplifie notablement la définition des objectifs d'amélioration.

Les espèces concernées

⫸ Les bovins

Dans les pays tropicaux, l'attention de l'éleveur sélectionneur doit être attirée sur trois points fondamentaux en ce qui concerne les bovins :
– la grande majorité des bovins sont élevés à la fois pour la viande et le lait ; beaucoup sont également utilisés pour la traction animale (transport et, dans les régions cultivées, travaux agricoles) ;
– leur taux de reproduction est faible ;
– la valeur d'une tête de gros bétail est élevée par rapport à celle des ovins ou des caprins.

Les bovins à usages multiples

Dans le cas d'animaux élevés à plusieurs fins, il est particulièrement important de consacrer le plus grand soin à déterminer le caractère dont l'amélioration sera la plus profitable sur le plan économique. Cette règle s'applique à tout schéma d'amélioration, qu'il se propose d'opérer par sélection ou par croisements. Souvent, des considérations économiques feront opter pour une augmentation de la productivité laitière, mais les situations peuvent varier énormément en fonction des élevages et des régions. Même dans le cas des grandes exploitations laitières approvisionnant des populations urbaines, les caractéristiques bouchères des animaux ne peuvent être totalement laissées de côté du fait que les mâles et les femelles en fin de carrière sont vendus pour leur viande. Inversement, dans les élevages extensifs axés sur l'embouche, le lait est fréquemment consommé par les propriétaires, les employés et leurs familles.

Un petit agriculteur possédant seulement une ou deux vaches, dont le lait, la viande et la force de travail ont sans doute une importance équivalente à ses yeux, est celui qui éprouvera peut-être le plus de difficultés à décider sur quels critères sélectionner les animaux à réformer et choisir le père de ses futurs veaux.

Le taux de reproduction

Le taux de reproduction des bovins pose problème : en conditions tropicales, les vaches ont souvent leur premier veau à quatre ans, voire plus, ne mettent bas que tous les un à deux ans par la suite et ne produisent habituellement qu'un seul veau à la fois. Qui plus est, la progéniture présente souvent une mortalité élevée. La faiblesse du taux de reproduction fait que, chez les bovins, l'amélioration génétique est un processus de longue haleine – mais les bénéfices économiques et sociaux qui sont à la clef sont potentiellement considérables à long terme.

Pouvoir augmenter d'une manière ou d'une autre le taux de reproduction serait utile à plus d'un titre. Pour y parvenir, la voie génétique a peu de chances d'être efficace, car le taux de reproduction lui-même et plusieurs de ses caractères constitutifs ont une héritabilité et une variabilité très faibles (les naissances gémellaires, par exemple, sont très rares). Il est en revanche possible de stimuler la reproduction et de réduire la mortalité des veaux en jouant sur les pratiques d'élevage et sur l'alimentation. L'effectif de la population en serait augmenté, ce qui faciliterait le travail de sélection par la suite. Un meilleur taux de reproduction permet par ailleurs de réduire l'intervalle de génération et d'accroître du même coup le progrès génétique. Toutefois, il faudra bien prendre garde à ce que les conditions d'élevage ainsi améliorées des animaux sur lesquels opère la sélection ne s'éloignent pas trop des conditions que connaissent habituellement les animaux de production (chapitre 6).

Un autre moyen d'augmenter le taux de reproduction est d'avoir recours à l'ovulation multiple et au transfert d'embryons (MOET).

Ces techniques, appliquées aux noyaux de sélection, ont été à l'origine de nouveaux types de schémas de sélection efficaces (chapitre 6). La méthode MOET présente des avantages particuliers dans les pays dépourvus des infrastructures nécessaires aux autres schémas nationaux d'amélioration génétique, mais exige, pour réussir, un niveau élevé de savoir faire technique.

L'augmentation du taux de reproduction des femelles a également des répercussions positives à l'échelon des élevages multiplicateurs – l'étape à laquelle sont produits les mâles reproducteurs à l'attention des éleveurs utilisateurs. Une station d'élevage fournissant des taureaux aux éleveurs est en effet plus efficace et plus rentable si le taux de reproduction y est bon et la mortalité basse. Par ailleurs, les exploitations des éleveurs utilisateurs peuvent également souffrir de dysfonctionnements de la reproduction, par exemple lorsque la détection des périodes d'œstrus est mal assurée, ce qui entraîne des échecs à l'insémination et des retards à la conception.

Le taux de reproduction des mâles n'est pas non plus sans incidence sur les processus d'amélioration génétique. La récolte de la semence et son emploi en insémination artificielle permet d'accroître considérablement l'intensité de la sélection en diminuant le nombre de reproducteurs nécessaires. Il reste que, dans de nombreux pays, l'insémination artificielle reste une technique difficile à appliquer. En régions tropicales, l'âge auquel les taureaux commencent leur carrière de reproducteur est souvent relativement avancé, ce qui allonge l'intervalle de génération au détriment du progrès génétique. Certaines améliorations dans la préparation des jeunes taureaux permettent d'accélérer l'accession à la maturité sexuelle.

Pour être efficace, l'insémination artificielle exige en outre un bon système de distribution, afin que la semence puisse être acheminée en temps opportun, et la détection correcte des périodes d'œstrus des femelles.

Lorsqu'il est trop faible, le taux de reproduction affecte non seulement les gains génétiques réalisables par les programmes de sélection, mais également la progression des programmes de croisements. Il grève enfin le revenu des éleveurs par le déficit de lait et de veaux qu'il entraîne.

La valeur d'achat

Étant donné le prix élevé d'un bovin par rapport à la plupart des autres espèces domestiques, les programmes d'amélioration génétique sont

mieux adaptés aux élevages relevant des institutions de l'État et aux coopératives d'éleveurs qu'aux troupeaux isolés. Cette règle s'applique :
– aux schémas de sélection visant à améliorer les races indigènes ;
– aux stratégies de croisements nécessitant de fournir aux éleveurs des taureaux, de la semence ou des animaux déjà croisés.

Ces reproducteurs ou ces animaux croisés proviennent parfois de grands élevages qui appliquent leur programme d'amélioration isolément ou en collaboration avec d'autres unités semblables. Dans le cas contraire, il pourra s'avérer nécessaire de constituer spécialement des stations d'élevage. Dans certains pays, il existe des exploitations extensives de bovins de boucherie suffisamment grandes pour être en mesure de mettre en place leur propre programme d'amélioration.

⫸ Le buffle domestique

Le buffle des marais, dans beaucoup de pays du Sud-Est asiatique, est par-dessus tout un animal de trait. On en consomme également le lait, bien que les quantités produites soient modestes, et la viande, une fois que l'animal a assuré plusieurs années de travail. De nombreux pays en réglementent l'âge minimal à l'abattage.

Le buffle de rivière est également employé comme animal de trait en Inde, au Pakistan et ailleurs, mais sa productivité laitière, supérieure à celle du buffle des marais, est également mise en valeur. Plusieurs élevages laitiers existent. À Trinidad, la lignée Buffalypso a été spécialement développée pour l'embouche, avec une qualité de viande comparable à celle des races taurines de boucherie (figure 10.1).

Le buffle des marais et le buffle de rivière ne possèdent pas le même nombre de chromosomes mais peuvent être croisés. Les avis divergent cependant quant à l'effet de cette différence chromosomique sur la fertilité des hybrides.

Le taux de reproduction des buffles n'est pas meilleur que celui des taurins ou des zébus en régions tropicales, bien qu'en moyenne les buffles vivent plus longtemps. L'amélioration génétique est compliquée par le fait que les petits exploitants ne possèdent le plus souvent qu'un ou deux de ces animaux pour assurer les travaux agricoles (notamment la culture du riz) et le transport. Toutefois, dans certaines régions, les performances de survie et de production laitière des buffles sont connues pour dépasser celles des bovins élevés dans les mêmes conditions. Plusieurs schémas d'amélioration génétique ont été mis

Figure 10.1.
Le buffalypso, une lignée de buffle développée à Trinidad spécialement
pour l'embouche (photo de A.J. Smith).

en application, notamment pour accroître la productivité laitière, mais les possibilités d'amélioration sont peut-être encore largement sous-exploitées. L'importation de lignées plus productives pour améliorer les races locales est difficile, car la plupart des pays d'élevage du buffle sont concernés par des maladies faisant l'objet d'une réglementation vétérinaire s'opposant à la circulation internationale des animaux (chapitre 1).

▮▷ Le yak

Le yak (*Bos grunniens*) n'est pas une espèce des régions tropicales. Bien au contraire, c'est un animal remarquable par sa tolérance au froid et aux conditions des hautes altitudes. Le yak mérite toutefois d'être cité ici car il présente par ailleurs toutes les caractéristiques des animaux de production étudiés dans cet ouvrage : une espèce à usages multiples, élevée dans des conditions environnementales difficiles donnant lieu à des restrictions alimentaires prolongées (ici, pendant l'hiver) et dans des pays dépourvus de l'essentiel des infrastructures nécessaires à la mise en place des méthodes modernes d'amélioration génétique.

Les éleveurs de yaks tirent leur revenu du lait (transformé en fromage et en beurre) et, en second lieu, de la viande des animaux excédentaires

(en général des mâles castrés). Toutefois, le yak est également un animal de bât, surtout dans les troupeaux transhumants, et l'on utilise en outre couramment son cuir, son long pelage et ses excréments (comme combustible).

Le yak est un bovidé important dans les régions montagneuses de haute altitude de l'Asie centrale, notamment dans le Sud-Ouest de la Chine (dont le plateau du Tibet), au Népal, au Bhoutan et dans certaines parties de la Mongolie et du Nord de l'Inde. Il existe plusieurs types ou races de yaks se distinguant par leur taille, leur productivité et leur robe, mais il est difficile de savoir jusqu'à quel point les variations de performance constatées d'un type à l'autre sont déterminées par le patrimoine génétique ou par les différentes conditions qui prévalent dans les berceaux de ces types. Toutefois, des différences de performance ayant également été signalées lorsque plusieurs types étaient élevés ensemble, il semblerait qu'une partie au moins de ces variations soit d'origine génétique.

Bien que le yak n'ait pas le même nombre de chromosomes que les bovins domestiques, l'hybridation est possible et produit des femelles hybrides fertiles. Les mâles, en revanche, sont stériles, ce qui interdit tout système de croisement entre des yaks et des taurins ou des zébus

Figure 10.2.
Un yak au milieu de cultures en terrasses au Népal (photo de Nigel Cattlin).

s'appuyant sur l'utilisation de mâles croisés - comme dans les croisements d'implantation (chapitre 8) – et toute création de races composites.

Les animaux croisés donnent significativement plus de lait que les yaks de sang pur et, comme ils se développent également plus vite, sont aussi plus productifs à l'embouche. Toutefois, la différence observée et le succès du croisement dépendent de la race bovine parentale utilisée et des ressources alimentaires disponibles pour assurer le surcroît de production. Il n'a pas encore été établi si ces animaux croisés héritent des capacités de résistance du yak aux difficiles conditions environnementales et alimentaires de son milieu. On ne sait pas non plus quelle est la part exacte de l'effet d'hétérosis dans la supériorité apparente des croisés, car les conditions dans lesquelles les comparaisons doivent être réalisées (chapitre 7) ne sont généralement pas remplies.

Le taux de reproduction habituel du yak est faible : les femelles ne produisent pas leur premier veau avant 3 ou 4 ans et, pour la plupart, ne continuent à vêler par la suite qu'une année sur deux. La cause peut en être recherchée dans les longues périodes de sous-alimentation hivernales qui entraînent une dégradation sévère de l'état général des animaux, et plus particulièrement des femelles gravides, qui, considère-t-on, nécessitent alors une année supplémentaire pour se remettre avant une nouvelle conception. La faiblesse du taux de reproduction restreint encore les possibilités de production viable de F1 par croisement avec des espèces bovines.

Pour l'ensemble des raisons exposées ci-dessus, l'auteur ne partage pas tout l'enthousiasme de certains pour les croisements entre yaks et taurins ou zébus, hormis les quelques cas particuliers dans lesquels ces croisements peuvent effectivement donner d'excellents résultats.

Par contre, les opportunités d'amélioration que représentent les croisements entre les différentes races de yaks ne semblent pas encore avoir été explorées autant qu'elles le mériteraient.

Par ailleurs, la sélection des yaks pour augmenter leurs performances serait certainement une option qui vaudrait d'être considérée. Certaines conditions y sont favorables. En effet, si les éleveurs ne possèdent souvent qu'un troupeau de taille modeste à moyenne, le nombre de troupeaux de ce type évoluant à proximité immédiate les uns des autres est souvent important. Les grands effectifs qui pourraient ainsi être réunis offrent les conditions idéales pour la mise en œuvre d'une sélection génétique, si tant est que les différents éleveurs parviennent à s'accorder sur les objectifs.

Les opportunités les plus intéressantes seraient offertes par la sélection des meilleures laitières pour en faire les mères des reproducteurs, et la sélection de ces derniers en fonction de leurs propres performances de croissance. Les obstacles à surmonter sont :
– l'absence d'un registre des performances ;
– la définition des objectifs (le lait étant toutefois le produit contribuant le plus au revenu) ;
– la difficulté de distinguer la part des performances qui est due au génotype et la part due à l'alimentation.

En outre, les propriétaires de troupeaux, comme c'est d'ailleurs souvent le cas dans les régions tropicales, tendent à valoriser le fait de posséder un grand nombre d'animaux. Une telle attitude est difficile à concilier avec une gestion adéquate des pâturages et surtout avec la possibilité de mettre de côté du fourrage pour l'hiver. De surcroît, elle ne tient pas compte du coût que représente le fait de garder des animaux improductifs.

Toutefois, une partie au moins de ces problèmes pouvant être résolus, notamment dans les communautés les plus sédentaires, il semblerait que la sélection représente la stratégie la plus prometteuse, à long terme, pour l'amélioration génétique du yak.

▐▶ Les ovins

Les ovins à poils, qui sont le type le plus fréquemment rencontré en régions tropicales, sont surtout élevés pour leur viande. Le lait a néanmoins une importance considérable dans certaines régions, comme au Moyen-Orient, et quelques races à vocation laitière sont connues. En outre, le lait de brebis entre vraisemblablement dans l'alimentation des éleveurs et leurs familles. La laine (ou le pelage en général) est rarement le produit phare de l'élevage ovin en Asie et en Afrique (sauf en Afrique du Sud), mais constitue néanmoins une matière première utile, à la base de certaines activités artisanales locales.

L'amélioration génétique des ovins vise le plus souvent à augmenter la production de viande, qui est en général le produit qui génère le plus de revenu, sauf dans le cas des races spécialisées dans la production de lait ou de fibres. La production de viande chez les ovins est plutôt limitée par la petite taille des portées (faible prolificité), la mortalité élevée des agneaux et l'irrégularité des mises bas que par la vitesse de croissance. La sélection agit sur le format et la croissance plus facilement que sur la reproduction et la survie. Les croisements sont souvent utilisés pour faire évoluer le format rapidement. Par ailleurs, certaines races particulièrement prolifiques sont reconnues pour leur capacité à transmettre cette qualité au produit de leurs croisements. Il reste que la conduite et l'alimentation du troupeau doivent être améliorées en parallèle pour permettre à ces meilleures performances de s'exprimer.

Les animaux vivants destinés à être abattus à l'occasion de diverses festivités font l'objet d'un commerce relativement important. La taille, et éventuellement l'adiposité, sont alors les caractères qui influencent le plus le prix de vente. Dans ce cas, les croisements constituent une solution facile et rapide à l'obtention d'un format supérieur. En général, il n'est pas conseillé de croiser les races locales avec des races originaires des régions tempérées, à moins que les conditions d'élevage, les ressources alimentaires disponibles et le climat n'y fassent pas obstacle. Les races des régions tempérées sont en effet presque toutes des races à laine, qui s'adaptent mal aux conditions de chaleur humide bien qu'elles puissent être envisagées dans les régions d'altitude ou semi-arides. Les ovins accumulent facilement de la graisse lorsque la nourriture est abondante. Si cette aptitude est souvent considérée comme un défaut dans les pays occidentaux, ce n'est pas le cas ailleurs : la sélection visant à réduire le taux de graisse, si fréquemment incluse dans les programmes d'amélioration des ovins en Europe et en Nouvelle-Zélande par exemple, n'est pas habituellement de mise dans les régions tropicales, au Proche-Orient et au Moyen-Orient.

De manière générale, la sélection convient mieux aux grands troupeaux des peuples pasteurs et les croisements aux petits élevages des exploitations sédentaires mixtes. Dans un cas comme dans l'autre, cependant, et quel que soit le contexte, le regroupement coopératif des éleveurs constitue toujours un atout supplémentaire. La valeur d'un ovin étant relativement modique, il devrait être plus facile de persuader les éleveurs de collaborer, soit pour se constituer en groupe coordonné d'éleveurs sélectionneurs, soit pour lutter contre la consanguinité en faisant circuler les béliers.

▷ Les caprins

En ce qui concerne leurs caractéristiques et les pratiques d'amélioration génétique, caprins et ovins ont beaucoup en commun. Dans une bonne partie de l'Afrique et de l'Asie, les caprins sont principalement élevés pour leur viande, mais le propriétaire et sa famille en consomment également le lait. Dans d'autres pays, c'est surtout ce dernier qui est recherché, la production de viande gardant néanmoins une certaine importance. En général, chez les caprins, le taux de reproduction n'est pas aussi limitant que chez les ovins. Les naissances doubles se rencontrent plus souvent, et sont même très fréquentes chez certaines races.

La production de fibres textiles connaît un essor important dans certains pays, notamment aux plus hautes altitudes. Le mohair, ou laine angora, est obtenu de l'ensemble du pelage des animaux de race Angora. Des boucs Angora peuvent être utilisés pour améliorer des races locales par croisement d'implantation et permettre une production de mohair (tableau 8.9). Le cachemire est uniquement extrait de la partie inférieure – bourre ou duvet – de la toison, qui protège l'animal des très grands froids qui sévissent dans ces régions. Les fibres recherchées sont souvent séparées du reste du pelage au peigne, mais peuvent également être récoltées mécaniquement à partir de tontes intégrales. Les fibres de cachemire existent en très petites quantités dans le pelage de la plupart des caprins, mais l'essentiel de la production provient des races Cachemire de Chine, de Mongolie et de Sibérie. Des caprins de race locale peuvent être améliorés par des croisements d'implantation pour stimuler la production de cachemire.

Dans leur très grande majorité, les caprins des régions tropicales sont élevés dans de toutes petites exploitations, voire, dans certains pays, par des familles sans terres. Les troupeaux sont de taille modeste, surtout lorsqu'ils sont à vocation laitière – parfois réduits à une seule femelle produisant le lait pour la consommation familiale et un petit revenu par la vente du surplus et des chevreaux. Un certain nombre de programmes d'amélioration génétique reposent sur l'utilisation collective ou la mise à disposition de boucs améliorateurs dans les villages. Le type de programme d'amélioration que l'on peut raisonnablement envisager dépend alors du système adopté. Dans le cas des caprins de boucherie, les troupeaux sont souvent beaucoup plus importants et les éleveurs tendent à garder leurs propres boucs.

Lorsque la voie à privilégier est la sélection, la race locale paraissant avoir un bon potentiel, il est préférable de procéder de manière centralisée. Les boucs améliorés peuvent alors être diffusés vers les villages. Comme dans tout schéma faisant intervenir le partage d'animaux de reproduction, il reste toutefois fondamental de s'assurer qu'aucune maladie n'est ainsi accidentellement propagée.

Les croisements sont un moyen simple d'améliorer génétiquement un cheptel caprin. En ce qui concerne la production laitière, les produits des croisements entre des races locales et plusieurs races d'Europe et du Moyen-Orient (lignées de la race Nubienne) se sont révélés étonnamment productifs en conditions tropicales moyennant une alimentation et une conduite appropriées (voire un abri le cas échéant). Dans un premier temps, la production et la distribution de boucs croisés F1 dans les villages peut s'avérer la meilleure option.

Les peuples pasteurs élèvent également des caprins, souvent dans des troupeaux mixtes comportant aussi des ovins. Les problématiques sont alors les mêmes que pour ces derniers dans les mêmes conditions.

Le cuir des caprins est parfois particulièrement recherché, mais cet aspect figure rarement en tête des objectifs d'amélioration.

⫸ Les porcins

Les porcins sont élevés pour la boucherie. La production porcine est très importante en Asie, mais marginale dans la plus grande partie de l'Afrique. Les porcs des villages sont parfois laissés en liberté pour rechercher seuls leur nourriture, mais la plupart sont élevés en conditions contrôlées, avec une alimentation entièrement ou partiellement constituée de céréales et d'autres concentrés.

La production porcine présente un visage relativement uniforme partout sur la planète suite à la généralisation des méthodes de production intensives – souvent avec stabulation dans de grandes unités spécialisées. Par voie de conséquence, les systèmes de production des régions tropicales et subtropicales ont souvent adopté des races exotiques et ont largement repris à leur compte, dans la mesure où le coût de l'alimentation constitue une proportion substantielle du coût de production total, les objectifs d'une croissance à la fois plus rapide et plus efficace sur le plan de la conversion alimentaire (efficience alimentaire) et la production de carcasses moins grasses.

Les porcs ont des portées plus grandes et plus fréquentes que les espèces domestiques dont il a été question jusqu'ici. Le rythme potentiel des améliorations génétiques est donc supérieur à celui envisageable chez les autres espèces. Ces spécificités ont encouragé les entreprises de sélection à mettre au point et à diffuser des animaux de reproduction améliorés. La remarquable prolificité des porcins présente toutefois un effet secondaire fâcheux en accroissant les risques de consanguinité au cours des générations ultérieures, notamment si trop de porcelets sont conservés qui sont issus d'un nombre insuffisant de truies. Pour limiter les problèmes de consanguinité, il est préférable d'augmenter le nombre de truies et de ne garder qu'une petite proportion de la progéniture de chacune d'entre elles – tout en maintenant un équilibre raisonnable entre le risque de dépression de consanguinité et le progrès génétique (chapitres 6 et 9).

Certaines races porcines chinoises produisent beaucoup plus de porcelets encore que les autres races. Ce caractère a suscité un large intérêt auprès des sélectionneurs, amenant la mise au point de programmes d'amélioration visant à conférer cette prolificité exceptionnelle à d'autres races sans le taux de graisse habituel des porcs chinois.

▌ Les lapins

Les lapins sont essentiellement élevés pour leur chair, à l'exception des lapins de race Angora qui le sont pour les fibres de leur pelage. Comme l'investissement initial nécessaire pour la mise sur pied d'un élevage cunicole est modeste, cette activité est de plus en plus recommandée comme source de nourriture et de revenu complémentaire dans de nombreuses parties du monde.

La prolificité relativement élevée des lapins (6 à 10 lapereaux par portée) et la fréquence avec laquelle ils se reproduisent offrent des conditions idéales pour la sélection de mâles et de femelles plus productifs à partir des effectifs réduits entretenus par la plupart des propriétaires de lapins. La taille et une prolificité satisfaisante sont les critères de sélection à privilégier. Il convient de bien veiller à éviter les accouplements consanguins lorsque les mâles et femelles de renouvellement sont produits sur place.

Plusieurs races de chair existent pour les croisements améliorateurs ; le Californien et le Néo-Zélandais blanc sont tous deux largement employés à cette fin.

▌ Les volailles

La prolificité relativement importante (en nombre d'œufs) des poules par rapport aux autres espèces domestiques, en autorisant une forte intensité de sélection, devrait en principe permettre une sélection efficace des caractères valorisés sur le plan économique. Ces caractères sont notamment le nombre d'œufs pondus et leur taille, ainsi que le format de l'oiseau lui-même – dans la mesure où la production de viande est également à prendre en compte. Dans la pratique cependant, les programmes de sélection à long terme sont difficiles à organiser parce que, dans les pays tropicaux, la plupart des volailles sont laissées en liberté pour se nourrir par elles-mêmes et que leurs propriétaires sont souvent des familles ne possédant aucun terrain. L'utilisation collective de coqs importés de race à double fin (chair et ponte), dont beaucoup donnent de bons résultats en conditions tropicales, constitue le moyen le plus simple d'améliorer génétiquement les cheptels.

Les grandes exploitations avicoles consacrées à la production de chair (poulets) ou d'œufs utilisent généralement des races spécialisées à fin unique ou, de plus en plus, des lignées commercialisées par un petit nombre de grandes entreprises de sélection internationales. La sélection est rarement conduite à l'échelle des élevages individuels. Sélection génétique et croisements réalisés à très grande échelle ont permis un extraordinaire accroissement de la productivité, en ponte comme en chair, par rapport aux niveaux qui étaient encore considérés normaux au milieu du XXe siècle.

Le nombre total d'œufs pondus par chaque poule dépend :
– de l'âge d'entrée en ponte ;
– du nombre d'œufs pondus par série de ponte (par exemple 10, pondus les uns à la suite des autres) ;
– de l'intervalle entre les séries de ponte (en jours) ;
– de la durée de la saison de ponte.

Le nombre d'œufs pondus dans une série de ponte correspond au nombre d'œufs pondus qu'une poule se mettrait spontanément à couver pour les faire éclore si elle était laissée en leur présence.

Le généticien considère donc le nombre total d'œufs produits comme un caractère complexe (chapitre 4), dont certains des caractères élémentaires ont plus d'importance que d'autres. Plutôt que de sélectionner le caractère composite lui-même, il peut s'avérer plus efficace de créer un indice synthétique à partir de ses différentes composantes, en fonction de l'importance génétique et économique de chacune et de leurs interactions génétiques.

On a ainsi remarqué que la production totale d'œufs sur les premiers 500 jours d'existence constitue un bon indice, à la fois sur le plan économique et pratique, qui associe tous les facteurs. Dans le cadre des grandes exploitations avicoles, la production totale par bâtiment est souvent le critère de mérite le plus utilisé.

La taille des œufs et certains de leurs défauts sont également déterminés génétiquement.

En ce qui concerne la production de poulets de chair, les critères de sélection privilégiés sont le format, la vitesse de croissance et l'efficacité de la conversion alimentaire.

Les stratégies d'amélioration s'appuyant sur la sélection, sur les croisements et sur diverses combinaisons des deux donnent toutes de bons résultats. Il existe néanmoins une légère corrélation négative (coefficient de corrélation variant de - 0,1 à - 0,2) entre le format des volailles et le nombre d'œufs produits : en augmentant le format et la vitesse de croissance des oiseaux, on tend à réduire le nombre d'œufs pondus si rien n'est fait pour contrecarrer cet effet. Une autre corrélation génétique négative (coefficient de corrélation d'environ - 0,3) existe entre le nombre et la taille des œufs – si l'on augmente la quantité d'œufs produits, ces œufs tendent à devenir plus petits. Ces caractères étant déterminants pour le succès de la production commerciale, les programmes de sélection doivent prendre ce type d'interactions en considération, par exemple en mettant au point un indice de sélection approprié.

Les caractères

Chaque espèce domestique est élevée pour quelques produits principaux et une série de sous-produits, tels que la peau (cuir), la corne, les déjections, etc. Bien qu'un certain nombre de ces sous-produits prennent ici ou là une importance considérable, cette section ne s'attachera qu'aux caractéristiques qui sont communes à plusieurs espèces et qui intéressent le plus les éleveurs sélectionneurs.

⯈ Les caractères ayant trait à la reproduction

De manière générale, quelle que soit l'espèce, les caractères relevant de la reproduction sont à la fois peu héritables et très variables (bovins exceptés). Cette grande variabilité est ce qui autorise les progrès génétiques par sélection, mais uniquement lorsque cette dernière peut être poursuivie sur une longue période.

L'amélioration du taux de reproduction est surtout recherchée dans les filières à dominante bouchère, comme chez les ovins par exemple, dans la mesure où la rentabilité dépend directement du nombre de jeunes produits. Lorsque les animaux sont surtout élevés pour leur lait, les fibres de leur pelage ou leur force de travail, c'est la performance de l'animal lui-même qui compte, et la production de jeunes peut éventuellement n'être considérée que comme un moyen de renouveler les capacités de production et d'obtenir des animaux de remplacement.

Concernant les autres caractères, lorsque la sélection est envisagée comme un mode d'amélioration possible, on aura intérêt à prendre en compte les composantes de la performance reproductive, dont notamment :
– l'âge à l'entrée en reproduction ;
– l'intervalle entre les mises bas successives ;
– le nombre de jeunes produits à chaque mise bas (prolificité) ;
– la survie et la longévité de manière générale.

Pouvoir disposer de données concernant ces différents aspects permet de déterminer si l'un d'entre eux est plus limitant que les autres. Chez les bovins en particulier, il peut s'avérer utile de noter le nombre d'inséminations qui sont nécessaires pour obtenir une conception afin de décrypter les causes de longs intervalles entre vêlages successifs.

La reproduction est très sensible au climat, à l'alimentation et à la conduite de l'élevage ainsi que, de manière plus ou moins marquée en fonction des espèces, à la saison. Le stress thermique, par exemple, fait baisser la fécondité. Ces différents facteurs doivent faire l'objet d'un suivi et être pris en considération lors des comparaisons d'animaux ou de groupes d'animaux. Il est souvent nécessaire de corriger (ajuster) les données brutes pour tenir compte de ces facteurs de variation environnementaux (chapitre 2).

Les composantes du taux de reproduction peuvent être combinées au sein d'une mesure unique en relevant le nombre de jeunes ayant survécu de la naissance jusqu'à un âge donné (par exemple au sevrage) par femelle ayant été inséminée. Il reste que ni ce caractère complexe, ni la plupart de ses composantes élémentaires, à l'exception de la taille de la portée, ne constituent un critère de sélection valable – bien que les données de performance à cet égard permettent d'identifier les individus particulièrement peu productifs et de repérer les domaines susceptibles d'être améliorés par un ajustement de la conduite de l'élevage.

La taille de la portée, c'est-à-dire le nombre de jeunes produits lors d'une mise bas, est le caractère le plus couramment visé par la sélection. Chez les caprins et les ovins, le résultat d'une parturition donne toutefois très peu d'indications sur le génotype de l'animal (chapitre 5).

La sélection gagne en précision lorsque le taux d'ovulation est connu. Dans la pratique, cette information n'est réellement accessible qu'aux grandes unités de production et aux troupeaux noyaux, car elle nécessite l'emploi d'un laparoscope, un instrument pouvant être inséré à travers la paroi abdominale de la femelle pour examiner les ovaires et détecter les ovulations. Le taux d'ovulation est positivement corrélé à la taille de la portée. Lorsque le taux d'ovulation est associé à la prolificité comme critère de sélection, la précision et l'efficacité de la sélection visant à accroître le nombre de jeunes par mise bas s'en trouvent grandement améliorées.

D'autres méthodes d'évaluation indirecte des capacités reproductives des femelles ont été mises à l'essai. L'une d'entre elles consiste à prendre en considération la taille (ou la croissance) des testicules chez les béliers, un caractère corrélé aux caractéristiques de reproduction des femelles dans la mesure où les mêmes hormones entrent en jeu dans les deux cas. Jusqu'à présent, ces méthodes alternatives indirectes ont rencontré un succès variable et manquent globalement de fiabilité pour de multiples raisons.

Chez les ovins, les caprins et les porcins, les croisements avec des races plus prolifiques permettent d'augmenter le taux de reproduction, ce qui est commode lorsque les croisements constituent l'objectif souhaité par ailleurs et que l'exploitation est en mesure de répondre aux besoins des effectifs accrus.

La production bouchère

À l'échelle de l'individu, la production de viande est essentiellement déterminée par le poids vif. Le poids à un âge donné, ou poids à âge type, a une héritabilité relativement élevée (en général plus forte aux âges plus avancés qu'aux âges précoces – voir le chapitre 4).

Le poids varie beaucoup au sein d'une même race et considérablement d'une race à l'autre. La sélection s'est révélée efficace dans ce domaine, et les croisements y ont apportés de grands changements. Il reste toutefois que la croissance des animaux est également influencée par l'alimentation et l'environnement : le désir de s'alimenter – l'appétit – est notamment réduit par le stress thermique.

Étant donné que la taille d'un animal à un certain âge est sans doute le plus facile à mesurer ou à apprécier de tous les caractères économiquement pertinents, les éleveurs peuvent faire faire des progrès génétiques à leur cheptel simplement en ne laissant pas se reproduire les sujets chétifs ou mal conformés. Il s'avère particulièrement utile, dans un tel contexte, de castrer les mâles qui laissent à désirer afin d'être certain qu'ils ne produisent aucune descendance. Il est également important d'éviter toute reproduction consanguine – qui pourrait facilement survenir si par exemple l'unique reproducteur utilisé dans un troupeau était remplacé par son propre fils (chapitre 9).

Les proportions de muscle, de gras et d'os et le rendement à l'abattage (ou rendement en carcasse) ont tous moins d'importance que le format, en particulier en conditions tropicales. Le plus souvent, les deux principaux facteurs déterminant la production bouchère en zone tropicale sont :
– le poids vif total ;
– l'âge de l'animal.

Les animaux plus jeunes présentent une viande plus tendre et généralement moins grasse que les sujets plus âgés. Le poids à âge type est le critère qui s'impose d'emblée pour tout schéma de sélection ou de croisements.

Toutefois, avant de travailler à augmenter le format par sélection ou croisements, il convient de prendre en considération le fait que des animaux de plus grande taille ont des besoins plus importants, en nourriture et autres, quoique leurs besoins d'entretien rapportés au poids vif soient en réalité inférieurs. Selon les systèmes de production, des animaux plus lourds peuvent donc se révéler un atout, ou au contraire une charge.

Qui plus est, dans les régions tropicales, le format n'est pas sans effets sur l'absorption et la dissipation thermique. Comparés aux petits animaux, les animaux de grande taille présentent un rapport surface/volume (ou poids) inférieur et devraient en principe absorber moins facilement la chaleur du soleil – relativement à leur poids. Les plus petits, en revanche, du fait de leur plus grand rapport surface/volume, devraient normalement être mieux armés pour dissiper (perdre) la chaleur emmagasinée.

L'intérêt du taux de reproduction pour la production globale de viande a déjà été souligné plus haut (page 211).

Dans les pays tropicaux, la plupart des élevages ne disposent pas de balances appropriées pour peser le bétail. Les animaux qui sont envoyés à l'abattoir peuvent souvent être pesés à cette occasion, mais les données de ce type, même si l'âge des sujets est connu, ne pourront servir que pour éventuellement sélectionner des parents survivants de ces sujets et ne sont par conséquent pas d'une grande utilité pour améliorer la vitesse de croissance.

Les dimensions linéaires, telles que le périmètre thoracique ou des combinaisons diverses de la longueur du corps, de la hauteur au garrot et de la profondeur de la poitrine, sont parfois employées pour estimer le poids vif. La corrélation de ces diverses mesures avec le poids dépend de l'espèce, de la race et d'autres facteurs. Chez les ruminants, lorsque la date de naissance n'a pas été notée (ce qui ne devrait pas être le cas dans un programme d'amélioration), l'âge d'un individu peut être estimé en en comptant les dents. Des conseils plus précis au sujet de chaque espèce pourront être glanés dans les différentes monographies qui leur sont consacrées et qui sont disponibles dans cette collection.

La qualité de la carcasse

La qualité de la carcasse peut avoir une importance économique lorsque les animaux sont produits pour l'exportation à destination de pays qui acceptent de payer un meilleur prix pour des carcasses de première qualité, ou lorsqu'ils sont commercialisés via des filières de produits de luxe. Dans ce type de contexte, il devient intéressant de prendre en compte les critères de carcasse dans les schémas d'amélioration. Ces caractères ont une bonne héritabilité mais sont difficiles à mesurer. Trois facteurs principaux influencent la qualité de la carcasse : la conformation de l'animal, le développement des tissus adipeux et la tendreté de la viande.

1. La conformation de l'animal. Les marchés spécialisés attribuent une plus grande valeur à l'arrière-main (quartier arrière) qu'à l'avant-main (quartier avant).

2. Le développement des tissus adipeux (adiposité) et le rapport entre le muscle et la graisse (teneur en viande maigre). Les marchés spécialisés rejettent les animaux trop gras. L'adiposité peut être estimée par la cotation de l'état corporel des animaux entre par exemple 0 (sujet émacié) et 5 (sujet très gras). L'épaisseur du gras dorsal des porcins vivants a longtemps été estimé par divers moyens mécaniques, désormais largement remplacés par la mesure aux ultrasons (figure 10.3). Pour les autres espèces, la méthode la plus « précise » d'évaluer

la composition de la carcasse était autrefois l'examen de la carcasse après abattage (post-mortem).

La mesure des caractéristiques de la carcasse d'un animal après son abattage intervient trop tard pour permettre de sélectionner cet animal pour la reproduction, mais encore à temps pour que ces informations puissent servir à sélectionner sa progéniture ou d'autres sujets qui lui étaient étroitement apparentés. Ce type d'évaluation des carcasses est toutefois trop onéreux pour une application industrielle, mais cette méthode a permis autrefois d'amasser une quantité considérable d'informations utiles sur la variabilité intra-race et inter-race de la teneur des carcasses en graisse, muscle et os dans le cadre d'essais de sélection.

Il existe aujourd'hui une vaste gamme d'appareils plus ou moins sophistiqués pour évaluer, par utilisation des ultrasons, la composition des carcasses sur les animaux vivants et obtenir des informations relativement bien corrélées avec les teneurs réelles en gras et en maigre.

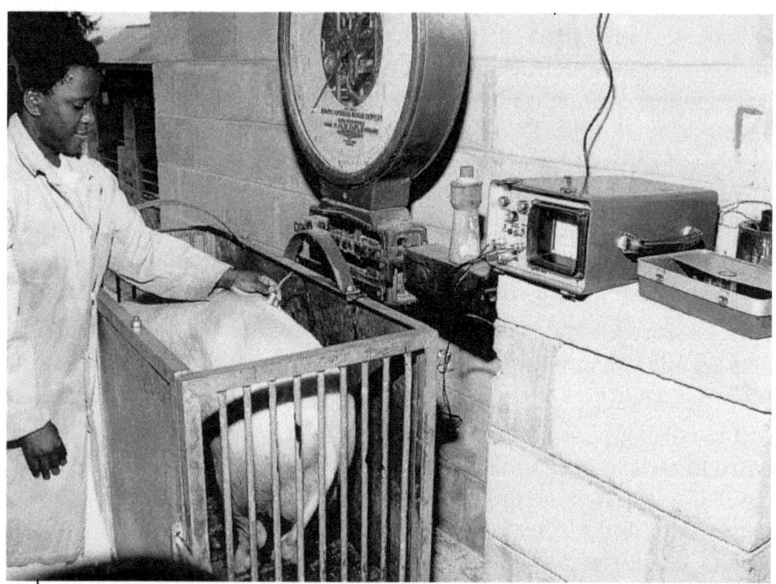

Figure 10.3.
La mesure aux ultrasons de l'épaisseur du lard dorsal chez le porc (cliché de D.H. Holness, reproduit de l'ouvrage Pigs, The Tropical Agriculturalist).

3. La tendreté de la viande. Dans la pratique, ce caractère est lié à l'âge de l'animal et à sa vitesse de croissance. Des bovins bien finis de 2 ans présentent une viande plus tendre que des sujets âgés en fin de carrière laitière ou de travail.

Difficiles à mesurer, les caractères de qualité des carcasses sont plus facilement intégrés dans une stratégie de croisements que dans une stratégie de sélection. Le mâle reproducteur utilisé pour produire la génération destinée à être abattue ainsi que la race (ou le type) auquel il appartient, respectivement appelés reproducteur terminal et race de croisement terminal, sont souvent choisis pour la qualité bouchère de leur descendance.

◗ La production laitière

Le critère privilégié dans le cadre d'un élevage laitier est la quantité de lait produite. La composition du lait (teneur en matières grasses et en protéines) est généralement considérée secondaire, sauf en cas de déséquilibre majeur de ses composants ou lorsque le revenu provient essentiellement de la production de fromage ou de beurre. La quantité totale de lait obtenue est fonction de la durée de la lactation et de la production journalière. Cette dernière croît généralement pendant les premières semaines suivant la mise bas, reste relativement constante sur une certaine période puis décline progressivement à l'approche de la fin de lactation. La production laitière est également influencée par la saison. En outre, quantités d'autres facteurs sont susceptibles d'affecter la production journalière, comme par exemple les mammites ou la météorisation, ou encore le dérangement pendant la traite.

Une seule lecture ne suffit par conséquent jamais pour estimer la production laitière de manière précise. La production du matin et celle du soir doivent donc être mesurées à plusieurs reprises tout au long de la lactation. Avant d'analyser ces données individuelles dans le cadre d'un programme de sélection, il est presque toujours nécessaire de les ajuster pour prendre en compte certains facteurs du milieu dont les variations influencent la production laitière.

L'héritabilité de la quantité de lait produite au cours d'une lactation est plutôt élevée, de l'ordre de 0,25 (voir le tableau 4.1), et celle de la composition du lait encore supérieure. De même, la plupart des caractères contribuant à la production laitière sont héritables. La production laitière varie beaucoup d'un animal à l'autre au sein d'une même race, mais également d'une race à l'autre. Les stratégies de sélection et les stratégies de croisements se révèlent efficaces pour la faire évoluer à la fois sur le plan quantitatif et qualitatif.

Le suivi laitier constitue la première étape obligée pour améliorer la production laitière. Quelques-unes des difficultés qui pourront être rencontrées à cette occasion sont abordées ci-dessous.

Le contrôle laitier des bovins

Dans bon nombre des pays occidentaux, la fréquence optimale des contrôles laitiers, en tenant compte des aspects économiques en jeu, serait d'une mesure de production journalière toutes les trois semaines. Ce système peut généralement être appliqué sans inconvénient aux grands élevages institutionnels des pays tropicaux.

En revanche, la mise en place d'un contrôle laitier peut s'avérer une entreprise complexe dans beaucoup d'autres élevages, notamment dans le cas de races indigènes qui retiennent leur lait en l'absence du veau.

Face à ce type de problème, il est important de ne pas laisser le veau à la mamelle plus longtemps que nécessaire pour que la mère accepte de donner son lait. Le veau devrait en outre être tenu à l'écart de sa mère avant les traites contrôlées afin d'éviter que sa consommation ne fausse la mesure – un exercice qui n'est pas toujours facile à mettre en œuvre. Si la manœuvre s'avère impossible, il devrait au moins être tenté de comparer toutes les vaches sur le même plan, quel que soit le système adopté, pour pouvoir sélectionner les meilleures d'entre elles ; en particulier, comparer en même temps des vaches du même âge qui en sont au même stade de leur lactation.

Mesurer la production laitière sur une unique période de 24 h simplement à l'aide d'un seau gradué reste préférable à une absence totale de mesure, et certainement préférable au simple jugé : bien que la production laitière totale ne saurait ainsi être mesurée avec précision, cette méthode simple pourrait permettre d'identifier une partie des piètres laitières à réformer et quelques-unes des meilleures à conserver. Un tel système permettrait par ailleurs de contrôler, sur l'exploitation même de l'éleveur, la productivité de tout sujet déjà repéré comme exceptionnellement performant au cours d'une opération de criblage (chapitre 6).

La composition du lait, généralement déterminée en laboratoire, ne concerne que les schémas à grande échelle et les élevages spécialement axés sur la production de beurre ou de fromage.

Le contrôle laitier des caprins

Les mêmes remarques valent ici, à ceci près que, à cause des durées de lactation inférieures, les mesures doivent être plus fréquentes pour pouvoir couvrir la production de toute la lactation.

Le contrôle laitier des ovins

La productivité laitière peut constituer une information importante lorsque le lait est commercialisé, mais également, de manière générale, parce qu'il est un facteur déterminant de la croissance des agneaux. En effet, les brebis qui produisent plus de lait tendent à avoir des agneaux plus beaux et plus lourds que celles qui en produisent moins. Dans les élevages où les brebis ne sont pas soumises à la traite, un moyen d'estimer leur productivité est de peser leurs agneaux avant et après les tétées. Le jour du contrôle, les agneaux sont tenus à l'écart de leurs mères pendant plusieurs heures pour qu'ils reçoivent une quantité mesurable de lait à la tétée suivante. Cette opération est répétée 2 ou 3 fois sur la période de 24 h. Une autre méthode consiste à peser les agneaux à la naissance puis à nouveau à 3 semaines puis à 6 semaines. Pendant cette période, en effet, le lait maternel est la seule source de nourriture des agneaux et détermine leur croissance. Des facteurs de conversion ont été calculés qui permettent d'estimer la quantité de lait ingérée à partir de l'accroissement pondéral. Toutefois, cette formule devient moins fiable si les agneaux parviennent à téter d'autres brebis que leurs propres mères.

▶ La production de fibres animales (laine et poils)

En ce qui concerne la production lainière, la quantité est normalement plus importante que la qualité, sauf dans le cadre d'une production spécifiquement axée sur les fibres textiles. La finesse (le diamètre) et la longueur de la fibre sont les deux paramètres de sa qualité. Bien que l'estimation objective de la qualité des fibres – en général par la mesure du diamètre et de la longueur d'un échantillon de fibres – soit plus difficile qu'une appréciation subjective, cette approche autorise des progrès supérieurs. C'est celle qui a été adoptée depuis de longues années par les éleveurs australiens d'ovins Mérinos. Le poids des toisons, quoique corrélé à la taille de l'animal au sein d'une même race, présente une héritabilité modérément forte et varie beaucoup d'une race à l'autre. Le diamètre et la longueur des fibres ont des héritabilités encore supérieures et, là aussi, varient considérablement entre les différentes races. Il s'ensuit que les stratégies de sélection et de croisements sont toutes susceptibles de faire évoluer relativement facilement les caractères relatifs à la quantité comme à la qualité des fibres et de faire régresser les défauts de la toison.

La valeur de la laine angora produite par les caprins et les lapins des races Angora tient à ses boucles d'un blanc lustré. La fibre doit en être longue et fine. Le cachemire, tiré de la bourre des caprins, présente des fibres encore plus fines, mais courtes. La quantité et la qualité du produit sont influencées à la fois par le patrimoine génétique et par l'environnement. Les croisements avec des races spécialisées (Angora et Cachemire) sont très efficaces pour conférer ces caractères à d'autres races.

La production de travail

Partout sous les tropiques, taurins, zébus et buffles sont utilisés pour leur force musculaire, tant dans les transports que dans les travaux agricoles.

Les races diffèrent quant à leurs capacités de travail, de même que les individus d'une même race. La capacité de travail ne se résume toutefois pas à la seule puissance de l'animal. La tolérance à la chaleur est primordiale, et influence directement la quantité de travail qui peut être produite. En effet, l'effort génère de la chaleur et impose un stress supplémentaire à l'animal qui œuvre sous un climat chaud. La production de travail peut être considérée comme une combinaison de puissance de traction, de vitesse et d'endurance. Plusieurs de ces caractères sont susceptibles d'être génétiquement améliorés, bien qu'il ne s'agisse pas là toujours d'une solution réellement intéressante dans la pratique, comme on le verra plus loin.

La puissance de traction est elle-même corrélée au poids, un caractère qui répond bien à la sélection et aux croisements. Toutefois, des animaux plus grands, donc plus puissants, demandent également plus de nourriture – une ressource souvent limitée. Augmenter le format n'est intéressant que là où les ressources alimentaires sont abondantes. Étant donné que les animaux de trait ne sont utilisés dans les champs et les rizières que pendant une courte période de l'année, leur coût d'entretien – notamment pour ce qui est de la nourriture – est un détail qui a son importance. Les animaux de petite taille peuvent ici être avantagés par rapport aux grands, même s'il leur faut plus de temps pour accomplir le même travail.

Le format influence par ailleurs les échanges thermiques (absorption et dissipation de chaleur par l'organisme, voir aussi page 214). Ce facteur est particulièrement important chez les animaux de travail, dont l'activité produit un surcroît de chaleur.

Pour nombre de raisons, les conditions nécessaires à une amélioration génétique de la production de travail sont rarement réunies. Notamment :
– Les exploitants ne possèdent habituellement qu'un très petit nombre d'animaux de trait – le plus souvent un ou deux – ce qui offre peu de possibilités de sélection.
– La durée de la période de dressage à l'issue de laquelle les animaux sont enfin en mesure de montrer leur valeur (parfois plus de 5 ans) allonge l'intervalle de génération.
– Le taux de reproduction particulièrement bas des animaux de travail, sans doute du fait de la dureté des conditions de vie qui sont les leurs, limite considérablement le rythme des progrès génétiques (chapitre 5).
– Une proportion importante des animaux de travail sont des mâles castrés, incapables de se reproduire.

La plupart des races de trait ou de bât sont également élevées pour leur lait et leur viande. Les objectifs de l'amélioration, si l'on choisit de s'en fixer, devraient donc tenir compte de ces caractères en sus des capacités de travail.

Certains des points mentionnés ci-dessus font également obstacle à une stratégie efficace de croisements. Qui plus est, les races plus grandes et plus lourdes qui seraient susceptibles de servir pour ces croisements améliorateurs pourraient ne pas être suffisamment bien adaptées aux conditions dans lesquelles les animaux croisés auraient à travailler.

Si des améliorations génétiques sont souhaitées, il semble donc que la seule solution envisageable soit d'y œuvrer au sein des grands établissements d'élevages nationaux. En ce qui concerne la puissance de traction, une piste prometteuse serait de rechercher un caractère qui y serait génétiquement corrélé, présenterait une héritabilité acceptable (chapitre 5) et serait susceptible d'être mesuré à un stade précoce (afin de raccourcir l'intervalle de génération).

Deux caractères mériteraient d'être mis à l'essai dans ce contexte :
– une mesure de la puissance de traction chez le jeune animal, avant son dressage effectif ;
– une mesure de la tolérance à la chaleur.

Dans tout schéma de sélection centralisé, il est primordial de s'assurer que les conditions dans lesquelles les sujets sont évalués et sélectionnés sont suffisamment proches de celles dans lesquelles les animaux devront travailler. Si tel n'est pas le cas, les animaux résultant du processus d'amélioration pourraient bien, une fois dans les campagnes, ne pas se révéler aussi utiles qu'il était espéré.

> **Exemple 10A. Conditions de sélection et conditions locales.**
> On sait qu'un animal bien nourri est capable de faire le travail de deux animaux sous-alimentés. Toutefois, ce résultat ne garantira pas pour autant que des animaux attelés seuls s'avèreront efficaces si les ressources alimentaires ne suffisent pas à les maintenir en bonne condition.
> De même, un animal sélectionné comme bon travailleur dans des conditions convenables de conduite et d'alimentation pourrait ne plus présenter aucun intérêt dans les conditions difficiles d'une petite exploitation.

Les aspects génétiques du problème ont été abordés en détail par Vercoe *et al.* (1985).

Les améliorations non génétiques, tout particulièrement en ce qui concerne l'alimentation, la lutte contre les maladies, les pratiques de conduite et la conception du matériel de travail, ont cependant des répercussions souvent remarquables sur les performances.

Les capacités de beaucoup d'animaux de trait, si ce n'est de la plupart d'entre eux, sont limitées par la sous-alimentation, la charge parasitaire et les maladies. Par ailleurs, quelques ajustements dans les habitudes de conduite – programmer les labours seulement aux heures les plus fraîches de la journée, par exemple, ou donner aux animaux l'occasion de se rafraîchir – permettent d'augmenter la quantité de travail fournie. La conception des harnais et des instruments aratoires, notamment, est cruciale : un matériel moderne, bien pensé et bien adapté, peut permettre d'accomplir le même travail avec un animal de plus petite taille, pouvant mieux dissiper l'excès de chaleur et moins coûteux d'entretien.

Il apparaît que ces stratégies d'amélioration non génétiques sont, au moins dans un premier temps, la ligne d'action à privilégier pour améliorer les capacités de travail des animaux.

▷ La résistance aux maladies

Un éleveur isolé ne peut pratiquement rien faire pour renforcer génétiquement la résistance de son cheptel aux maladies – hormis la

petite marge de manœuvre offerte par le choix des races et par les croisements qui peuvent accroître la survie. La résistance génétique aux maladies est un sujet qui a suscité beaucoup d'intérêt depuis de nombreuses années et qui fait l'objet de nombreux travaux de recherche. En effet :
– les problèmes de santé occasionnent des pertes considérables en limitant la production et en entraînant la mort prématurée des animaux ;
– les traitements préventifs et curatifs coûtent cher et sont difficiles à obtenir dans la plupart des pays tropicaux.

On distingue habituellement les catégories de maladies suivantes :
– les maladies dues à des bactéries, des virus ou des champignons ;
– les maladies dues à des parasites internes ou externes ;
– les maladies dues à des troubles du métabolisme et à des carences ou déséquilibres alimentaires ;
– les maladies héréditaires ;
– les désordres dus à divers stress environnementaux, et notamment au stress thermique.

Les maladies et malformations héréditaires, la catégorie dont l'incidence économique est la plus faible, sont généralement transmises de manière simple, étant déterminées par un ou deux gènes seulement. Elles sont relativement rares et ne contribuent que très modestement aux pertes globales de bétail. Il suffit habituellement de réformer les animaux atteints, leurs parents et éventuellement leurs frères et sœurs susceptibles d'être porteurs (en veillant bien à ce qu'ils ne soient pas simplement transférés chez d'autres éleveurs qui pourraient les utiliser pour la reproduction) ou encore, préférablement, de les abattre. La marche à suivre dans les rares cas où l'on se trouve confronté à une maladie génétique connue et largement répandue a été décrite dans la section consacrée à la détection des allèles récessifs indésirables (chapitre 9, page 192). Le cas concerne les mâles reproducteurs que l'on se propose d'utiliser pour l'insémination artificielle.

La gestion de tous les autres types de dysfonctionnements et de maladies au sens strict n'est jamais un exercice simple. Les symptômes se déclarent suite à l'interaction entre un agent causal, certains autres facteurs de l'environnement et les capacités propres de l'animal à résister à ces attaques. Ainsi :
– les infections bactériennes et virales sont mieux combattues si l'animal y a déjà été exposé (par exemple sous la forme d'un vaccin) que s'il les confronte pour la première fois ;

– les parasites internes sont susceptibles de passer inaperçus chez un animal bien nourri mais de causer des dégâts considérables, voire mortels, chez un animal sous-alimenté ;
– les désordres entraînés par des carences en minéraux et oligo-éléments ont souvent leur origine dans un déséquilibre alimentaire ou dans un excès d'un autre élément plutôt que simplement dans un manque de l'élément associé aux symptômes.

Dans tous les cas, la conduite de l'élevage, l'alimentation et les traitements préventifs ont une influence considérable sur l'incidence des maladies et sur les pertes qu'elles occasionnent, ce qui laisse penser que la variabilité de l'incidence des maladies due à l'hérédité est probablement limitée.

La résistance génétique aux maladies

Certaines observations semblent indiquer que la résistance aux maladies et, surtout, la capacité générale à survivre dans des conditions difficiles aurait une composante héréditaire.

– Adaptation aux conditions locales : dans les pays tropicaux, les races tropicales résistent mieux que les races européennes ou nord-américaines aux maladies, à l'irrégularité des disponibilités alimentaires et aux stress imposés par le climat tropical.
– Les animaux croisés jouissent d'un meilleur taux de survie que leur race parentale exotique.
– Le taux de survie des animaux issus du croisement de deux races locales est parfois supérieur à ceux des deux races parentales.

Par ailleurs, il apparaîtrait qu'une certaine résistance génétique se manifeste à l'encontre de quelques maladies bien précises, par exemple :

1. Les races zébu sont sensibles à la trypanosomose tandis que certaines races africaines sans bosse, telles que la race N'Dama, se révèlent relativement résistantes dans les régions infestées de mouches tsé-tsé.

2. Des observations réalisées en Australie suggèrent que la résistance aux parasites intestinaux et aux tiques aurait une composante héréditaire.

3. L'existence d'une résistance génétique au météorisme chez les bovins a été mise en évidence.

4. Il a été montré que des carences en certains oligo-éléments, tel que le cuivre, affecteraient certaines races ovines plus que d'autres (du fait

d'inégalités génétiques quant à l'efficacité d'absorption des éléments en question).

5. Un processus de sélection de la résistance à la mammite a été initié en Norvège, bien que l'héritabilité du caractère soit très faible. Ce projet a été rendu possible par un programme national de signalement des cas qui a permis de montrer que les filles de certains taureaux souffrent plus fréquemment de mammite que celles d'autres taureaux.

6. La mort subite du porc due au stress, par exemple au cours du transport à l'abattoir, est connue pour être héréditaire et affecter certaines races plus que d'autres. Son élimination fait désormais partie des objectifs des programmes des grandes entreprises de sélection. Cette sensibilité au stress est par ailleurs corrélée à certaines caractéristiques de la carcasse.

Dans le cas des quelques affections majeures (telle que la trypanosomose) auxquelles une résistance à composante héréditaire est déjà en partie attestée, les recherches sont en cours pour éventuellement localiser des gènes spécifiques déterminant ces résistances. Ces gènes sont identifiés directement, ou indirectement par leur liaison avec d'autres gènes, appelés gènes marqueurs (chapitre 12), dont l'expression bien visible pourrait servir de repère pour la sélection.

Les groupes sanguins et les divers types d'albumine, d'hémoglobine et de transferrine ont autrefois été étudiés en rapport avec la trypanorésistance, chez les bovins N'Dama et Baoulé par exemple (Queval, 1991 ; Toure, 1987). Les recherches actuelles visent à étendre la gamme des gènes marqueurs. Plus récemment, tout en continuant à inclure les anciens facteurs génétiques comme marqueurs, les travaux s'attachent de plus en plus à l'étude des fragments d'ADN (chapitre 12). On cherche maintenant des marqueurs génétiques existant sur l'ADN. Ce sont des fragments d'ADN correspondant à des loci pour lesquels il existe plusieurs allèles.

L'objectif est désormais de mieux comprendre comment les animaux se protègent et de rechercher si leurs mécanismes de défense peuvent être manipulés génétiquement. Les stratégies visant à protéger les organismes contre des agents pathogènes bien précis (par vaccination ou autre) présentent l'inconvénient d'une relative vulnérabilité face à la capacité des micro-organismes, dont l'intervalle de génération est très court, à modifier rapidement leur constitution génétique. Toute protection spécifique mise au point à un moment donné est par conséquent susceptible de perdre son efficacité après quelque temps.

Plus prometteuse est la voie de recherche qui tente de découvrir les mécanismes généraux de défense qui pourraient être à l'œuvre chez les animaux ou qui pourraient leur être conférés par le biais du génie génétique (chapitre 12). On reste toutefois encore très loin de pouvoir proposer des solutions génétiques immédiatement applicables par les éleveurs qui sont aujourd'hui confrontés à des problèmes sanitaires.

11. Conservation et préservation des races

Nombreuses sont les races domestiques, y compris dans les régions tropicales, qui ont disparu ou se sont raréfiées au point de se trouver en danger d'extinction. Une publication de l'Organisation des Nations Unies pour l'alimentation et l'agriculture (FAO) apporte des éléments à l'appui et présente, continent par continent, la liste des races reconnues menacées de toutes les espèces domestiques (Wiener, 1990). Il est évident que ces listes seront amenées à s'allonger considérablement au fur et à mesure que plus d'informations seront réunies sur les effectifs déclinant de certaines races locales. Y figurent par exemple :

– bon nombre des races créoles d'Amérique du Sud et d'Amérique latine ;
– plusieurs races locales africaines, telles que, chez les bovins, les Kuri de la région du lac Tchad et les Barotse du Cameroun.

Les bovins tendent à occuper la première place dans ces listes du fait qu'ils drainent une large part de l'attention. Cependant, beaucoup des races porcines indigènes de Chine et toutes les races indiennes de poules figurent également au nombre des races considérées comme menacées. La liste mondiale comporte des buffles, des camélidés, des ânes, des chèvres, des moutons, des porcs et des volailles.

Si beaucoup de races identifiées et nommées ont vu leurs effectifs reculer jusqu'à remettre en question leur survie en l'absence de mesures de conservation, d'autres sont réellement en danger imminent d'extinction : la race caprine japonaise Tokara, par exemple, ne compterait plus qu'une trentaine de représentants.

Les causes

Le croisement avec des races plus valorisées constitue l'une des premières causes du déclin de certaines races.

Les races à petits effectifs ont souvent leurs membres répartis dans des troupeaux de taille réduite, ce qui rend leur gestion plus compliquée.

Il devient en effet difficile d'éviter l'accroissement de la consanguinité et les problèmes qui en découlent (chapitre 9).

Les petites populations sont menacées par un autre processus, la dérive génétique, qui est susceptible d'altérer leur constitution génétique en faisant dériver de manière aléatoire les fréquences alléliques d'origine jusqu'à provoquer la disparition de certains allèles et la fixation d'autres. Ce processus peut entraîner des changements significatifs, souvent au détriment des caractéristiques de la race.

Par ailleurs, les animaux des races en déclin ou à petits effectifs, généralement moins productifs, sont de moindre rapport pour leurs propriétaires (que ce soit en termes de rendement ou de rentabilité) que les sujets de races plus réputées. D'un point de vue économique, les éleveurs ont donc peu intérêt à continuer à travailler avec leur cheptel d'origine.

Le nom des races

En l'absence d'associations d'éleveurs telles que les UPRA ou les *Breed Societies* et de données individuelles, il est parfois difficile de décider si une race ou un type donné est réellement – génétiquement – distinct des autres races ou types. Le fait qu'elle soit connue sous un nom local spécifique ne saurait prouver qu'elle est effectivement différente d'une autre race très semblable portant un autre nom dans une autre région. Cette ambiguïté constitue une source de confusion pour les défenseurs des races à très petits effectifs et, à l'inverse, pour ceux qui s'opposent à la conservation, un argument leur permettant d'alléguer que les races en question ne sont pas aussi rares que les premiers le prétendent.

Pourquoi préserver les races ?

La question de la conservation suscite un vif intérêt partout sur la planète car beaucoup considèrent les races comme des ressources génétiques que l'on ne pourrait remplacer si elles venaient à disparaître. De fait, une bonne part des améliorations génétiques obtenues chez les plantes cultivées modernes l'ont été grâce à l'introduction de gènes ou d'allèles prélevés chez des espèces sauvages et « improductives ». Selon ce point de vue, si ce type de transfert s'est avéré utile pour l'amélioration des plantes cultivées, il est probable qu'il en soit de même pour l'amélioration des animaux de production.

▮ Le maintien de la diversité génétique

Le principal argument scientifique en faveur de la conservation et de la préservation des races est celui du maintien de la diversité génétique. Il est toujours possible qu'une race aujourd'hui menacée possède des caractéristiques propres qui pourraient se révéler utiles à l'avenir – notamment en ce qui concerne les résistances aux maladies et les tolérances aux stress environnementaux. La difficulté est d'identifier en quoi pourraient consister ces qualités spécifiques afin de pouvoir étudier les modalités de leur transmission de génération en génération et de rechercher comment les transférer génétiquement, le cas échéant, dans une autre race. L'autre grande question à résoudre concerne le financement de la conservation et de l'évaluation des races, dont dépend leur utilisation future. L'évaluation des races peut donner lieu à un suivi des performances et à d'autres mesures qui autrement ne seraient pas mises en œuvre.

▮ Préserver l'avenir

Le sujet du coût et des bénéfices potentiels a été examiné en détail par Smith (1985). Selon cet auteur, les objectifs de sélection qui sont en faveur à l'heure actuelle pourraient bien ne plus être les mieux indiqués à l'avenir. Il s'agit là d'un risque attaché aux pratiques d'amélioration génétique en vigueur. Une manière d'atténuer ce risque serait de maintenir ou de créer des lignées portant des caractéristiques différentes, dont toutes ne répondraient pas nécessairement à une demande commerciale du moment mais seraient susceptibles de prendre de l'importance plus tard. D'après les calculs de Smith, le coût, pour un pays, de créer des lignées ainsi « spécifiquement diversifiées » est très faible en comparaison des bénéfices économiques potentiels d'une telle opération, et ce, même si seule une très faible proportion de ces lignées additionnelles finit par prendre une réelle valeur commerciale.

▮ Qualités et caractéristiques à préserver

Cette diversité pourrait se retrouver dans un certain nombre de races domestiques actuellement menacées. Il est toutefois difficile de prévoir ce qui est susceptible de devenir important plus tard. On peut par exemple considérer d'emblée que tout ce qui a trait à la résistance aux maladies ou à divers types de stress devrait être retenu, de même que tout ce qui préparerait les animaux à exploiter de nouvelles ressources alimentaires, telles que des nouveaux aliments et récoltes ou des sous-produits agro-industriels. Une autre difficulté se dessine ici : les races des régions tropicales en général n'ont pas encore été suffisamment étudiées et évaluées. Leurs qualités et caractéristiques propres sont souvent inconnues, et au premier chef celles qui, encore très vaguement définies à l'heure actuelle, pourraient ultérieurement se révéler intéressantes.

Selon un point de vue opposé, en l'absence de consanguinité, il n'est pas complètement attesté que le recul de la diversité génétique soit si considérable au sein des races d'intérêt économique et, de plus, rien ne permet d'exclure que ces dernières ne pourraient pas être utilisées, si besoin est, pour mettre au point de nouveaux types. Cette opinion repose dans une large mesure sur l'analyse de la variabilité génétique des performances chez les races considérées utiles aujourd'hui – bien que certains résultas obtenus par de nouvelles techniques semblent également indiquer l'existence d'une variabilité à l'échelle du gène. Il reste que cette manière d'appréhender la question, portée par d'anciennes pratiques d'amélioration, pourrait ne pas s'avérer de bon conseil pour les années à venir. Plusieurs observations indiquent que les méthodes de travail actuelles en matière de zootechnie – notamment dans les pays les plus développés – induiraient une uniformisation génétique toujours plus poussée. Il se peut donc que l'on doive combattre cette tendance en entretenant la diversité par la préservation des races menacées.

▌▌▶ Quelques considérations sociales et culturelles

Les raisons de conserver et préserver les races ne sont pas uniquement scientifiques ; des intérêts sociaux et culturels, y compris esthétiques et ludiques, sont également en jeu et ne doivent pas être sous-estimés. Nombreux sont ceux qui aiment voir et observer des animaux sauvages. Ces derniers sont très largement considérés comme faisant partie intégrante du patrimoine mondial qu'il est de la responsabilité des générations actuelles de préserver pour les générations futures. Dans cette optique, pourquoi en irait-il autrement des espèces domestiques ? Celles-ci pourraient, elles aussi, constituer une source d'intérêt et de plaisir pour les générations futures, et notamment pour les habitants des grands centres urbains qui sont plus que les autres coupés du monde agricole.

Conservation et préservation : définitions

On parle généralement de conservation lorsqu'il s'agit de maintenir des races dont les effectifs sont en déclin et sont susceptibles de continuer à décroître jusqu'à extinction si aucune mesure de sauvegarde n'est prise.

On parle de préservation lorsqu'il s'agit de sauver des races dont les effectifs sont déjà si réduits que les processus de reproduction habituels ne peuvent pratiquement plus suffire et que des mesures spéciales s'imposent.

Quelques interrogations

Les questions auxquelles l'on est confronté dans le cadre de la conservation et de la préservation des races domestiques sont les suivantes :
– Quelles races doit-on conserver/préserver ?
– De combien de représentants de chacune a-t-on besoin ?
– Quelles méthodes ou techniques doit-on utiliser ?
– À qui donner la responsabilité de ces opérations ?
– Qui devrait en assurer le financement ?
– Comment conserver les races une fois qu'elles ont été « sauvées » ?

Une réponse à la première de ces interrogations pourra éventuellement se dessiner à l'examen des divers points abordés jusqu'ici dans ce chapitre.

Les effectifs nécessaires

En ce qui concerne la question des effectifs, les spécialistes ne sont pas encore tout à fait d'accord sur ce qui constitue à leurs yeux l'effectif minimal nécessaire pour qu'une population soit viable. Certains suggèrent que 150 femelles et 20 mâles non consanguins suffisent comme un effectif « de travail ». D'autres prônent des effectifs beaucoup plus importants, comme par exemple 1 500 femelles reproductrices dans le cas des ovins. Éviter les accouplements consanguins constitue l'une des clefs du problème et, lorsque la chose est possible, mieux vaut choisir des sujets provenant d'un grand nombre de troupeaux différents plutôt que d'un seul élevage, même s'il est de grande taille.

La question des effectifs mène à celle de la stratégie de conservation. Tous les secteurs de la filière de production animale ne se prêtent pas également à la conservation ou à la préservation d'une race donnée. Les éleveurs à système de production intensif, dont les investissements financiers sont lourds, préfèrent certainement s'appuyer sur des races ou des croisements de races à hauts rendements, le plus souvent d'origine exotique.

À l'autre extrémité de l'échelle, les systèmes transhumants ne sont pas toujours les mieux adaptés aux règles strictes d'un programme de conservation. Il convient donc de rechercher attentivement les types d'élevage les plus appropriés et les plus à même d'accueillir et de mener à bien la conservation d'une race – éventuellement de pair avec son développement.

Dans le cas d'une race qui se trouve au bord de l'extinction et dont la préservation a été décidée, la question des effectifs ne se pose plus car tous les membres disponibles de cette race, voire les animaux croisés qui en seraient issus, doivent être mis à contribution, et ce, souvent sur une longue période.

Les techniques disponibles

Les méthodes de conservation et de préservation font intervenir :
– le maintien d'une population d'animaux vivants et/ou
– le stockage à froid (cryopréservation) d'embryons ou de semence.

Il est fréquent que la conservation d'une race fasse appel à ces deux modes d'action. Des évolutions récentes en biotechnologie laissent entrevoir la possibilité de conserver des chromosomes ou des segments d'ADN, mais ces méthodes doivent d'abord résoudre les problèmes supplémentaires relatifs à l'identification de ces fragments et aux tests afférents après incorporation au nouveau génome.

Ces avancées récentes sont encore loin d'être directement applicables dans le cadre de la préservation des races domestiques des zones tropicales et ne seront pas étudiées plus en détail ici.

▌▶ Le maintien d'une population d'animaux vivants

Lorsque la conservation ou la préservation d'une race repose sur le maintien d'une population d'animaux vivants, il convient de décider

si ces animaux doivent être élevés sans sélection ou au contraire « améliorés » pour rehausser leur valeur économique. Pour une partie des personnes concernées par les pays tropicaux et les régions du monde en voie de développement, la conservation doit se doubler d'une « amélioration » pour réduire le coût d'entretien de la population. Il faut alors espérer que le processus d' « amélioration » n'élimine pas les qualités spécifiques susceptibles de conférer une valeur particulière à cette race à un moment ou à un autre dans le futur. Ce risque sera cependant très réduit si l'on s'interdit les croisements avec d'autres races et, de fait, la sélection au sein de la race elle-même devrait être la seule stratégie « amélioratrice » autorisée. Il reste que, s'il y a sélection, le niveau de consanguinité de la population est susceptible de progresser plus rapidement (chapitre 9), ce qui oblige à maintenir un effectif (mâles et femelles) plus élevé que si les accouplements sont laissés au hasard.

Lorsque seuls quelques représentants d'une race sont encore en vie, il est parfois nécessaire de commencer par croiser ces individus avec une autre race pour tenter de préserver les gènes et de les disséminer plus largement avant qu'il ne soit trop tard. Si un ou plusieurs mâles de la race à préserver de l'extinction sont alors encore vivants, des croisements en retour sont en mesure de recréer, à temps, un type assez semblable au type d'origine.

Le recours à l'ovulation multiple et au transfert d'embryons (MOET) peut également contribuer à faire remonter l'effectif d'une population, mais les problèmes techniques deviennent plus importants lorsque la race est mal connue et que l'on ignore comment elle réagit aux divers traitements (hormonaux et autres) qui sont exigés.

▶ La cryopréservation

Embryons et semence peuvent être conservés au froid par cryopréservation. La méthode des embryons congelés présente l'avantage de permettre l'obtention rapide d'animaux d'une race donnée, si besoin est, en en transférant les embryons dans des femelles receveuses d'une race quelconque. Les animaux auxquels ces femelles donnent naissance sont alors d'emblée de la race ou de la lignée désirée.

En ce qui concerne la semence congelée, seule la moitié des gènes d'une race est transmise à la descendance lorsque la semence est inséminée dans une femelle receveuse d'une autre race, ce qui est presque toujours le cas. Un processus de croisement de substitution est alors nécessaire sur plusieurs générations pour pouvoir retrouver la race recherchée. Si la semence congelée provient d'un petit nombre de mâles, il sera difficile, ce faisant, voire impossible, d'éviter des inséminations consanguines.

ⅠⅠ▶ Le choix de la méthode

La cryopréservation n'est qu'une manière de préserver des génotypes ou des fragments de génotypes d'une race. Entretenir une population d'animaux vivants présente l'intérêt considérable de permettre l'évaluation des caractéristiques de la race en même temps que le maintien ou l'accroissement de son effectif. En outre, les animaux vivants sont disponibles pour d'autres fonctions annexes : être montrés au public, par exemple, pour l'intérêt et le plaisir que suscite le fait d'observer des représentants vivants d'une race domestique peu courante.

Les responsabilités

À qui doit revenir la responsabilité de la conservation et de la préservation des races est, jusqu'à un certain point, une question qui est liée à celles du financement des opérations et de la répartition des bénéfices que l'on espère en tirer. Ce sont là des questions dont les réponses possibles sont à la fois nombreuses et variées et qui suscitent le débat au niveau international. L'enjeu est que beaucoup de races menacées de différentes espèces se trouvent chez les éleveurs et dans les pays qui, les uns et les autres, sont les moins en état de consacrer des ressources financières à des animaux économiquement non rentables.

Les bénéficiaires des opérations de conservation et de préservation – considérations sociales et culturelles mises à part – pourraient bien être beaucoup plus largement répartis, et éventuellement considérés comme les éleveurs sélectionneurs du monde entier. En ce cas, les fonds nécessaires devraient être internationaux, et les responsabilités pourraient alors être plus amplement partagées. Un début de coopération est observé dans ce domaine avec la création de la banque mondiale de données génétiques sur les animaux *(Global Animal Genetic Data Bank)*, soutenue par l'Organisation des Nations unies pour l'alimentation et l'agriculture (FAO), d'autres organes des Nations unies et la Fédération Européenne de Zootechnie (FEZ).

Là où des besoins particuliers ont déjà été identifiés, comme dans le cas de la résistance aux maladies chez les volailles, il paraît presque évident que les entreprises de sélection, qui seraient les premières à tirer avantage de la conservation, devraient également en supporter une partie des coûts et des responsabilités. Cette option comporte néanmoins le risque que ces entreprises de sélection considèrent légitimement les résultats de leurs efforts comme leur propriété en s'opposant à ce qu'ils soient accessibles à tous. Toutefois, si les coûts, par certaines dispositions, sont équitablement répartis entre plusieurs parties intéressées, il y a toutes les raisons de penser qu'il en irait de même pour les bénéfices.

La localisation des populations

Certaines races domestiques au bord de l'extinction comportent de petites populations dans des parcs zoologiques ou nationaux. Une telle configuration peut s'avérer particulièrement intéressante si ces structures s'accordent pour œuvrer pour la conservation. L'échange d'animaux de reproduction entre les petites populations disjointes contribue à maintenir la race et sa diversité. Dans quelques pays, des organismes caritatifs et privés ont été mis sur pied afin de promouvoir les races à petits effectifs, et beaucoup d'animaux ont trouvé refuge chez des éleveurs enthousiastes.

Pour la plupart des races menacées, et notamment pour celles des pays tropicaux, il semble qu'on ne pourra faire autrement que de les maintenir dans leur région d'origine, avec les contributions que les organismes nationaux ou internationaux seront disposés à offrir pour encourager le processus et subventionner les coûts.

12. Postface : les progrès des biotechnologies

Au vu des progrès technologiques de ces dernières années, un ouvrage consacré à l'amélioration génétique des animaux de production se doit d'aborder :
– l'impact possible des avancées de la biotechnologie sur la zootechnie en général ;
– la possibilité de créer des génotypes entièrement nouveaux susceptibles d'être multipliés par des moyens inédits.

Compte tenu des progrès récents de la biologie moléculaire l'ouvrage se doit d'aborder également l'impact des développements de la génétique moléculaire et des études des génomes des animaux domestiques de production sur l'amélioration génétique.

Les premières avancées

Au cours des dernières décennies, le rythme des gains génétiques a pu s'accélérer grâce à :
– une compréhension plus fine et une meilleure mise en application des principes de génétique qui sont à la base de l'amélioration animale ;
– des méthodes statistiques et informatiques plus efficaces pour évaluer le mérite génétique ;
– une puissance de calcul décuplée des ordinateurs ;
– de nouveaux moyens d'augmenter le taux de reproduction pour, à la fois, accélérer et diffuser les améliorations génétiques.

Le développement, au cours des dernières années, des études du génome des animaux d'élevage, des marqueurs génétiques sur l'ADN et de la génétique moléculaire ont donné des possibilités nouvelles pour l'amélioration génétique.

▯ Une compréhension approfondie des principes de la génétique

La compréhension plus fine des principes fondamentaux, en permettant de mieux recentrer les efforts sur les caractères économiquement importants, a entraîné une accélération du rythme des changements.

Elle a en outre favorisé la mise au point de meilleures méthodes pour traiter les problèmes posés par la sélection multicaractère, suscité une approche systématique de l'exploitation des croisements et permis de maximiser les progrès à l'échelle de la population en général plutôt qu'à celle de l'individu. Cela implique de bien saisir comment parvenir au meilleur compromis possible entre les divers facteurs qui entrent en jeu dans les programmes d'amélioration animale.

Cette meilleure connaissance des mécanismes génétiques a également autorisé la mise au point de systèmes plus efficaces pour tester le mérite génétique des animaux et le perfectionnement des techniques de contrôle des performances et de contrôle de la descendance. Ce processus a également bénéficié des progrès technologiques, tels que ceux permettant l'évaluation des carcasses *in vivo*, et de la découverte de certains caractères physiologiques susceptibles de guider la sélection du fait de leur corrélation avec le caractère principal visé (comme dans le cas des niveaux hormonaux pour la productivité laitière ou du taux d'ovulation pour la prolificité).

La plupart des caractères d'intérêt économique sont des caractères quantitatifs à variation continue. Des mathématiciens ont développé un modèle pour analyser ces performances et sélectionner les animaux pour les améliorer. Ce modèle, dit infinitésimal, suppose que le caractère à sélectionner est soumis aux effets additifs du milieu et d'un très grand nombre de gènes qui ne sont pas identifiés individuellement. Ce modèle est l'outil de base de l'amélioration génétique animale et il est performant. Grâce aux progrès récents de la génétique moléculaire qui ont permis notamment la construction de cartes génétiques des espèces animales de production, l'identification de ces gènes est en progrès, ce qui conduira à affiner les méthodes d'amélioration génétique.

▐▶ Les progrès des analyses statistiques et de l'informatique

Les progrès enregistrés dans le domaine statistique ont considérablement élargi les possibilités de prendre correctement en considération l'ensemble des facteurs qui affectent la performance individuelle et d'en tenir compte dans l'estimation de la valeur génétique. Ces nouvelles méthodes permettent en outre de tirer parti des données relatives à tous les sujets apparentés à l'individu concerné pour estimer la valeur génétique et l'héritabilité. Des modèles ont été élaborés dans le but de mieux traiter les problèmes d'interactions entre différents facteurs. La méthode BLUP de C.R. Henderson (meilleure prédiction linéaire non biaisée ou *Best Linear Unbiassed Prediction*) et la méthode REML (maximum de vraisemblance restreint ou *Restricted Maximum Likelihood*) sont deux procédures complémentaires très employées, qui prennent désormais progressivement le pas sur les anciennes, quoique toujours puissantes, analyses de régression multiple. La méthode REML permet d'estimer les paramètres génétiques (héritabilités, corrélations génétiques) des caractères des animaux d'une population en prenant en compte toutes les relations de parenté des animaux entre eux et en tenant compte des effets fixes du milieu. La méthode BLUP a d'abord été développée pour prédire la valeur génétique des taureaux de race laitière testés par insémination artificielle sur la production laitière de leurs filles. Elle est maintenant utilisée pour toutes les espèces animales et caractères sélectionnés. Elle a évolué vers la méthode BLUP modèle animal qui prédit la valeur génétique de chaque animal soumis à sélection. Cette valeur génétique est prédite (ou estimée) en prenant en compte toutes les relations de parenté des animaux entre eux, toute l'information disponible sur les performances des animaux de la génération actuelle et des générations précédentes, et en corrigeant sans biais pour des effets fixes du milieu.

Rien de tout cela n'aurait toutefois pu avoir lieu sans l'extraordinaire accroissement de la puissance des ordinateurs utilisés pour mener à bien ces calculs en des temps raisonnables. On ne saurait ici trop insister sur l'intérêt de pouvoir disposer des résultats complets des calculs au moment des prises de décision, alors qu'autrefois les décisions relatives à la sélection ou aux croisements étaient arrêtées en s'appuyant sur des évaluations tout à fait imprécises du mérite génétique. L'outil informatique permet en outre des progrès génétiques plus rapides en autorisant la mise à la réforme des animaux de reproduction sur la base d'estimations du mérite génétique continuellement remises à jour plutôt que calculées à un âge donné.

Dans le contexte de l'amélioration des cheptels en régions tropicales, des progrès tout à fait intéressants sont cependant possibles même sans équipement informatique sophistiqué, du moment que les principes de base sont appliqués de manière optimale. Seulement, la rapidité de l'amélioration restera en deçà du maximum atteignable.

Dans la dernière décennie, les chercheurs ont mis au point des logiciels de calcul informatique d'utilisation relativement facile qui sont disponibles. Ils seraient intéressants à utiliser pour analyser la variabilité génétique de populations animales de régions tropicales afin d'étudier les possibilités de leur amélioration génétique par sélection. Par ailleurs, des méthodes comme celle du BLUP permettent d'augmenter de façon importante la précision de la prédiction de la valeur génétique. Cependant, avant de mettre en œuvre ces méthodes il faut faire une identification individuelle des animaux contrôlés, mesurer les performances, les enregistrer ainsi que les généalogies et constituer le fichier de données. Cela peut se faire dans un noyau de sélection ou dans une population suivie par un contrôle de performances.

⬗ Un meilleur taux de reproduction

Dans le domaine de la reproduction, les principales avancées se sont produites avec l'avènement de l'insémination artificielle (IA) et de l'utilisation massive qui a suivi des mâles reproducteurs de haute qualité, notamment chez les bovins laitiers. Ces évolutions ont conduit à l'apparition de nouvelles procédures de sélection, dont notamment :
– le recours au contrôle de descendance pour identifier les reproducteurs génétiquement supérieurs ;
– une diffusion plus rapide que jamais auparavant des améliorations dans le cheptel bovin (chapitre 6, schémas de sélection à noyau centralisés).

Plus récemment, l'augmentation du nombre de descendants que peut produire une femelle – notamment avec l'aide des techniques de l'ovulation multiple et du transfert d'embryons (MOET) – a un effet similaire sur le développement des programmes d'amélioration et sur le rythme des progrès génétiques accomplis (chapitre 6).

Par ailleurs, grâce aux embryons congelés et au transfert d'embryons, la circulation internationale de races ou de matériel génétiquement sélectionné est devenue plus facile, notamment là où celle d'animaux vivants serait entrée en conflit avec les services sanitaires vétérinaires.

L'utilisation de l'IA et de la méthode MOET dans les zones tropicales pose toutefois certains problèmes particuliers tenant aux variations physiologiques d'une race à l'autre en matière de reproduction et à la variabilité des réponses en fonction de l'environnement. Qui plus est, le recours largement répandu au contrôle de descendance et l'utilisation des taureaux par IA nécessitent le plus souvent un réseau opérationnel de contrôle des performances et des troupeaux de taille relativement importante – des conditions qu'il est encore peu fréquent de rencontrer en régions tropicales.

❚❘❘ Les noyaux de sélection

En ce qui concerne les programmes de sélection dans les pays tropicaux, le résultat le plus significatif de toutes ces évolutions est la mise au point du concept du noyau de sélection, et notamment du noyau ouvert, et de son mode d'exploitation (chapitre 6). Associé aux progrès obtenus dans les capacités de reproduction, en particulier grâce à la méthode MOET, ce nouveau concept ouvre des possibilités inédites pour l'amélioration des races.

Le criblage des populations (page 127) dans le but de réunir des animaux de reproduction d'élite pour constituer un noyau de sélection est une procédure qui mérite d'être prise en considération dans les pays en voie de développement où le contrôle des performances n'est pas encore généralisé.

Les progrès récents et les nouvelles perspectives

❚❘❘ Le génie génétique

Le génie génétique est un domaine de recherche actuellement très dynamique partout sur la planète. Les progrès technologiques et les avancées dans la reconnaissance des gènes et dans la compréhension de leur constitution sont si rapides que des techniques qui semblaient encore, il y a peu, relever de la science-fiction paraissent désormais à portée de main et que des opérations tout juste estimées éventuellement possibles hier sont aujourd'hui devenues probables, voire déjà mises en œuvre. Il est vraisemblable que tout ce qui suit dans cette section sera à réactualiser, peut-être dans peu de temps, lorsque des solutions seront trouvées à des problèmes à présent insurmontables.

L'objectif de cette section est de fournir des informations générales sur le sujet et de souligner les problèmes qui sont susceptibles de se poser dans le cadre des applications potentielles du génie génétique, notamment en ce qui concerne l'amélioration des cheptels en régions tropicales.

Les manipulations de l'ADN

Ces nouvelles technologies permettent d'intervenir directement sur l'ADN, qui est le support matériel des gènes (chapitre 3). Certains gènes déterminent les multiples structures physiques de l'organisme d'un animal tandis que d'autres agissent sur les non moins nombreuses fonctions de cet organisme (et contrôlent également l'action des gènes structuraux ; ainsi ceux-ci peuvent-ils être activés ou désactivés par des gènes de fonction).

Les gènes ne sont pas des « perles » suspendues les unes derrière les autres le long de la molécule d'ADN mais des segments d'ADN de longueurs diverses envoyant des messages chimiques pour commander la synthèse d'une certaine protéine ou pour remplir d'autres fonctions bien précises. Il est désormais possible d'extraire des gènes ou des fragments de gène d'un brin d'ADN, de les multiplier (c'est-à-dire de les cloner), de les assembler de diverses manières (pour former ce que l'on appelle des constructions) et de les introduire dans l'ADN d'autres organismes, y compris dans ceux d'espèces domestiques.

Il a également été découvert, en principe, comment désactiver des gènes aux effets indésirables – mais y parvenir concrètement s'est avéré, à date, une tâche encore plus complexe.

Les « nouveaux » gènes peuvent provenir de la même espèce ou d'une autre espèce ou encore être créés artificiellement de toutes pièces. Ces manipulations ont trouvé à ce jour leurs principales applications dans la création de nouveaux vaccins et dans la modification de la composition et de la digestibilité d'aliments pour bétail. Une des premières démonstrations de transfert génétique a été l'introduction chez la souris de multiples copies de constructions génétiques contenant le gène de l'hormone de croissance de rat. Les souris qui ont intégré ces gènes d'hormone de croissance de rat sont devenues beaucoup plus grandes que les souris témoins, mais elles étaient par ailleurs stériles et de santé fragile.

Les applications en zootechnie

La technique et la compréhension des mécanismes n'ont pas encore suffisamment progressé pour avoir un impact direct sur l'amélioration animale. Les raisons de cet état de fait et les motifs de prudence en ce qui concerne les applications futures seront en partie abordés plus loin.

Quatre étapes sont nécessaires pour obtenir des animaux portant des caractéristiques nouvelles auparavant inexistantes :
– l'identification ou la création de gènes utiles ;
– le transfert du gène désiré (ADN) dans un génome où il ne se trouvait pas auparavant ;

– la vérification de l'expression du nouveau génome à l'échelle de l'animal et du groupe d'animaux dans différentes conditions ;
– la diffusion du nouveau génotype dans une population élargie.

La recherche et l'utilisation des gènes

Toute l'approche repose sur la découverte et l'exploitation de gènes qui ont un effet majeur positif sur certaines caractéristiques de l'animal. On connaît l'existence de quelques-uns de ces gènes dans certaines populations d'espèces domestiques. Les effets de ces gènes sont parfois tous favorables, ou ils ont parfois des effets dont certains sont favorables et d'autres défavorables. Il est donc souvent utile de les identifier de façon à pouvoir connaître directement le génotype de l'animal par un simple génotypage précoce sans attendre les mesures des performances de l'animal. Les progrès dans les études des génomes et en génétique moléculaire ont permis de les identifier pour mieux les utiliser en amélioration génétique. Quelques exemples sont donnés ici.

– Le gène de nanisme (dw) chez la poule est un gène récessif lié au sexe (porté sur le chromosome Z). Il réduit le poids adulte de 1/3. Dans certaines lignées il accroît la production d'œufs, diminue la fréquence des œufs cassés, le jaune contient une plus grande proportion d'acides gras insaturés, l'efficacité alimentaire des pondeuses est améliorée ; ses effets sont donc tous favorables et il est reconnaissable sur les phénotypes dès l'âge de 8 semaines. La première description a été faite par F.B. Hutt (dès 1949). Celui trouvé en France à l'Institut National de la Recherche Agronomique (Inra) en 1959 (P. Merat) a été utilisé au début des années 1960 pour sélectionner une lignée femelle naine de poulets de chair. Accouplée à des coqs normaux (homozygotes pour l'allèle dominant Dw normal c'est-à-dire non nains) cette poule donne des descendants qui ont tous une croissance normale. Il a maintenant été trouvé en génétique moléculaire que le gène de nanisme couvre plusieurs mutations du gène récepteur de l'hormone de croissance.

– Le gène autosomal dominant cou nu (allèle dominant Na) confère aux poulets qui le portent, à l'état homozygote ou hétérozygote des performances de croissance améliorées en climat chaud et une meilleure adaptation aux fortes températures.

– Un gène conférant une prolificité nettement supérieure chez les ovins, est connu sous le nom de gène Booroola parce qu'il fut découvert (Piper, Bindon, 1982) dans la lignée australienne de Mérinos du même nom. Ce gène dominant, Booroola F, augmente la taille de portée (nombre d'agneaux nés par mise bas) qui était de 1,2 ;

2,1 ; 2,7, respectivement chez les animaux homozygotes pour l'allèle récessif normal, hétérozygotes et homozygotes pour l'allèle dominant Booroola F.

– Le ou les gènes responsables de l'hypertrophie musculaire (parfois appelée double musculature ou caractère « culard ») notamment chez certaines races bovines européennes. Ce caractère, étudié en France depuis le début des années 1960 a les caractéristiques phénotypiques suivantes : augmentation du rendement en muscle de la carcasse avec une faible teneur en gras, mais faibles aptitudes maternelles des vaches avec une forte incidence des difficultés de vêlage. L'hypothèse d'un déterminisme génétique avait été faite. La démarche utilisée pour identifier le gène responsable est celle de « gène candidat » : un gène ayant un effet démontré dans une espèce est un candidat pour le même effet ou un effet similaire dans une autre espèce. Le gène responsable de l'hypertrophie musculaire a été identifié par comparaison de données et de cartes chromosomiques de trois espèces, comme étant un gène majeur récessif mh (musculature hypertrophiée) et localisé sur le chromosome 2 des bovins. La pénétrance (pourcentage d'animaux qui pour un génotype donné expriment le phénotype attendu) du gène est incomplète (de l'ordre de 90 %). Le gène a été identifié comme étant celui de la myostatine, facteur de régulation de la multiplication cellulaire dans les premiers stades de développement de l'embryon. Bien que le gène se comporte en général comme récessif, dans certaines races l'hétérozygote peut présenter une hypertrophie musculaire. Il a été possible de constituer une souche de bovins culards (Inra 95), en améliorant les aptitudes maternelles des vaches et en sélectionnant l'expression phénotypique du caractère chez les veaux F1 d'un croisement terminal, pour produire des animaux pour la viande, des taureaux de cette souche avec des vaches à bonnes aptitudes maternelles de races à viande ou laitières. Il est possible de procéder au génotypage des animaux futurs reproducteurs, permettant de connaître directement leur génotype au locus du gène mh. Cela permet suivant les objectifs, soit d'augmenter sa fréquence, soit de l'éliminer dans les races qui ont une orientation maternelle.

– Le gène de la sensibilité à l'halothane chez les porcins, a des effets qui sont à la fois nocifs (hypersensibilité au stress, viande PSE c'est-à-dire viande pâle, souple, exsudative) et bénéfiques du fait de la forte teneur en viande maigre qui en résulte. Un gène majeur a été mis en évidence à la fin des années 1960. Un test de sensibilité à l'halothane permettait de détecter les animaux sensibles, mais seulement 80 % des homozygotes récessifs étaient détectés et, les hétérozygotes n'étaient pas détectés ; à partir de 1986, l'utilisation de marqueurs sanguins très liés au locus de la sensibilité à l'halothane (locus Hal) plus précis a été utilisé. À partir de 1992, le gène responsable ayant été localisé puis identifié un test moléculaire au niveau de l'ADN permet de connaître le génotype des animaux futurs reproducteurs. Le sélectionneur peut donc facilement éliminer l'allèle récessif défavorable dans les lignées maternelles.

– Le gène « halo-hair 1 » (HH1) déterminant une propriété particulièrement intéressante de la laine utilisée pour les tapis chez les ovins, la toison dite « de type N », d'abord observée chez la race Romney d'Australie (Tukidale) et aujourd'hui développée chez la race Drysdale.

L'identification des gènes, comme certains ci-dessus, permet le développement de tests génétiques qui permettent de connaître le génotype au locus concerné des individus dès leur naissance.

Les gènes comme ceux ci-dessus, comme tout autre caractère à transmission simple, peuvent être introduits dans d'autres races par des croisements conventionnels. Toutefois, les croisements transfèrent également la moitié des autres caractéristiques de la race porteuse du gène souhaité. Si ces autres caractéristiques ne sont pas les bienvenues, elles peuvent pour l'essentiel être éliminées en plusieurs générations de rétrocroisements vers la race dans laquelle le « nouveau » gène est introduit – tout en veillant à ce que ce gène demeure dans la nouvelle population. Une telle opération exige un programme de croisements et, bien souvent, des accouplements-tests pour s'assurer que le nouveau gène est toujours présent, en un seul ou en deux exemplaires (respectivement chez les individus hétérozygotes et chez les individus homozygotes). Cela s'appelle introgression génique. Si l'on appelle D la race donneuse d'un allèle favorable d'un gène majeur et R la race receveuse dans laquelle on veut introduire cet allèle tout en conservant son génotype, l'on procède à une série de croisements comme par exemple : un premier croisement de D avec R produit des descendants F1 que l'on peut noter 1/2 R parce que portant la moitié des gènes de R. Un deuxième croisement qui est un croisement en retour des 1/2 R qui portent l'allèle favorable avec R donne des descendants 3/4 R. Le retrocroisement suivant permet d'obtenir des produits 7/8 R que l'on peut croiser entre eux pour fixer chez les descendants l'allèle favorable qui a été introduit dans la nouvelle population receveuse. En France par exemple, l'Inra a introgressé le gène Booroola F en race Mérinos d'Arles pour améliorer sa prolificité de façon intéressante, plus rapidement que par sélection intra-race.

Il existe toutefois quantité d'autres gènes que l'on sait reconnaître. Certains déterminent une fonction physiologique, telle que l'hormone de croissance, qui agit sur la croissance, la teneur en viande maigre et la productivité laitière. D'autres gènes dont les utilisations potentielles sont actuellement examinées sont ceux qui agissent sur la nature de certaines protéines (par exemple les caséines, importantes pour la fabrication du fromage) ou ceux qui permettent d'augmenter l'apport en certains acides aminés habituellement peu abondants dans l'alimentation. Par exemple, les allèles au locus de la caséine alpha-S1 des caprins sont associés à des taux de synthèse qui sont forts, moyens, faibles ou nuls. Les laits des chèvres porteuses d'allèles forts ont par rapport à ceux des chèvres porteuses d'allèles faibles, des teneurs supérieures en matières grasses, matières azotées, protéines et caséines par rapport à l'azote total. Au niveau du programme national de sélection des races Alpine et Saanen en France, les génotypes au locus de la caséine alpha-S1 sont pris en compte.

Des utilisations innovantes d'animaux de production sont à l'étude. L'idée fait son chemin de faire sécréter à des ovins, des caprins ou des bovins, dans leur lait, des substances pharmaceutiques utiles en médecine. Des bactéries sont déjà utilisées pour produire de l'insuline et des composés stimulant la coagulation du sang chez les personnes hémophiles. Les animaux domestiques présentent toutefois l'avantage, par rapport aux bactéries, de produire ces molécules sous des formes mieux adaptées à l'être humain. Jusqu'à présent, les résultats de ces expériences sont positifs et les quantités sécrétées dans le lait sont d'ores et déjà presque suffisantes pour autoriser une exploitation industrielle.

C'est cependant la lutte contre les maladies qui constitue l'enjeu immédiat le plus important pour la biotechnologie appliquée aux animaux de production des régions tropicales. Les objectifs ultimes, encore à atteindre, sont de découvrir des gènes qui confèrent une résistance supplémentaire contre les maladies en général ou contre certaines maladies précises et de pouvoir les transférer dans des espèces domestiques reconnues utiles dans les pays tropicaux (le sujet de la résistance aux maladies a déjà été abordé au chapitre 10).

Le transfert de gènes

La manipulation de l'ADN (page 241) est à la base de la technique du transfert de gènes. À l'heure actuelle, les diverses techniques dont on dispose pour parvenir à incorporer un nouveau gène dans le génome d'un animal ont un taux de réussite plutôt modeste. Le plus souvent,

on tente d'introduire le nouveau matériel génétique directement dans un œuf fécondé (figure 12.1) ou dans une cellule destinée à le devenir.

Seulement 1 % environ des œufs traités de cette manière finissent aujourd'hui par arriver au terme de leur développement en devenant des individus porteurs d'un nouveau gène. De tels animaux sont dits transgéniques. Il est indispensable de donner à chaque œuf que l'on considère éventuellement porteur du nouveau gène l'opportunité de se développer jusqu'à son terme. Beaucoup de femelles receveuses sont nécessaires pour porter ces embryons, même si nombre de ces derniers se révèleront en fin de compte dépourvus du gène recherché. Quantité d'autres embryons ne parviennent pas à terme. On consacre actuellement un effort de recherche considérable pour tenter de

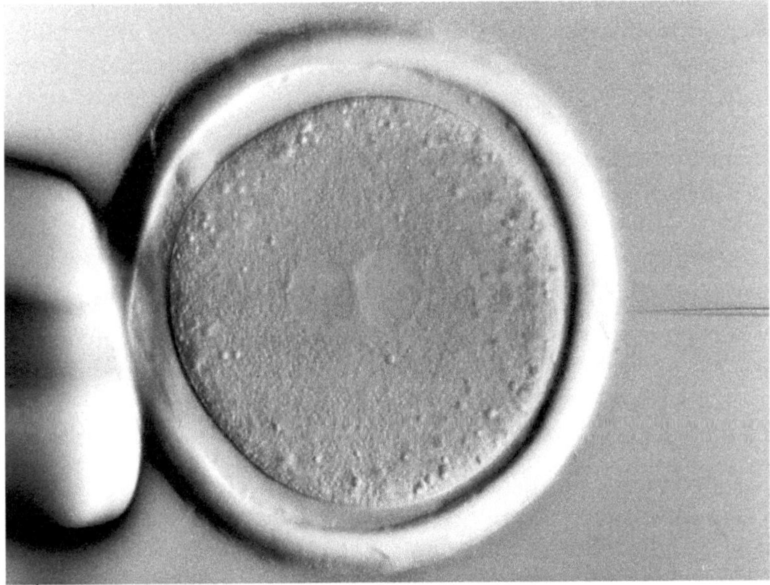

Figure 12.1.
Un œuf fécondé, ou zygote, exhibant deux pronucléus en son centre, l'un contenant les chromosomes de la femelle et l'autre les chromosomes du mâle (cliché de J.P. Simons, aimablement fourni par le AFRC Roslin Institute d'Édimbourg, Grande Bretagne).
L'extrémité de la grosse pipette visible à gauche maintient la cellule en position tandis que la très fine pipette de droite sert à injecter de l'ADN dans l'un des deux pronucléus. L'étape suivante consiste à pénétrer à l'intérieur de la cellule puis dans l'un des pronucléus. On sait que l'ADN a bien été injecté lorsque le pronucléus visé augmente de volume.

distinguer, parmi les œufs ayant reçu l'injection, ceux qui ont réellement incorporé le nouveau gène dans leur propre ADN. Dès lors que l'on saura faire la différence, chaque série d'œufs traités donnera lieu à bien moins de transferts d'embryons vers des femelles receveuses.

La vérification de l'expression du gène

À ce jour, le processus du transfert d'ADN est encore quelque peu aléatoire. La position du brin d'ADN dans lequel on se propose d'insérer le nouveau gène reste difficile à contrôler, bien que des recherches en cours tentent de donner plus de précision à l'opération. En outre, on ne maîtrise pas le nombre exact de copies du gène qui sont effectivement transférées. Ces facteurs influencent la manière avec laquelle le gène inséré se comporte et l'ampleur de son effet. Lorsqu'un gène est introduit dans un environnement génétique différent à bien des égards de celui où il se trouvait à l'origine, il est susceptible de se comporter d'une manière inattendue ou nuisible. Ainsi, les souris qui avaient reçu l'hormone de croissance de rat ont-elles certes atteint une plus grande taille, du moins pour certaines d'entre elles, mais par ailleurs elles étaient stériles et sujettes à des problèmes de santé. Ce phénomène est fréquent chez les animaux transgéniques expérimentaux : ils expriment la caractéristique souhaitée à divers degrés, mais ils souffrent par ailleurs de problèmes qui les rendent moins aptes à survivre et à se reproduire.

Les animaux transgéniques doivent être soumis à un strict programme d'évaluation avant de pouvoir être jugés réellement susceptibles de contribuer positivement à la production animale.

La diffusion du nouveau génotype

S'il s'avère que le nouveau génotype transgénique est réellement intéressant, il doit encore être diffusé dans la population. Ce processus peut être accéléré grâce à l'insémination artificielle si le nouveau génotype est porté par des mâles, et par l'ovulation multiple et le transfert d'embryons s'il se trouve chez des femelles.

On peut considérer que la vérification et la diffusion du nouveau génotype prendraient au moins trois générations. Si l'intervalle de génération est de trois ans en moyenne, il faudrait donc 9 ou 10 ans avant que le type transgénique devienne accessible aux éleveurs, sans qu'aucune autre amélioration ne puisse être apportée entre temps. Dans le courant du même laps de temps, des améliorations génétiques pourraient être obtenues par les moyens conventionnels, par exemple par MOET sur un noyau de sélection, avec des progrès génétiques raisonnablement envisageables d'environ 1 % par an – soit de 10 % sur une décennie. Il en résulte que, pour être économiquement rentable, un nouveau gène introduit par génie génétique doit pouvoir accroître d'au moins 10 % la valeur des animaux aux yeux des éleveurs.

Les gènes marqueurs

Dès les années 1920, il a été possible de repérer la localisation de certains gènes majeurs, dont les effets étaient visibles sur les phénotypes, dans des groupes de liaison génétique (groupes de linkage) sur les chromosomes. L'approche utilisée alors pour y parvenir reposait sur des schémas d'accouplements pour des croisements de type F1 et backcross ou F1 et F2, et le suivi des fréquences de transmission conjointe de divers caractères pour estimer leur degré de liaison (examen des liaisons et des enjambements, chapitre 3).

Les progrès des biotechnologies, et en particulier de la génétique moléculaire, ont permis d'identifier des gènes produisant des bandes protéiques spécifiques sur des gels lorsqu'ils sont soumis à des conditions particulières en laboratoire. On connaît désormais la position d'un nombre toujours croissant de ces gènes sur les brins d'ADN. La plupart d'entre eux n'ont pas particulièrement d'effets sur la production, du moins pas d'effets immédiatement reconnaissables, mais leur présence peut parfois être associée à certains aspects précis de la performance des animaux.

Ainsi a-t-on obtenu des marqueurs pour les parties du génome qui contrôlent des caractères et des fonctions importantes de l'organisme. Il sera bientôt plus facile d'isoler des régions particulières du génome et de transférer ou d'éliminer, selon les cas, les caractéristiques que l'on jugera intéressantes ou indésirables.

En ce qui concerne les applications immédiates, les gènes marqueurs sont également susceptibles d'assister la sélection conventionnelle en servant de repères pour certains caractères de performance ou de résistance à des maladies, comme la trypanosomose (chapitre 10).

Les marqueurs génétiques et leur utilisation

Les marqueurs génétiques les premiers à avoir été détectés sont constitués par des gènes dont l'expression phénotypique était facilement repérable et qui correspond à l'action de gènes majeurs.

Une nouvelle famille de marqueurs a été produite par des variants tels que les groupes sanguins où les variants électrophorétiques de protéines du sang ou du lait (comme les allèles de la caséine alpha-S1 des caprins). Ainsi, Queval *et al.* (1998) ont étudié la phylogénie de bovins africains et français par l'analyse du polymorphisme des onze systèmes de groupes sanguins connus chez les bovins et de cinq loci de protéines sanguines. Cependant les gènes qui sont la partie codante du génome, c'est-à-dire des portions qui sont traduites en protéines, ne représentent que 5 à 10 % du génome. Ces marqueurs n'étaient pas en nombre suffisant pour couvrir l'ensemble du génome. La situation a changé avec la révolution en biologie moléculaire et la découverte des marqueurs moléculaires existant sur l'ADN. Ces marqueurs sont constitués à un locus donné par un segment d'ADN (une séquence de nucléotides) qui est « neutre » ou « anonyme » c'est-à-dire sans effet sur les performances et variable entre individus c'est-à-dire présentant plusieurs formes alléliques dans une population (ce que l'on appelle le polymorphisme au niveau de l'ADN). Ils doivent être abondants et facile à détecter par les techniques de biologie et génétique moléculaires. Les marqueurs les plus utilisés pour l'étude du génome des animaux d'élevage sont les microsatellites (séquence d'ADN contenant une répétition d'un motif très court de deux à cinq paires de bases). Le développement des SNP (pour *Single Nucleotide Polymorphism*, mutation simple par remplacement d'une base par une autre) est très récent. Le développement de ces marqueurs, a permis depuis le début des années 1990 de construire, en collaboration scientifique internationale, les cartes génétiques et chromosomiques des différentes espèces d'intérêt zootechnique. La carte génétique, basée sur l'analyse de liaison, donne la position des gènes et des marqueurs les uns par rapport aux autres suivant une représentation graphique des groupes de liaison ; la carte chromosomique ou cytogénétique donne la localisation des éléments de la carte génétique sur les chromosomes. La cartographie chromosomique permet d'établir des cartes comparées entre les espèces d'élevage d'une part, l'homme et la souris d'autre part. La cartographie a notamment permis, par exemple, d'identifier le gène responsable du caractère culard des bovins, une mutation similaire ayant été observée chez la souris et l'homme. Les cartes génétiques sont nécessaires à la détection et localisation de QTL (pour *Quantitative Trait Loci* ou loci de gènes gouvernant les caractères quantitatifs). Un QTL est un locus occupé par un gène à effet intermédiaire entre celui d'un gène majeur et celui d'un gène à effet petit. Des méthodes d'analyse statistique appliquées à des protocoles expérimentaux adéquats avec analyse des généalogies et performances des animaux contrôlés permettent de détecter, estimer les effets des QTL et de les localiser sur la carte chromosomique. Plusieurs programmes de recherche de QTL dans différentes populations des différentes espèces d'intérêt zootechnique ont déjà été réalisés par les instituts de Recherche agronomique, notamment en Europe, avec des résultats importants, d'autres sont en cours. Les QTL sont repérés indirectement par leur liaison avec un marqueur du génome. L'étape suivante est d'aller du QTL au gène responsable. Les marqueurs moléculaires peuvent aider la sélection (sélection assistée par marqueurs) et l'introgression génique. Ils sont utilisés pour les contrôles de filiation. Ils permettent des études de diversité génétique des populations et races des animaux de production, et de maintien de cette diversité. Hanotte *et al.* (2002) ont établi l'histoire génétique du bétail africain, de ses origines et migrations, par l'étude de 15 loci microsatellites chez 50 populations de bétail (31 de *Bos taurus*, 19 de *Bos indicus*) couvrant leur actuelle distribution en Afrique. La FAO a conseillé l'utilisation de certains marqueurs microsatellites pour la caractérisation génétique des populations animales. Ces différentes avancées peuvent être utiles pour l'amélioration génétique des populations animales des régions tropicales. Falconer et Mackay (4e édition, 1996) donnent une introduction sur les protocoles expérimentaux et les méthodes de détection et cartographie de QTL.

Les SNP

Le développement en cours des SNP (pour *Single Nucleotide Polymorphism*) chez les animaux d'élevage est considérable. Ce polymorphisme de l'ADN nouvellement étudié est dû à une mutation simple concernant le remplacement d'une base d'un nucléotide par une des trois autres. C'est une variation nucléotidique. Comme c'est souvent le cas en génétique moléculaire, la recherche sur le génome humain est la plus en avance et une carte génétique du génome humain contenant 1,42 millions de SNP a été donnée dès 2001.

Le très grand intérêt porté au développement des SNP pour les applications en amélioration et études génétiques des populations d'animaux d'élevage est dû aux faits qu'ils sont très abondants et que leur génotypage de façon automatisée en grand nombre (jusqu'à plus de 50 000 actuellement) est facile grâce à la technologie des puces SNP. Les progrès dans le séquençage des génomes des animaux de production, c'est-à-dire dans la détermination de la séquence des nucléotides, permettent leur développement. Par exemple, en 2004, le Consortium international de la carte des variations génétiques du génome du poulet a décrit 2,8 millions de SNP. Ils ont été découverts en comparant les séquences de trois poulets de trois races domestiques avec celle de leur ancêtre sauvage (« la poule de jungle ») qui était très consanguin et dont le génome était pris comme référence. Les SNP sont devenus une nouvelle génération de marqueurs moléculaires. Avec la possibilité de deux bases à un locus donné, un SNP est un marqueur moléculaire bi-allélique et codominant. À la différence des marqueurs microsatellites qui sont neutres (sans influence directe sur les phénotypes), les SNP peuvent être un gène codant, ou situés dans un gène codant, ou situés dans une région non codante du génome. Un exemple du premier cas mentionné est donné par le gène de sensibilité à l'halothane chez le porc où l'allèle récessif de sensibilité résulte d'une mutation du gène récepteur de la ryanodine (RYR). Cette mutation est un changement d'une seule base à un nucléotide de ce gène, la thymine (T) remplaçant la cytosine (C).

Bien qu'étant moins polymorphes que les microsatellites qui sont pluri-alléliques, un intérêt énorme des SNP est qu'ils sont beaucoup plus abondants. Ils permettent donc d'établir des cartes génétiques à haute densité de marqueurs qui sont recherchées pour localiser des QTL qui doivent être en liaisons génétiques très fortes avec les marqueurs. Ainsi ils sont utilisés dans des protocoles expérimentaux établis pour la recherche de QTL de caractères d'intérêt et de résistance à des maladies. Pour ces recherches on utilise des SNP déjà découverts et dont les séquences nucléotidiques caractéristiques sont accessibles dans les bases (publiques) de données de séquences nucléotidiques. Ensuite les séquences choisies par le chercheur peuvent être communiquées à des sociétés qui les synthétisent pour les mettre sur des puces SNP que le chercheur utilise pour faire génotyper les animaux (cela a un coût, évidemment) ; ce type de recherche peut intéresser l'amélioration génétique en régions chaudes pour un meilleur contrôle des principales maladies du bétail et de la volaille si des associations entre sensibilité ou résistance aux maladies et SNP sont trouvées, et également si des associations avec des caractères d'intérêt sont trouvées.

La sélection assistée par marqueurs microsatellites (le plus souvent) utilise l'information de l'effet génétique du QTL en liaison génétique avec le marqueur. L'utilisation des informations moléculaires complète la sélection classique utilisant les phénotypes. Les intérêts de l'apport des informations moléculaires dans une sélection utilisant à la fois les informations moléculaires et phénotypiques ont été largement étudiés. Lorsque la mesure des phénotypes est difficile ou impossible à réaliser, l'utilisation de l'information moléculaire peut être très efficace. Une difficulté concerne la détermination du génotype au locus QTL connaissant le génotype au locus marqueur, ce qui nécessite une analyse de liaisons. Les SNP étant très nombreux et couvrant tout le génome, l'on peut envisager d'estimer les effets génétiques des loci SNP (dont les génotypes sont connus) sur les performances, suivant les modèles mathématiques les mieux appropriés.

Une évolution importante de la sélection assistée par marqueurs et de son organisation dans le futur pourrait résulter de recherches en cours sur ce sujet. On parle en effet de sélection génomique (qui s'affranchit de l'analyse des liaisons entre marqueurs et QTL), c'est-à-dire de sélectionner les animaux sur la base de leur génotype pour un très grand nombre de marqueurs. Un ensemble de nombreux marqueurs pris sur tout le génome serait utilisé pour prédire la valeur génétique. Il sera cependant nécessaire d'estimer de façon précise la liaison entre génotype et phénotype et de valider l'efficacité des nouveaux modèles de la sélection. Il sera souhaitable de suivre les développements et résultats de ces approches nouvelles qui donnent des perspectives intéressantes, pour les possibilités d'applications à l'amélioration génétique des populations animales de production en régions chaudes et dans les pays en voie de développement. On peut envisager en effet, par exemple, de génotyper pour des SNP intéressants des animaux dans leur milieu de production en vue de la sélection. Il faudra cependant établir et réaliser les programmes de recherche finalisée et développement nécessaires. Des approches nouvelles efficaces sont devenues possibles grâce au très grand nombre de SNP découverts (dont les séquences sont accessibles dans des banques de données publiques) dont il reste à estimer précisément leurs effets sur les performances phénotypiques des populations animales étudiées et aux nouvelles technologies pour génotyper un animal efficacement et pour un très grand nombre de SNP.

Pour avoir plus d'informations sur le développement et l'utilisation des marqueurs génétiques existant sur l'ADN, le lecteur pourra consulter la revue Inra Productions animales, 2000, hors série génétique moléculaire.

Autres axes de recherche

D'autres lignes de recherche sont actuellement explorées qui pourraient avoir des effets significatifs sur la production animale et sur le rythme des améliorations.

▮ L'accroissement du taux de reproduction

L'ovulation multiple et le transfert d'embryons sont très encouragés, par exemple en Europe et en Amérique du Nord. L'utilisation de ces techniques sophistiquées dans les régions tropicales requiert des installations et des savoir-faire qui y sont souvent absents. Elles demandent en outre à être sérieusement mises à l'épreuve auparavant afin de s'assurer que les procédures employées avec les races des régions tempérées fonctionnent aussi bien avec les races des régions tropicales. Il est possible que de nouvelles manières de faire doivent être mises au point.

Des travaux sont en cours pour trouver un moyen de prélever un grand nombre de cellules ovariennes (ovocytes) et de les faire se développer *in vitro* jusqu'à maturation. De telles techniques, si elles deviennent opérationnelles, permettraient d'augmenter considérablement le nombre de descendants qu'une femelle serait susceptible de produire. Toutefois, même si les animaux concernés s'avèrent génétiquement désirables, la réduction du nombre de femelles reproductrices tendrait à accroître le risque de consanguinité (chapitre 9).

▮ Le clonage

Le clonage suppose la création d'un nombre éventuellement élevé d'individus identiques à partir d'une seule cellule ou de cellules génétiquement identiques. Dans la nature, les vrais jumeaux, issus d'un même œuf fécondé, ne sont pas particulièrement rares. Les techniques de clonage ont pour objectif de reproduire ce phénomène à une échelle beaucoup plus grande. Des clones présenteraient l'avantage d'avoir les mêmes besoins en matière de conduite et d'alimentation. Ils partageraient également, toutefois, les mêmes sensibilités aux maladies et aux divers stress.

Les clones n'apparaissent pas vraiment comme une option judicieuse dans les situations où, comme dans les régions tropicales, la variabilité d'un cheptel constitue justement l'un des moyens de limiter les pertes dues aux maladies et aux stress – tous les animaux n'étant pas autant les uns que les autres sensibles aux diverses agressions. De plus, la variabilité génétique réduite, voire nulle, des populations créées par clonage compromet considérablement les opportunités d'amélioration ultérieures.

Il a cependant été suggéré par Boer *et al.* (1994) que l'efficacité de la sélection des bovins laitiers dans un noyau pourrait être améliorée par l'utilisation d'animaux clonés dans la procédure de testage.

La détermination du sexe

Il existe des moyens non seulement de déterminer le sexe des embryons, mais encore de le déterminer à l'avance. Par ailleurs, bien qu'il ne s'agisse pas précisément de détermination du sexe, une des perspectives actuelle est d'amplifier, par génie génétique, les caractères sexuels de mâles ordinaires. Le sexage des embryons est d'ores et déjà parfaitement opérationnel, mais coûteux. Le sexage de la semence chez les bovins a été revendiqué dès 1993 avec un taux de réussite élevé.

L'intérêt pratique de ces techniques quelles qu'elles soient n'est manifeste que si l'un des sexes a une valeur très supérieure à l'autre. Lorsqu'il s'agit des femelles – comme dans le cadre de la production laitière, par exemple – cela n'affecte pas le maintien de l'effectif de la population ou son accroissement. Toutefois, lorsque les animaux les plus recherchés sont les mâles, comme ce peut être le cas si les caractères valorisés sont l'aptitude au travail ou la vitesse de croissance, par exemple, les capacités de la population à se reproduire pourraient se trouver mises à mal si la proportion de femelles devient trop faible.

Dans le cadre de la conception des programmes d'amélioration, la possibilité de sexer les embryons présente à la fois des avantages et des inconvénients qui pourraient éventuellement se neutraliser les uns les autres.

Les produits pour soutenir la production animale

Les biotechnologies contribuent à rechercher et à mettre au point :
– de nouveaux moyens pour diagnostiquer les maladies des animaux ;
– de nouveaux vaccins pour prévenir certaines maladies ;
– des aliments améliorés ;
– des aides à la reproduction, à la croissance et à la production laitière.

Uniformité et diversité

Beaucoup de changements qui sont intervenus dans le domaine de la production animale dans les régions du monde déjà hautement développées, visent à uniformiser :
– les produits ;
– les animaux qui les fournissent ;
– les systèmes de production, d'alimentation et de conduite, dans des environnements profondément contrôlés, protégés et relativement préservés des maladies.

Une bonne part des outils biotechnologiques contribue également à ce processus d'uniformisation.

À l'inverse, dans les régions tropicales, la production animale consiste dans une large mesure à répondre à la diversité. Il reste encore à prouver que les biotechnologies sont à même de soutenir la biodiversité – autrement que par de meilleurs aliments et des traitements préventifs et curatifs plus efficaces. Par contre, les marqueurs génétiques moléculaires peuvent aussi être utilisés pour l'organisation de programmes de conservation de la diversité génétique.

Les investissements pour l'amélioration des cheptels

Les éleveurs-sélectionneurs des régions tropicales et des pays en voie de développement de manière générale disposent d'un atout considérable que n'ont pas leurs homologues de la plupart des pays dits développés.

De plus en plus, dans les pays industrialisés, tout investissement supplémentaire dans la production animale ne peut être justifié que par les profits que permettraient des ajustements mineurs de l'attractivité des produits (une amélioration de la tendreté ou de la saveur de la viande par exemple) ou une réduction des coûts de production. Une partie des sommes encore investies dans la production animale sert uniquement à remplacer un produit par un autre (par exemple plus de viande de volaille et moins de bœuf) ; une autre est allouée à l'élaboration de systèmes de production plus respectueux des animaux ou de l'environnement.

Dans les pays en voie de développement, en revanche, le champ d'action est immense : il faut en effet stimuler la production animale pour pouvoir satisfaire les besoins d'une population humaine qui non seulement croît en nombre mais qui réclame, pour chacun, des denrées en plus grande quantité et de meilleure qualité. Ici, les investissements dans la production animale en général et dans l'amélioration des cheptels en particulier sont d'emblée plus que justifiés, à la fois sur le plan économique et sur le plan social. L'éleveur-sélectionneur des régions en développement peut tabler sur une application continue et féconde des sciences et des techniques de l'amélioration animale, et ce, pour de longues années encore. Pour le cheptel des régions tropicales, les techniques du génie génétique par manipulation de l'ADN ne sont encore rien d'autre qu'un outil de plus pour l'amélioration génétique de demain – mais même alors leur mise en œuvre restera onéreuse.

Les méthodes actuelles, fondées sur l'application des principes de la génétique quantitative secondée par des savoir-faire techniques et technologiques complémentaires, ont déjà fait leurs preuves. Elles sont confortées par les avancées récentes de la génétique moléculaire et des connaissances des génomes des espèces animales d'intérêt zootechnique. Elles constituent déjà des outils puissants et parfaitement adaptés pour faire évoluer et progresser la production animale.

Glossaire

Abattage sélectif, réforme *(culling)* : le rejet d'animaux, généralement pour des raisons de performance insuffisante. Les animaux ainsi rejetés sont dits de réforme.

Accouplement au hasard, panmixie *(random mating)* : lorsque tous les mâles ont la même probabilité de s'accoupler avec chacune des femelles.

Acide aminé *(amino acid)* : unité structurelle fondamentale de toutes les protéines (il existe 20 acides aminés différents).

ADN, acide désoxyribonucléique *(DNA, deoxyribonucleic acid)* : molécule qui se présente sous forme d'une hélice à deux brins. Chaque brin est constitué de l'enchaînement de quatre éléments appelés nucléotides. Molécule portant l'information génétique (les gènes).

Agent pathogène *(pathogen)* : organisme provoquant une maladie chez un autre organisme.

Allèle *(allele)* : une ou plusieurs formes d'un gène occupant le même site (locus) sur un chromosome.

Boute-en-train, animal détecteur *(teaser)* : mâle que l'on laisse agir comme mâle pour détecter l'œstrus chez les femelles, mais sans être autorisé à les féconder, soit parce qu'il a été vasectomisé, soit parce que la pénétration est empêchée.

Caractère *(trait)* : Caractéristique ou attribut d'un animal.

Caractère lié au sexe *(sex-linked trait)* : caractère commandé par des allèles situés sur un chromosome sexuel. On parle de caractère lié au chromosome X lorsque le gène est sur le chromosome X, et de caractère lié au chromosome Y lorsque le gène est sur le chromosome Y.

Caractère qui ne s'exprime que dans un seul sexe *(sex-limited trait)* : caractère dont le phénotype ne s'exprime que chez l'un ou l'autre des deux sexes (par exemple la productivité laitière chez la femelle).

Cellule *(cell)* : unité constitutive fondamentale des tissus vivants.

Cellules germinales *(germ cells)* : cellules des ovaires chez les femelles et des testicules chez les mâles à partir desquelles sont produits les gamètes.

Chromosome *(chromosome)* : élément contenu dans le noyau des cellules et contenant une molécule d'ADN qui porte les gènes. Au cours de la division cellulaire, au microscope, les chromosomes apparaissent sous la forme de structures en forme de bâtonnets. Chaque chromosome contient une seule molécule d'ADN.

Chromosome homologue *(homologous chromosome)* : chacun des chromosomes d'une paire de chromosomes quelconque. Les chromosomes homologues portent les mêmes gènes dans le même ordre et agissent donc sur les mêmes caractères, mais ne portent pas nécessairement le même allèle de chaque gène.

Chromosome sexuel, hétérochromosome *(sex chromosome)* : chromosome associé à la détermination du sexe.

Clonage *(cloning)* : en reproduction, production de plusieurs individus de génotypes identiques à partir d'un seul individu.

Clone *(clone)* : en génie génétique, une copie d'une séquence d'ADN (de mouton par exemple) préservée en général dans un hôte viral ou bactérien.

Coefficient de consanguinité *(inbreeding coefficient)* : noté F, quantité mesurant le degré de consanguinité d'un animal et correspondant à la proportion de réduction de l'hétérozygotie par rapport à un point de départ arbitraire. F varie entre 0 et 1 (ou entre 0 et 100 %). F = 0 lorsqu'il n'y a pas de consanguinité (aucun ancêtre commun dans l'ascendance des deux parents de l'animal) tandis que F = 1 (ou F = 100 %) lorsqu'il ne subsiste aucune hétérozygotie et que l'animal est homozygote pour l'ensemble de ses loci. L'homozygotie totale, bien que peu vraisemblable chez les animaux, est observée chez les plantes, surtout chez les espèces autogames.

Confusion *(confounding)* : en amélioration génétique, situation dans laquelle les effets de divers facteurs contribuant à la performance ne peuvent pas être séparés parce qu'ils interviennent toujours ensemble. Par exemple, si la race A n'est évaluée qu'en alimentation intensive et la race B seulement au pâturage, il n'est pas possible de déterminer quelle part des différences observées entre A et B est due à l'hérédité, et quelle part est due à l'alimentation.

Conservation, préservation *(conservation)* : maintien de races d'animaux domestiques en effectifs suffisants pour pouvoir poursuivre la sélection et éviter les sous-effectifs et l'extinction.

Contemporains *(contemporaries)* : animaux nés au même moment et ayant reçu le même traitement.

Contrôle de descendance *(progeny test)* : évaluation d'un animal sur la base de la performance de sa progéniture (ou de sa descendance).

Corrélation *(correlation)* : mesure statistique du degré avec lequel des caractères changent en même temps ou sont associés les uns avec les autres (d'où la notion de caractères corrélés). Deux caractères sont dits corrélés de manière positive lorsqu'ils évoluent ensemble dans le même sens (tous les deux s'accroissent ou diminuent en même temps). Ils sont dits corrélés de manière négative lorsqu'ils évoluent en sens inverse (l'un s'accroît tandis que l'autre diminue).

Corrélation environnementale *(environmental correlation)* : une corrélation entre caractères due aux effets de facteurs environnementaux communs.

Corrélation génétique *(genetic correlation)* : corrélation entre les observations de plusieurs caractères, due aux effets des gènes.

Corrélation phénotypique *(phenotypic correlation)* : corrélation entre la valeur phénotypique d'un caractère et la valeur phénotypique d'un autre caractère chez les animaux d'une population (le plus souvent la corrélation globale).

Criblage *(screening)* : la recherche et l'identification d'individus exceptionnellement performants dans une population.

Croisement *(cross breeding)* : l'accouplement d'animaux provenant de races ou de lignées différentes. La progéniture est dite croisée.

Croisement d'implantation, croisement d'absorption, croisement de substitution *(grading-up, upbreeding)* : dans le cas de deux races, le croisement en retour systématique avec une des deux races parentales, toujours la même. Génération après génération, la progéniture est accouplée avec des mâles d'une seule des deux races parentales. De la même manière, il est possible d'opérer par rétrocroisement avec un type génétique croisé (par exemple des F1) au lieu d'une race pure.

Croisement en rotation, croisement rotatif *(rotational crossing, rotational cross breeding)* : en croisement de deux races ou plus, la descendance de chaque génération successive est accouplée avec un mâle de l'une de ces races à tour de rôle, en respectant rigoureusement un ordre précis de rotation. Par exemple, avec trois races : génération 1 – race A, génération 2 – race B, génération 3 – race C, génération 4 – race A, génération 5 – race B, etc.

Croisement réciproque *(reciprocal cross)* : croisement réalisé en inversant l'appartenance des parents à chacune des deux races ou lignées concernées (le croisement d'un mâle de race A avec une femelle de race B est la réciproque du croisement d'une femelle de race A avec un mâle de race B).

Crossing-over, enjambement *(crossing-over)* : échange de segments homologues entre chromosomes homologues intervenant au moment de la méiose. Ce processus casse les liaisons qui existent entre différents loci sur les chromosomes concernés.

Dépression de consanguinité *(inbreeding depression)* : réduction de la performance associée à la consanguinité (essentiellement due à perte de dominance favorable sur les loci hétérozygotes).

Différentielle de sélection *(selection differential)* : noté S, différence entre la moyenne des performances des animaux sélectionnés comme parents et la moyenne des performances des animaux de la population dont ils sont issus.

Diploïde *(diploid)* : l'état normal des noyaux des cellules, à l'exception des gamètes, dans lesquels chaque chromosome existe en deux exemplaires, dits homologues.

Disjonction indépendante, ségrégation indépendante *(independent assortment)* : lorsque deux gènes se trouvent sur des chromosomes différents, les allèles de l'un se distribuent indépendamment, chez la progéniture, des allèles de l'autre.

Distribution normale, courbe normale, courbe de Gauss *(normal distribution, normal curve)* : courbe en forme de cloche décrivant la distribution la plus courante, dans une population animale, d'un caractère variant de manière continue.

Dominance *(dominance)* : propriété d'un allèle, dit dominant, par laquelle son action masque partiellement ou entièrement l'effet d'un autre allèle, alors dit récessif.

Donneuse *(donor)* : dans le transfert d'embryons, femelle sur laquelle les embryons (ou les cellules germinales) ont été prélevés.

Écart *(deviation)* : différence de performance entre un individu (ou un groupe) et une valeur fixe, souvent la moyenne d'un groupe plus important ou d'une population dont il fait partie.

Écart-type *(standard deviation)* : mesure de la variabilité d'un caractère au sein d'une population. Terme statistique décrivant, en unités standardisées, l'ampleur de la variation autour de la moyenne, pour un caractère relevant de la distribution normale. L'écart-type est égal à la racine carrée de la variance.

Effet génétique additif *(additive gene effect)* : l'effet additif global des gènes est la somme des effets propres à chacun de ces gènes (qu'il s'agisse de gènes de loci différents ou d'allèles d'un même locus). Les gènes ajoutent leurs effets individuels pour déterminer la valeur génétique additive d'un caractère quantitatif. On définit aussi un effet additif en croisement de races qui est la valeur génétique moyenne de la descendance due aux effets additifs des gènes transmis à cette descendance par la race de père ou de mère.

Effet maternel *(maternal effect)* : l'impact non génétique de la mère sur sa progéniture, c'est-à-dire la différence de performance relevée entre croisements réciproques due aux propriétés maternelles de la mère.

Élevage consanguin, élevage en consanguinité, endogamie *(inbreeding)* : l'accouplement de deux animaux apparentés – ayant habituellement un ancêtre commun dans les deux ou trois générations précédentes.

Embryon *(embryo)* : organisme animal à un stade précoce de son développement (de quelques cellules à un grand nombre de cellules) à l'intérieur de l'utérus de la femelle.

Environnement *(environment)* : en amélioration animale, l'ensemble des facteurs agissant sur la performance ou l'expression d'un caractère qui relèvent du traitement ou du milieu ambiant de l'animal et non pas de son patrimoine génétique.

Enzymes *(enzymes)* : protéines des cellules animales qui commandent diverses réactions chimiques bien spécifiques.

Épistasie *(epistasis, gene interaction, non-allelic interaction)* : interaction entre gènes situés sur des loci différents et entre les effets de ces gènes.

Exotique *(exotic)* : pour les races, se dit d'une race importée, provenant d'un autre secteur géographique, comme par exemple les races des régions tempérées importées dans les pays tropicaux.

F1 *(F1)* : la première génération issue d'un croisement entre deux races ou lignées.

F2 *(F2)* : la progéniture issue d'un accouplement F1 x F1. On nomme de même F3, F4, etc., les troisième, quatrième, etc., générations après le croisement originel.

Facteur de correction *(adjustement factor, correction factor)* : quantité numérique calculée pour ajuster les mesures de performances en fonction de facteurs environnementaux systématiques (non aléatoires) qui diffèrent d'un animal à l'autre, comme par exemple la différence entre animaux issus de naissances simples et animaux issus de naissances doubles.

Fréquence allélique *(allele frequency)* : terme statistique décrivant le nombre d'exemplaires d'un allèle donné dans une population (terme exprimé par un pourcentage ou comme une proportion entre 0 et 1). La somme des fréquences de l'ensemble des allèles d'un gène donné se monte à 100 % ou 1.

Frère, sœur *(sib, sibling)* : la parenté entre deux animaux qui partagent un parent ou les deux parents. On parle de pleins frères ou de pleines sœurs lorsque les animaux ont le même père et la même mère. On parle de demi-frères ou demi-sœurs lorsqu'ils ne partagent qu'un seul parent.

Gamète *(gamete)* : cellule sexuelle (haploïde), spermatozoïde chez le mâle ou ovule chez la femelle.

Gène *(gene)* : unité de base de la transmission héréditaire, constituée d'un segment de la molécule d'ADN. Il se définit par la séquence des nucléotides.

Gène marqueur *(marker gene)* : un gène produisant un effet facile à reconnaître, dont la position sur le chromosome (ou brin d'ADN) est connue et qui est lié à d'autres caractères génétiques non régis par lui.

Génétique quantitative *(quantitative genetics)* : étude de la transmission héréditaire des caractères quantitatifs continus et des différences quantitatives (plus grand ou plus petit) plutôt que qualitatives (telles que la présence ou non de cornes).

Génie génétique *(genetic engineering)* : science et technique des manipulations et des modifications des gènes directement dans l'ADN.

Génome *(genome)* : l'ensemble des gènes et ensemble des chromosomes portés par un animal.

Génotype *(genotype)* : la composition génétique d'un animal définie par l'ensemble des allèles qu'il porte, l'effet global de l'ensemble des gènes (à l'exclusion des effets environnementaux). Ce terme peut également s'appliquer à un caractère précis.

Globule polaire, corps polaire *(polar body)* : cellule émise par l'ovocyte au cours des divisions qui en font un ovule.

Groupe témoin *(control group)* : groupe ou population d'animaux n'ayant pas subi de processus de sélection et servant d'élément de comparaison pour les autres groupes.

Haploïde *(haploid)* : la moitié du nombre habituel (diploïde) de chromosomes, obtenue au cours de la formation des gamètes, à l'issue du processus de méiose. Dans l'état haploïde, chaque chromosome n'est présent qu'en un seul exemplaire.

Héritabilité *(heritability)* : notée h^2, la part de variation phénotypique qui est due à la variation génétique, c'est-à-dire l'importance relative de l'hérédité dans la détermination de la valeur phénotypique d'un caractère dans une population. Dans son acceptation habituelle – fondée sur la variation génétique additive – l'héritabilité peut également être définie comme la proportion de la supériorité observée chez les parents sélectionnés (par rapport à la moyenne de la population) qui réapparaît dans leur descendance. C'est ce qu'on appelle l'héritabilité au sens strict. Au sens large, l'héritabilité est le rapport de l'ensemble de la variation génétique d'un caractère sur l'ensemble de la variation phénotypique de ce caractère dans la population.

Hétérosis *(heterosis)* : la différence observée entre la performance d'une descendance croisée et la moyenne des performances de ses parents. L'hétérosis positive, dans laquelle le croisement est supérieur à la moyenne de ses parents ou supérieur au meilleur de ses parents, est également appelée vigueur hybride. Le terme hétérosis est normalement appliqué à des groupes d'animaux plutôt qu'à des individus : par exemple, la performance moyenne de croisements réciproques comparée à la performance moyenne des deux races parentales.

Hétérozygote *(heterozygote)* : un individu possédant deux allèles différents d'un gène sur une paire de chromosomes homologues. On dit alors que cet individu est hétérozygote pour ce gène.

Histogramme *(histogram)* : graphique dans lequel les effectifs correspondant à chaque niveau de performance sont représentés par des colonnes.

Homozygote *(homozygote)* : un individu qui possède le même allèle d'un gène sur les deux chromosomes homologues d'une paire. On dit alors que cet individu est homozygote pour ce gène.

Hormones *(hormones)* : composés biochimiques sécrétés par des glandes et qui exercent une action spécifique sur un grand nombre de fonctions.

Index *(index)* : estimation de la valeur génétique d'un animal calculée à partir d'une série de caractères et d'autres considérations.

Insémination artificielle, IA *(artificial insemination, AI)* : la technique consistant à introduire du sperme (et les spermatozoïdes qu'il contient) dans les voies génitales d'une femelle. Le sigle IA est souvent employé pour décrire le processus dans son ensemble, y compris les opérations de dilution et de stockage de la semence.

Intensité de sélection *(selection intensity)* : notée i, écart du groupe sélectionné à la moyenne de la population, exprimé en unité d'écart-type. Peut être directement calculée à partir de la proportion de la population qui a été sélectionnée, dans le cas de distribution normale du caractère sélectionné et de sélection par troncature unique.

Interaction *(interaction)* : lorsque plusieurs caractères ou plusieurs facteurs agissent les uns sur les autres.

Interaction génotype-environnement *(genotype-environment interaction)* : notée G x E, situation dans laquelle les effets de certains gènes dans un environnement donné diffèrent des effets qu'ils entraînent dans un autre environnement – par exemple, la différence de productivité laitière observée entre deux races peut varier en fonction de l'environnement.

Intervalle de génération *(generation interval)* : âge moyen des parents au moment de la naissance de la progéniture.

In vitro *(in vitro)* : à l'intérieur d'une éprouvette ou dans une boîte de Petri, à l'extérieur de l'organisme vivant.

In vivo *(in vivo)* : dans l'organisme de l'animal.

Liaison *(linkage)* : dans le cas d'allèles distincts situés sur deux loci différents, le fait d'être portés par le même chromosome et d'être par conséquent transmis ensemble. Plus les loci sont proches, plus la liaison entre les gènes respectifs est forte (voir enjambement). Plusieurs caractères sont dits liés ou corrélés lorsqu'ils tendent à se transmettre de manière groupée à la descendance.

Lignée, souche *(strain)* : population génétiquement distincte au sein d'une race.

Locus *(locus)* (pl. : loci) : position d'un gène donné sur un chromosome.

Marqueur moléculaire sur l'ADN *(DNA marker)* : à un locus donné, segment d'ADN (une séquence de nucléotides) qui est « neutre » ou « anonyme » c'est-à-dire sans effet sur les performances et variable entre individus c'est-à-dire présentant plusieurs formes alléliques dans une population ; les marqueurs le plus fréquemment utilisés sont les microsatellites et maintenant les SNP. Ils sont utilisés pour établir les cartes génétiques des différentes espèces d'intérêt zootechnique, les études de diversité génétique, pour des aides à la sélection, pour marquer des gènes et les QTL.

Méiose *(meiosis)* : division des cellules germinales au cours de laquelle le nombre diploïde de chromosomes est divisé par deux pour donner des gamètes haploïdes.

Mère *(dam)* : mère biologique d'un animal.

Mitose *(mitosis)* : division des cellules de l'organisme au cours de laquelle chaque cellule-fille reçoit le même nombre (en général diploïde) de chromosomes que la cellule-mère.

Moyenne *(mean, average)* : somme de toutes les valeurs (par exemple la production laitière) divisée par le nombre d'observations.

Mutation *(mutation)* : altération d'un locus et de l'allèle qui s'y trouve entraînant une modification de ses effets.

Noyau *(nucleus)* : dans les schémas de sélection, un troupeau ou groupe d'animaux constitués des meilleurs éléments, auxquels sont appliquées les méthodes d'amélioration génétique et qui servent en retour à améliorer la race.

Noyau cellulaire *(cell nucleus)* : la partie de la cellule contenant les chromosomes.

Noyau fermé *(closed nucleus)* : dans les schémas de sélection, groupe d'animaux auquel n'est joint pour la reproduction aucun autre animal de l'extérieur.

Noyau ouvert *(open nucleus)* : dans les schémas de sélection, un groupe d'animaux de reproduction (le noyau de sélection) dans lequel on se donne la possibilité d'introduire des animaux provenant d'autres troupeaux.

Nucléotide *(nucleotide)* : constituant de base de l'ADN formé d'une base azotée (prise parmi quatre notées A, C, G et T), d'un sucre et d'un groupement phosphate.

Oestrus, chaleurs *(oestrus, heat)* : période au cours de laquelle une femelle est disposée à s'accoupler.

Ovaire *(ovary)* : organe des femelles qui produit les ovules.

Ovocyte *(oocyte)* : type de cellule dont l'évolution mène à l'ovule chez la femelle. Les ovocytes de premier ordre sont diploïdes (ils contiennent les chromosomes en deux exemplaires), tandis que les ovocytes de second ordre sont haploïdes (ils ne contiennent qu'un seul exemplaire de chaque chromosome).

Ovulation *(ovulation)* : la production d'un ovule par l'ovaire.

Ovulation multiple *(multiple ovulation)* : la production de plusieurs ovules simultanément par l'ovaire (souvent dans le cas d'ovulations provoquées).

Ovule *(ovum, egg)* : gamète femelle (haploïde).

Parasite *(parasite)* : petits animaux qui vivent sur ou dans d'autres animaux (par exemple, les tiques sont des parasites externes et les nématodes des parasites internes).

Père *(sire)* : père biologique d'un animal.

Phénotype *(phenotype)* : apparence extérieure ou performance d'un animal résultant de l'expression conjointe de l'ensemble de ses gènes et des facteurs environnementaux (non génétiques) agissant sur cet animal.

Pléiotropie *(pleiotropy)* : lorsqu'un gène commande simultanément plusieurs caractères.

Polygénique *(polygenic)* : se dit d'un caractère commandé par plusieurs gènes.

Polypeptide *(polypeptide)* : composé formé par la succession d'au moins dix acides aminés liés entre eux.

Population *(population)* : groupe d'animaux se reproduisant entre eux, par exemple, une race. Le terme est parfois utilisé pour désigner un groupe d'animaux comme un troupeau ou plusieurs troupeaux utilisés ensemble pour l'amélioration génétique.

Préservation des races *(breed preservation)* : préservation, par quelque moyen que ce soit, des génotypes des races menacées d'extinction.

Probabilité *(probability)* : chance qu'un événement donné survienne (généralement dans un sens statistique, la probabilité d'un événement est comprise entre 0 et 1).

Progéniture, descendance *(progeny)* : descendants de première génération d'un père, d'une mère ou des deux.

Protéine *(protein)* : molécule organique complexe constituée d'acides aminés liés les uns aux autres pour former des chaînes polypeptidiques. Composant fondamental de toutes les cellules animales, constituant principal des muscles et autres tissus (à l'exception des tissus adipeux), de la laine, des enzymes, etc.

QTL *(quantitative trait loci)* : l'expression phénotypique d'un caractère quantitatif est gouvernée par des gènes appelés QTL. Les QTL sont repérés indirectement par leur liaison avec des marqueurs du génome.

Race *(breed)* : population d'animaux qui se distingue d'une autre population de la même espèce sur la base de certains caractères génétiques observables.

Race composite *(synthetic breed)* : une race créée par le croisement de plusieurs races pré-existantes.

Récessif *(recessive)* : se dit d'un allèle dont l'action ou l'effet est masqué par l'action d'un autre allèle, dit dominant, au même locus. Par exemple, chez les bovins de race Hereford, le caractère « tête blanche » est dominant sur le caractère « tête colorée », qui est récessif.

Receveuse *(recipient)* : dans le transfert d'embryon, la femelle qui reçoit les tout jeunes embryons pour qu'ils y poursuivent leur développement jusqu'à son terme.

Recombinaison *(recombination)* : échange de fragments homologues entre paires de chromosomes homologues à la suite d'enjambements.

Association des différents allèles qui se sont retrouvés sur le même chromosome à la suite d'un tel processus.

Régression *(regression)* : en statistique, terme et paramètre utilisés pour quantifier le changement d'un caractère en fonction du changement d'un autre caractère.

Rendement de carcasse, rendement à l'abattage % *(dressing percentage, dressing-out percentage, killing-out percentage)* : poids de la carcasse exprimé en pourcentage du poids vif de l'animal.

Répétabilité (coefficient de) *(repeatability)* : corrélation entre les mesures répétées d'un même caractère ou corrélation entre les performances successives d'un même animal.

Retrocroisement, croisement en retour *(back cross)* : la progéniture issue d'un croisement entre un animal F1 avec l'un ou l'autre de ses parents ou l'une ou l'autre des races parentales.

Rotation circulaire des mâles *(sire circle)* : type de schémas de sélection dans lequel les reproducteurs sont utilisés à tour de rôle dans des troupeaux différents.

Schéma de sélection coopératif *(group-breeding scheme)* : une association de plusieurs éleveurs autour d'un schéma de sélection en coopération.

Schéma de sélection rotatif *(sire circle)* : type de schémas de sélection dans lequel les reproducteurs sont utilisés à tour de rôle dans des troupeaux différents.

Ségrégation *(segregation)* : séparation des deux allèles d'un même locus sur deux chromosomes homologues, au moment de la méiose, pour aboutir dans des gamètes différents.

Sélection *(selection)* : choix de certains animaux en préférence à d'autres au sein d'une population. En général, choix des animaux, sur la base de leur valeur génétique estimée ou prédite, qui engendreront la génération suivante.

Sélection artificielle *(artificial selection)* : sélection dirigée par les êtres humains et non par l'environnement.

Sélection en tandem *(tandem selection)* : type de sélection au cours de laquelle la sélection est poursuivie pour un premier caractère jusqu'à l'obtention d'un certain niveau de performance fixé à l'avance, avant d'être attachée à un autre caractère (lorsque l'on se propose d'améliorer plus d'un caractère dans une population). Sélection pour chaque caractère successivement dans le temps.

Sélection naturelle *(natural selection)* : sélection imposée par l'environnement naturel et non par les humains (voir sélection artificielle).

Sélection par indice, sélection par index *(index selection)* : lorsque l'on doit améliorer plusieurs caractères en même temps, système de sélection s'appuyant sur un indice qui combine les performances réalisées pour tous ces caractères (valeur économique ou biologique). Dans ce type de sélection, une bonne performance pour un caractère peut compenser une performance défaillante pour un autre caractère.

Sélection par niveaux indépendants *(independent culling levels)* : système de sélection dans lequel, lorsque l'on doit améliorer plusieurs caractères en même temps, un seuil de performance est fixé pour chaque caractère, au-dessous duquel l'animal est réformé quel que soit son niveau de performance pour les autres caractères.

Séquence (d'ADN) *(sequence (of DNA))* : ordre d'enchaînement des constituants (nucléotides ou bases) de l'ADN. Les gènes sont la partie codante du génome, c'est-à-dire les parties du génome qui sont traduites en protéines.

Spermatocyte *(spermatocyte)* : une des cellules dont l'évolution aboutit à la production des spermatozoïdes chez le mâle. Les spermatocytes de premier ordre sont diploïdes (ils possèdent les chromosomes en deux exemplaires) tandis que les spermatocytes de second ordre sont haploïdes (ils ne possèdent qu'un exemplaire de chaque chromosome).

Spermatozoïde *(sperm, sperm cell, spermatozoon)* : le gamète mâle (haploïde).

Stockage cryogénique, cryoconservation *(cryogenic storage)* : stockage à très basse température (le plus souvent d'embryons ou de sperme).

Stratification *(stratification)* : en production animale, lorsque différentes races ou lignées sont gardées à des fins différentes, généralement dans des endroits différents.

Stratification d'une race *(stratification of a breed)* : division des troupeaux en niveaux d'importance génétique différente pour la race (voir aussi structure de race).

Structure de race *(breed structure, breed hierarchy)* : la façon avec laquelle les troupeaux d'une race sont organisés en niveaux d'importance hiérarchisés en ce qui concerne leur contribution génétique à la race.

Superdominance *(overdominance)* : lorsque l'hétérozygote est plus performant que les deux homozygotes pour chacun des deux allèles concernés.

Test de performance, contrôle de performances *(performance test)* : évaluation d'un animal sur la base de sa performance individuelle (production).

Testicule *(testis (pl. : testes))* : organe du mâle produisant les spermatozoïdes.

Transfert d'embryons *(embryon transfer)* : transfert mécanique d'embryons à un stade très précoce de leur développement depuis un individu donneur (femelle donneuse) vers un individu receveur (femelle receveuse).

Transfert de gènes *(gene transfer)* : en génie génétique, l'introduction dans l'ADN d'un animal d'un fragment d'ADN (provenant d'un autre être vivant) représentant un nouveau gène ou des copies supplémentaires d'un gène déjà présent.

Transgénique *(transgenic)* : se dit d'un animal dans le génome duquel a été introduit, à l'aide des techniques du génie génétique, un nouveau gène ou un gène modifié.

Troncature *(troncation)* : dans une distribution de valeurs, point au-delà duquel les animaux sont gardés et en deçà duquel ils sont réformés.

Valeur génétique *(breeding value)* : valeur génétique additive d'un animal pour un caractère ou une combinaison de caractères donnés.

Variance environnementale *(environmental variance)* : variance d'un caractère due aux effets aléatoires de l'environnement.

Variance génétique *(genetic variance)* : variance d'un caractère due aux effets des gènes. On distingue les variances génétiques additives, de dominance, d'épistasie dont la somme est la variance génotypique.

Variance phénotypique *(phenotypic variance)* : paramètre statistique qui permet de mesurer la dispersion (variation) d'une variable (mesure d'un caractère) quantitative autour de la moyenne dans une population.

Variation *(variation)* : mesure des différences qui existent entre les animaux d'un groupe ou d'une population. Terme souvent accompagné d'un mot qui en précise le sens : variation génétique – variation due à l'action des gènes, variation phénotypique – variation des valeurs phénotypiques d'un caractère dans une population, variation environnementale – variation due aux facteurs de l'environnement. Cette variation se mesure habituellement par la variance.

Variation génétique additive *(additive genetic variation)* : variation des valeurs génétiques additives (la principale cause de ressemblance entre individus apparentés). La valeur génétique additive d'une descendance est en moyenne, sur un grand nombre de descendants, la moyenne des valeurs génétiques additives des deux parents.

Variation non additive *(non-additive variation)* : variation attribuable à des facteurs dont l'action s'écarte du modèle additif (par exemple, si la performance de la progéniture est meilleure ou moins bonne que ne laissait prévoir la moyenne des performances des deux parents). La dominance, l'épistasie et les interactions génotype-environnement sont des sources de variations non additives.

Vigueur hybride *(hybrid vigour)* : voir hétérosis.

Zygote *(zygote)* : cellule constituée de la fusion de deux gamètes, après la fécondation d'un ovule par un spermatozoïde.

Bibliographie

Ahmad M., Kahn B.B., 1984. Improvement in quality of mohair from Angora crossbred goats. *Pakistan Journal of Agricultural Research*, **5**, 255-258.

Barlow R., Hearnshaw H., Hennessy D.W., 1985. Breed evaluation research in the sub-tropics of New South Wales. *In: Evaluation of Large Ruminants for the Tropics. Proceedings of an international workshop* (J.W. Copland, ed.), ACIAR Proceedings Series (5), Canberra, Australie, 120-125.

Boer I.J.M. de, Meuwissen T.H.E., Arendunk J.A.M. Van, 1994. Combining the genetic and clonal responses in a closed dairy cattle nucleus scheme. *Animal Production*, 59, 345-358.

Bradford G.E., Berger Y.M., 1988. Breeding strategies for small ruminants in arid and semi-arid areas. *In: Increasing Small Ruminant Productivity in Semi-arid Areas* (E.F. Thomson, F.S. Thomson, eds), Kluwer Academic Publishers and ICARDA, Aleppo, Syrie, 95-109.

Copland J.W. (ed.), 1985. *Evaluation of large ruminants for the tropics. Proceedings of an international workshop*, ACIAR Proceedings Séries (5), Canberra, Australie.

Cunningham E.P., Syrstad O., 1987. *Crossbreeding* Bos indicus *and* Bos taurus *for milk production in the tropics*, FAO Animal Production and Health Paper (68), FAO, Rome, Italie.

Falconer D.S., 1989. *Introduction to Quantitative Genetics*, 3rd ed., Longman, Harlow, Essex, Royaume-Uni.

Falconer D.S., Mackay T.F.C., 1996. *Introduction to Quantitative Genetics*, 4th ed., Longman, Harlow, Essex, Royaume-Uni.

FAO, 1990. *Production Yearbook*, 44, FAO, Rome, Italie.

Faugère O., Faugère B., 1986. Suivi de troupeaux et contrôle des performances individuelles des petits ruminants en milieu traditionnel africain. Aspects méthodologiques. *Revue d'Élevage et de Médecine Vétérinaire des Pays Tropicaux*, 39, 29-40.

Faugère O., Landais E.P.N., 1989. Fascicule 1: *Le suivi sur le terrain et la tenue des fichiers manuels;* Fascicule 2: *Le fichier informatique. Saisie et organisation des données. Interrogation de la base de données ;* Fascicule 3: *Annexes : fiches de terrain, cartes individuelles, fichiers informatiques, écrans de saisie, guide d'autopsie,* ISRA-IEMVT, Paris.

Hanotte O., Bradley D.G., Ochieng J.W., Verjee Y., Hill E.H., Rege J.E.O., 2002. African pastoralism: genetic imprints of origins and migrations. *Science*, 296, 336-339.

Hunter A.G. (ed.), 1991. *Biotechnology in livestock in developing countries*, Centre for Tropical Veterinary Medicine, Édimbourg, Royaume-Uni.

INRA 2000, Génétique moléculaire : principes et application aux populations animales, *Productions Animales* hors série, 1-262.

Jussiau R., Montméas L., Papet A., 2006. *Amélioration génétique des animaux d'élevage, bases scientifiques, sélection et croisement*, Educagri éditions, Dijon, France.

Mason I.L., 1988. *A dictionary of livestock breeds*, 3rd ed., CAB International, Wallingford, Oxon, Royaume-Uni.

Mason I.L., Buvanendran V., 1982. *Breeding plans for ruminant livestock in the tropics*, FAO Animal Production and Health Paper (34), FAO, Rome, Italie.

Matheron G., Planchenault D., 1992. Breed characterization: the IEMVT/CIRAD experience. *In: African Animal Genetic Resources: their Characterisation, Conservation and Utilisation, Research Planning* Workshop, 19-21 December 1992 (J.E.O. Rege, M.E. Lipner, eds), ILCA, Addis Ababa, Éthiopie, 31-34.

Maule J.P., 1990. *The cattle of the tropics*, Centre for Tropical Veterinary Medicine, Édimbourg, Royaume-Uni.

Minvielle F., 1990. *Principes d'amélioration génétique des animaux domestiques*, INRA et Presses de l'Université de Laval, Québec.

Nicholas F.W., 1987. *Veterinary genetics*, Clarendon Press, Oxford, Royaume-Uni.

Nicholas F.W., Smith C., 1983. Increased rates of genetic change in dairy cattle by embryo transfer and splitting, *Animal Production*, 36, 341-353.

Ollivier L., 2002. *Eléments de génétique quantitative*, INRA éditions, Paris.

Park Y.I., Kim J.B., 1982. Evaluation of litter size of purebreds and specific two-breed crosses produced from five breeds of swine. *In: Proceedings of the 2nd World Congress on Genetics applied to Livestock Production, October 1982, Madrid*, VIII, 519-522.

Piper L.R., Bindon B.M., 1982. Genetic segregation for fecundity in Booroola Merino sheep. *In: Proceedings of the World Congress on Sheep and Beef Cattle Breeding* (R.A Barton, W.C. Smith, eds) Dunmore Press, Palmerston North, Australie, 315-331.

Queval R., 1991. *Unité d'immunogénétique. Rapport succinct d'activités 1991*, CRTA, Bobo-Dioulasso, Burkina Faso, 11-16.

Queval R., Moazami-Goudarzi K., Laloë D., Mériaux J.C, Grosclaude F., 1998. Relations génétiques entre populations de taurins ou zébus d'Afrique de l'Ouest et taurins européens. *Genetics Selection Evolution*, 30, 367-383.

Sahut C., Planchenault D., 1990. *Mise en place d'un suivi de troupeaux bovins, ovins et caprins. Utilisation du logiciel Pikbeu*. Rapport technique 1. CIRAD-IEMVT, Maisons-Alfort, France, 35 p.

Shaw A.P.M., Hoste C.H., 1987a. *Trypanotolerant cattle and livestock development in West and Central Africa. Vol. 1: The international supply and demand for breeding stock*, FAO Animal Production and Health Paper 67/1, FAO, Rome, Italie.

Shaw A.P.M., Hoste C.H., 1987b. *Trypanotolerant cattle and livestock development in West and Central Africa. Vol. 2: Trypanotolerant cattle in the national livestock economics*, FAO Animal Production and Health Paper 67/2, FAO, Rome.

Smith A.J. (ed.), 1985. *Milk production in developing countries, Proceedings of the Conference held in April 1984 in Edinburgh*, Centre for Tropical Veterinary Medicine, Édimbourg, Royaume-Uni.

Smith C., 1984. Rates of genetic change in farm livestock. *Research and Development in Agriculture*, 1, 79-85.

Smith C., 1985. Scope for selecting many breeding stocks of possible economic value in the future. *Animal Production*, 41, 403-412.

Syrstad O., 1990. A genetic interpretation of results obtained in *Bos indicus* x *Bos taurus* crossbreeding for milk production. *In: Proceedings of the 4th World Congress on Genetics applied to Livestock Production held in July 1990 in Edinburgh*, XIV, 195-198.

Taneja V.K., Chawla D.S., 1978. Heterosis for economic traits in Brown Swiss-Sahiwal crosses. *Indian Journal of Dairy Science*, 31, 208-213 (cité par Cunningham, Syrstad, 1987).

Thorpe W., Cruickshank D.K.R., Thompson R., 1980. Genetic and environmental influences on beef cattle production in Zambia. (2) Live weights for age of purebred and reciprocally crossbred progeny. *Animal Production*, 30, 235-243.

Thorpe W., Cruikshank D.K.R., Thomson R., 1981. Genetic and environmental influences on beef cattle production in Zambia. (4) Weaner production from purebred and reciprocally crossbred dams, *Animal Production*, 33, 185-177.

Timon V.M., 1987. Genetic selection for improvement of native highly adaptive breeds. *In: Proceedings 4th International Goat Conference held in Brasilia, Brazil*, FAO, Rome, Italie.

Toure S.M., 1977. La trypanotolérance. Revue des connaissances. *Revue d'Élevage et de Médecine Vétérinaire des Pays Tropicaux*, 30, 157-174.

Vaccaro L.P. de, 1990. Survival of European dairy breeds and their crosses with zebus in the tropics.

Animal Breeding Abstract, 58, 475-494.

Vercoe J.E., Frisch J.E., Young B.A., Bennett I.L., 1985. Genetic improvement of buffalo for draught purposes. *In: Draught Animal Power for Production* (J.W. Copland, ed.), ICIAR Proceedings Series, 10, 115-120.

Weiner G., 1988. *Animal breeding opportunities*. Occasional Publication (12), British Society of Animal Production, Édimbourg, Royaume-Uni.

Wiener G. (ed), 1990. *Animal genetic resources*. A global programme for sustainable development. FAO Animal Production and Health Paper No. 80, FAO, Rome, Italie.

Wiener G., Hayter S., 1974. *Crossbreeding and inbreeding in sheep*, Agricultural Research Council, Animal Breeding Research Organisation Report 1974, HMSO, Royaume-Uni.

Wiener G., Woolliams J.A., 1982. The effect of crossbreeding and inbreeding on the performance of three breeds of hill sheep in Scotland. *In: Proceedings of the World Congress on Sheep and Beef Cattle Breeding* (R.A. Barton, W.C Smith, eds), Dunmore Press, Nouvelle-Zélande, 1, 175-187.

Wiener G., Woolliams C., Macleod N.S.M., 1983. The effects of breed, breeding system and other factors on lamb mortality. 1: Causes of death and effects on the incidence of losses. *Journal of Agricultural Science*, 100, 539-551.

Wiener G., Lee G.J., Woolliams J.A., 1992. Effects of rapid inbreeding and the crossing of inbred lines on conception rate, prolificacy and ewe survival in sheep. *Animal Production*, 55, 115-121.

Woolliams J.A., Smith C., 1988. The value of indicator traits in the genetic improvement of dairy cattle. *Animal Production*, 46, 333-345.

Woolliams J.A., Wilmut L., 1989. Embryo manipulation in cattle breeding and production. *Animal Production*, 48, 3-30.

Index

ADN, 5, 33, 34, 40, 41, 225, 232, 237, 241, 242, 245-250, 257

allèle, 41-45
    de la caséine des caprins, 246, 250
    dominant, 42, 44, 243, 244
    récessif, 42, 45, 53, 54, 223, 245
    récessif délétère, 192-194

amélioration économique, 11

angora, 174, 207, 220

animaux
    de trait, 220-222
    production animale, 11
    vivants, 206, 216, 232, 234, 240

base de données, 28
    de séquences nucléotidiques, 252

bovins, 66, 67, 134, 162, 171, 198-201, 203, 244, 255
    de boucherie, 134
    laitiers, 122-125

buffle, 197, 201, 202, 220, 227

cachemire, 174, 207, 220

capacités reproductives, 213

caprins, 67, 78, 162, 174, 206-208, 219, 220, 246

caractère(s)
    complexe, 184, 212
    composites, 14, 60, 210
    corrélés, 72, 97 100
    de la laine, 14
    de production, 14
    qualitatifs, 55
    quantitatifs, 56, 58, 74, 101, 138, 238, 250
    simple, 14

carte génétique, 49, 238, 250

centre de testage, 123, 124

chance, 30, 193

cheptels nationaux, 134, 163

chromosomes, 33-40, 44, 46-49
    homologues, 34, 36, 38, 41, 42, 48

climat, 17, 195

clonage, 254, 255

codominant, codominance, 42-43

coefficient de consanguinité, 180-182

collatéraux, 106

comparaison
    aux contemporaines (méthode), 122
    de races, 139

consanguinité, 100, 101, 105, 107, 177-181, 183-189, 191, 194

conséquences génétiques
    de la sélection, 73-74, 86
    des croisements, 137

conservation des races, 227-229, 231, 232, 234, 235, 256

contraintes pour l'amélioration, 17

contrôle
    de descendance, 93, 94, 106, 123, 240
    des collatéraux, 106
    et utilisation des performances, 20-29, 31
    laitier, 122, 123, 218, 219

correction des performances, 25-26

criblage de population, 127-129, 134, 218, 241

croisement(s)
    alternatif, 159-161
    de substitution, 141, 156, 157, 233
    en retour, 145, 146, 147, 245
    en rotation ou croisement rotatif, 159-161
    réciproques, 142-143, 166
    tests, 53

crossing-over, 35, 48, 187

cryopréservation, 232-234

déclin, races 163, 227, 231

décomposition de la variabilité génétique, 62

dépression de consanguinité, 101, 179, 184, 190, 194, 209

dérive génétique, 228

détermination du sexe, 38, 39, 49, 255

Collection Agricultures tropicales en poche

Déjà parus dans la même série :

La santé animale – 1. Généralités, A. Hunter, avec la collaboration
de G. Uilenberg et C. Meyer, 2006

La santé animale – 2. Principales maladies, A. Hunter, avec la collaboration
de G. Uilenberg et C. Meyer, 2006

L'apiculture, P. D. Paterson, 2008

Photo de couverture : © Philippe Lhoste
Taureau métis charolais produit par insémination artificielle
au Cameroun sur vache de race locale, zébu peul de l'Adamaoua.

Édition : Claire Parmentier, PAG
Maquette : Patricia Doucet, Cirad
Mise en pages : Dominique Verniers, PAG

Imprimé pour vous par Books on Demand